2023
中国科技统计年鉴
CHINA STATISTICAL YEARBOOK ON SCIENCE AND TECHNOLOGY

国家统计局社会科技和文化产业统计司
科 学 技 术 部 战 略 规 划 司 编

Compiled By

Department of Social,Science and Technology,and Cultural Statistics, National Bureau of Statistics

Department of Strategy and Planning, Ministry of Science and Technology

中国统计出版社
China Statistics Press

图书在版编目（CIP）数据

中国科技统计年鉴. 2023 = China Statistical Yearbook on Science and Technology 2023：汉英对照/国家统计局社会科技和文化产业统计司，科学技术部战略规划司编. -- 北京：中国统计出版社, 2023.11
ISBN 978-7-5230-0302-2

Ⅰ. ①中… Ⅱ. ①国… ②科… Ⅲ. ①科技统计－中国－2023－年鉴－汉、英 Ⅳ. ①G322-66

中国国家版本馆 CIP 数据核字(2023)第 202328 号

中国科技统计年鉴 2023

作　　者/国家统计局社会科技和文化产业统计司　科学技术部战略规划司
责任编辑/李　冲
执行编辑/张　怡
封面设计/李雪燕
出版发行/中国统计出版社有限公司
通信地址/北京市丰台区西三环南路甲 6 号　邮政编码/100073
发行电话/邮购（010）63376909　书店（010）68783171
网　　址/ http://www.zgtjcbs.com
印　　刷/河北鑫兆源印刷有限公司
经　　销/新华书店
开　　本/880mm×1230mm　1/16
字　　数/520 千字
印　　张/16.25
版　　别/2023 年 11 月第 1 版
版　　次/2023 年 11 月第 1 次印刷
定　　价/260.00 元

《中国科技统计年鉴 2023》
编辑委员会和编辑部

编辑委员会

编辑部

CHINA STATISTICAL YEARBOOK ON SCIENCE AND TECHNOLOGY 2023
Editorial Board and Editorial Staff

编者说明

《中国科技统计年鉴 2023》是国家统计局社会科技和文化产业统计司和科学技术部战略规划司共同编辑的反映我国科技活动情况的统计资料书，收录了全国和各省、自治区、直辖市以及国务院有关部门 2022 年度科技统计数据。

全书内容分为十个部分。第一部分为反映全社会科技活动的综合统计资料。第二、三、四部分分别为企业、研究与开发机构和高等学校科技活动统计资料，其中企业的口径为规模以上企业，包括规模以上采矿业，制造业，电力、热力、燃气及水生产和供应业，特、一级总承包、专业承包建筑业，交通运输、仓储和邮政业，信息传输、软件和信息技术服务业，租赁和商务服务业，科学研究和技术服务业，水利、环境和公共设施管理业，卫生和社会工作，文化、体育和娱乐业等企业法人单位；研究与开发机构的口径为地级及以上独立核算的政府属科学研究与技术开发机构、科学技术信息和文献机构；高等学校包括全日制高校及其附属医院。第五部分为高技术产业发展统计资料。第六部分为企业创新活动统计资料。第七部分为国家科技计划统计资料。第八部分为科技活动成果统计资料。第九部分为综合技术服务部门和科协活动有关资料。第十部分为国际科技统计资料。最后附有主要统计指标解释。

本年鉴所涉及的全国性统计数据，除专利、国际比较指标等特殊注明外，均未包括香港、澳门特别行政区和台湾省数据。

本书有关符号说明：“空格”表示该项统计指标数据不足本表最小单位数、不详或无该项数据；“#”表示是其中的主要项；“*”或“①”表示本表下有注解。

本书中因小数取舍而产生的误差均未做配平处理。

参与本书编辑的还有教育部、国防科技工业局、财政部、自然资源部、商务部、市场监督管理总局、国家知识产权局、农业农村部、中国科学院、应急管理部、中国气象局、中国科协等相关单位。我们对上述单位在本书的编辑过程中给予的大力支持与合作，表示衷心感谢。

FOREWORD

China Statistical Yearbook on Science and Technology 2023 is prepared jointly by the Department of Social, Science and Technology, and Cultural Statistics National Bureau of Statistics and the Department of Strategy and Planning of Science and Technology. The Yearbook, which covers data series at the national, provincial and local levels, and autonomous regions, as well as departments directly under the State Council, reports on the development of China's science and technology activities.

The yearbook contains the following ten parts. The first part reflects general science and technology(S&T) information on whole society; The second part, the third part and the forth part reflect respectively S&T information about Enterprises, Independent Research Institutions and Institutions of Higher Education. The caliber of enterprises refers to enterprises above scale, including mining industry, manufacturing industry, electric power, heat power, gas and water production and supply industry above scale. Special, first-class general contracting, professional contracting construction; Transportation, storage and postal services, information transmission, software and information technology services, leasing and business services, scientific research and technology services, water conservancy, environment and public facilities management, health and social work, culture, sports and entertainment. Independent Research Institutions cover the municipal and above and independent accounting scientific research and technological development institutions which belong to government; Institutions of Higher Education cover Institutions of Higher Education and affiliated hospitals. The fifth part contains information on High Technology Industry. The sixth part contains information on innovation activities of enterprises. The seventh part contains information on National Program for Science and Technology. The eighth part contains information on results of S&T activities. The ninth part covers Scientific and Technologic Service and S&T activities of China Associations for S&T. The tenth part contains information on the international comparisons.

Except for patent, international comparison index and special indication, the national statistical data involved in this yearbook do not include data from Hong Kong, Macao special Administrative Region and Taiwan Province.

Notations used in this book:"(blank space)"indicates that the figure is not large enough to be measured with the smallest unit in the table or data are unknown or are not available; "#" indicates a major breakdown of the total; and "*" or "①" indicates footnotes at the end of the table.

Statistical discrepancies due to rounding are not adjusted in the yearbook.

The institutions participating editing this volume include: Ministry of Education, Sate Administration of Science, Technology and Industry for National Defense, Ministry of Finance, Ministry of Natural Resources, Ministry of Commerce, State Administration for Market Regulation, State Intellectual Property Office, Ministry of Agriculture and Rural Areas, Chinese Academy of Sciences, Ministry of Emergency Management, China Meteorological Administration, China Association for Science and Technology. We would like to express our gratitude to these institutions of the State Council for their cooperation and support in sparing no effort to provide all the required data.

目　录　Contents

一、综合
General

二、企业

Enterprises

三、研究与开发机构
R&D Institutions

四、高等学校
Higher Education

五、高技术产业
High-tech Industry

六、企业创新活动
Innovation Activities of Enterprises

七、国家科技计划
National Program for Science and Technology Development

八、科技活动成果
Results of Science and Technology Activities

九、科技服务

Scientific and Technologic Services

十、国际比较
International Comparison

一、综合
General

1-1 研究与试验发展(R&D)人员(2022年)
R&D Personnel (2022)

单位：人 (person)

项 目	Item	R&D人员 Total	#女性 Female	#全时人员 Full-time Personnel
全 国	**National Total**	**9401258**	**2446974**	**6198656**
按执行部门分	**by Performer**			
企 业	Enterprises	7122874	1603726	5008501
#规上工业企业	Industrial Enterprises above Designated Size	5988158	1337605	4190117
研究与开发机构	R&D Institutions	559094	186029	436899
高等学校	Higher Education	1518988	588725	648391
其 他	Others	200302	68494	104865
按地区分	**by Region**			
东部地区	Eastern Region	5900850	1519406	4053106
中部地区	Middle Region	1814709	448279	1158346
西部地区	Western Region	1313746	362321	758988
东北地区	Northeast Region	371953	116968	228213
北 京	Beijing	546747	171280	381965
天 津	Tianjin	160846	44451	99910
河 北	Hebei	257806	72410	155837
山 西	Shanxi	108766	26802	59801
内 蒙 古	Inner Mongolia	71542	18399	31962
辽 宁	Liaoning	195257	56125	121248
吉 林	Jilin	88165	33412	51077
黑 龙 江	Heilongjiang	88531	27431	55888
上 海	Shanghai	376260	108707	280433
江 苏	Jiangsu	1171319	287629	798781
浙 江	Zhejiang	867013	212346	553444
安 徽	Anhui	375002	85947	233056
福 建	Fujian	376899	104184	270867
江 西	Jiangxi	194515	50508	127428
山 东	Shandong	778196	204519	520704
河 南	Henan	374295	98071	236855
湖 北	Hubei	390260	95680	253800
湖 南	Hunan	371871	91271	247406
广 东	Guangdong	1339797	304391	975883
广 西	Guangxi	134851	43344	67429
海 南	Hainan	25967	9489	15282
重 庆	Chongqing	203515	53286	130703
四 川	Sichuan	355401	93685	228298
贵 州	Guizhou	85472	23256	40277
云 南	Yunnan	104723	32590	51607
西 藏	Tibet	4107	1432	1685
陕 西	Shaanxi	213122	56063	141654
甘 肃	Gansu	56650	16384	29610
青 海	Qinghai	9788	2897	4421
宁 夏	Ningxia	30933	8291	13385
新 疆	Xinjiang	43641	12694	17957

1-2 全国研究与试验发展(R&D)人员全时当量
Full-time Equivalent of R&D Personnel

单位：万人年 (10 000 man-years)

年 份 Year	R&D人员全时当量 Total	基础研究 Basic Research	应用研究 Applied Research	试验发展 Experimental Development
1992	67.43	5.84	20.90	40.70
1993	69.78	6.33	21.49	41.96
1994	78.32	7.64	24.20	46.48
1995	75.17	6.66	22.79	45.71
1996	80.40	6.96	23.65	49.79
1997	83.12	7.17	25.27	50.68
1998	75.52	7.87	24.97	42.68
1999	82.17	7.60	24.15	50.42
2000	92.21	7.96	21.96	62.28
2001	95.65	7.88	22.60	65.17
2002	103.51	8.40	24.73	70.39
2003	109.48	8.97	26.03	74.49
2004	115.26	11.07	27.86	76.33
2005	136.48	11.54	29.71	95.23
2006	150.25	13.13	29.97	107.14
2007	173.62	13.81	28.60	131.21
2008	196.54	15.40	28.94	152.20
2009	229.13	16.46	31.53	181.14
2010	255.38	17.37	33.56	204.46
2011	288.29	19.32	35.28	233.73
2012	324.68	21.22	38.38	265.09
2013	353.28	22.32	39.56	291.40
2014	371.06	23.54	40.70	306.82
2015	375.88	25.32	43.04	307.53
2016	387.81	27.47	43.89	316.44
2017	403.36	29.01	48.96	325.39
2018	438.14	30.50	53.88	353.77
2019	480.08	39.20	61.54	379.37
2020	523.45	42.68	64.31	416.46
2021	571.63	47.19	69.10	455.35
2022	635.36	50.91	74.10	510.34

1-3 按执行部门分研究与试验发展(R&D)人员全时当量(2022年)
Full-time Equivalent of R&D Personnel by Performer(2022)

单位：万人年 (10 000 man-years)

项 目	Item	R&D人员全时当量 Total	#研究人员 Researchers	基础研究 Basic Research	应用研究 Applied Research	试验发展 Experimental Development
全 国	**National Total**	**635.36**	**263.72**	**50.91**	**74.10**	**510.34**
企 业	Enterprises	499.78	153.94	2.15	19.13	478.50
#规上工业企业	Industrial Enterprises above Designated Size	421.47	118.23	1.57	13.91	405.99
研究与开发机构	R&D Institutions	48.75	35.60	11.96	16.89	19.90
高等学校	Higher Education	72.59	64.74	34.83	32.82	4.94
其 他	Others	14.24	9.43	1.97	5.26	7.01

1－4　各地区研究与试验发展(R&D)人员全时当量(2022年)
Full-time Equivalent of R&D Personnel by Region (2022)

单位：人年　　(man-year)

地　区	Region	R&D人员全时当量 Total	#研究人员 Researchers	基础研究 Basic Research	应用研究 Applied Research	试验发展 Experimental Development
全　国	**National Total**	**6353570**	**2637193**	**509114**	**741040**	**5103431**
东部地区	Eastern Region	4130802	1613069	288005	413645	3429161
中部地区	Middle Region	1194722	479297	79939	134980	979808
西部地区	Western Region	797998	405312	98510	137803	561686
东北地区	Northeast Region	230048	139516	42660	54613	132776
北　京	Beijing	373235	249171	84525	110283	178429
天　津	Tianjin	103499	53963	10908	15969	76620
河　北	Hebei	158713	67198	9270	21825	127620
山　西	Shanxi	62219	28059	8610	11207	42404
内蒙古	Inner Mongolia	37724	15726	3855	5018	28851
辽　宁	Liaoning	124163	67123	14513	22713	86937
吉　林	Jilin	48947	33201	14747	13955	20245
黑龙江	Heilongjiang	56938	39193	13401	17944	25594
上　海	Shanghai	264054	145098	39564	37255	187237
江　苏	Jiangsu	824682	305590	37739	40027	746917
浙　江	Zhejiang	642274	185901	19739	36500	586037
安　徽	Anhui	252476	99839	19790	24982	207703
福　建	Fujian	260296	87276	8390	19908	232000
江　西	Jiangxi	131673	43063	8476	11889	111309
山　东	Shandong	514497	182034	32295	47827	434375
河　南	Henan	236800	86823	8934	22534	205334
湖　北	Hubei	261382	116350	16768	36208	208404
湖　南	Hunan	250171	105163	17360	28160	204654
广　东	Guangdong	972492	328001	41991	80531	849970
广　西	Guangxi	70398	33375	11860	12996	45541
海　南	Hainan	17063	8836	3585	3520	9957
重　庆	Chongqing	128878	58065	8474	19641	100764
四　川	Sichuan	227141	112489	20170	35744	171227
贵　州	Guizhou	47156	21832	6124	8251	32780
云　南	Yunnan	64555	32386	12471	11265	40819
西　藏	Tibet	1871	1400	791	253	827
陕　西	Shaanxi	142503	87460	19223	27878	95403
甘　肃	Gansu	34325	21128	7927	8615	17781
青　海	Qinghai	5329	2826	871	1348	3109
宁　夏	Ningxia	16282	6627	1730	1780	12773
新　疆	Xinjiang	21838	11999	5012	5453	11372

1-5　全国研究与试验发展(R&D)经费内部支出
Intramural Expenditure on R&D

年　份 Year	R&D经费内部支出（亿元） Total (100 million yuan)	基础研究 Basic Research	应用研究 Applied Research	试验发展 Experimental	与国内生产总值之比（%） Ratio to GDP (%)	R&D经费内部支出现价增长（%） Growth at Current Price (%)	R&D经费内部支出可比价增长（%） Growth at Constant Price (%)
1995	348.69	18.06	92.02	238.60	0.57		38.18
1996	404.48	20.24	99.12	285.12	0.56	16.00	8.91
1997	509.16	27.44	132.46	349.26	0.64	25.88	23.88
1998	551.12	28.95	124.62	397.54	0.65	8.24	9.22
1999	678.91	33.90	151.55	493.46	0.75	23.19	24.76
2000	895.66	46.73	151.90	697.03	0.89	31.93	29.26
2001	1042.49	55.60	184.85	802.03	0.94	16.39	14.06
2002	1287.64	73.77	246.68	967.20	1.06	23.52	22.78
2003	1539.63	87.65	311.45	1140.52	1.12	19.57	16.54
2004	1966.33	117.18	400.49	1448.67	1.21	27.71	19.41
2005	2449.97	131.21	433.53	1885.24	1.31	24.60	19.92
2006	3003.10	155.76	488.97	2358.37	1.37	22.58	17.95
2007	3710.24	174.52	492.94	3042.78	1.37	23.55	14.66
2008	4616.02	220.82	575.16	3820.04	1.45	24.41	15.42
2009	5802.11	270.29	730.79	4801.03	1.66	25.70	25.96
2010	7062.58	324.49	893.79	5844.30	1.71	21.72	13.89
2011	8687.01	411.81	1028.39	7246.81	1.78	23.00	13.81
2012	10298.41	498.81	1161.97	8637.63	1.91	18.55	15.85
2013	11846.60	554.95	1269.12	10022.53	2.00	15.03	12.60
2014	13015.63	613.54	1398.53	11003.56	2.02	9.87	8.75
2015	14169.88	716.12	1528.64	11925.13	2.06	8.87	8.87
2016	15676.75	822.89	1610.49	13243.36	2.10	10.63	9.10
2017	17606.13	975.49	1849.21	14781.43	2.12	12.31	7.75
2018	19677.93	1090.37	2190.87	16396.69	2.14	11.77	7.99
2019	22143.58	1335.57	2498.46	18309.55	2.24	12.53	11.10
2020	24393.11	1467.00	2757.24	20168.88	2.41	10.16	9.62
2021	27956.31	1817.03	3145.37	22993.91	2.43	14.61	9.81
2022	30782.88	2023.46	3482.52	25276.91	2.54	10.10	7.70

注：全国R&D经费内部支出与国内生产总值之比已根据国内生产总值最新数据进行了修订。
Note: Ratio of Expenditure on R&D to GDP has been revised by use of latest updated data of GDP.

1-6　按执行部门分组的研究与试验发展(R&D)经费内部支出(2022年)
Intramural Expenditure on R&D by Performer(2022)

单位：亿元　　(100 million yuan)

项　目	Item	R&D经费内部支出 Total	基础研究 Basic Research	应用研究 Applied Research	试验发展 Experimental Development
全　国	**National Total**	**30782.88**	**2023.46**	**3482.52**	**25276.91**
企　业	Enterprises	23878.57	174.92	797.17	22906.49
#规上工业企业	Industrial Enterprises above Designated Size	19361.76	109.04	568.27	18684.46
研究与开发机构	R&D Institutions	3814.41	725.09	1266.90	1822.43
高等学校	Higher Education	2412.40	996.95	1177.10	238.35
其　他	Others	677.50	126.50	241.36	309.64

1-7 各地区研究与试验发展(R&D)经费内部支出(2022年)
Intramural Expenditure on R&D by Region (2022)

单位：万元 (10 000 yuan)

地 区	Region	R&D经费内部支出 Total	基础研究 Basic Research	应用研究 Applied Research	试验发展 Experimental Development
全 国	**National Total**	**307828823**	**20234599**	**34825174**	**252769051**
东部地区	Eastern Region	202374826	13502930	21070052	167801845
中部地区	Middle Region	55575654	3123244	5828016	46624393
西部地区	Western Region	39618432	2668109	5922455	31027868
东北地区	Northeast Region	10259912	940316	2004651	7314945
北 京	Beijing	28433394	4706662	7311006	16415727
天 津	Tianjin	5686565	248128	765958	4672480
河 北	Hebei	8489080	273048	764351	7451681
山 西	Shanxi	2737192	115121	361699	2260372
内蒙古	Inner Mongolia	2095130	80886	167585	1846659
辽 宁	Liaoning	6209177	413712	1019596	4775869
吉 林	Jilin	1872794	239512	326213	1307069
黑龙江	Heilongjiang	2177941	287093	658841	1232007
上 海	Shanghai	19815785	1805940	2013508	15996336
江 苏	Jiangsu	38354282	1587931	1964067	34802285
浙 江	Zhejiang	24167668	1102584	1703006	21362077
安 徽	Anhui	11525148	1036810	967678	9520660
福 建	Fujian	10821348	356525	638889	9825934
江 西	Jiangxi	5581520	262631	515274	4803615
山 东	Shandong	21804089	895391	1638164	19270535
河 南	Henan	11432586	374897	984860	10072829
湖 北	Hubei	12546696	561436	1727646	10257615
湖 南	Hunan	11752512	772349	1270860	9709303
广 东	Guangdong	44118955	2396152	4157427	37565376
广 西	Guangxi	2179354	171275	223658	1784421
海 南	Hainan	683660	130569	113676	439415
重 庆	Chongqing	6866481	350799	840965	5674717
四 川	Sichuan	12150136	718225	1952800	9479111
贵 州	Guizhou	1993394	183489	261679	1548226
云 南	Yunnan	3135272	345055	368287	2421931
西 藏	Tibet	69590	29967	9339	30284
陕 西	Shaanxi	7695512	416157	1504321	5775033
甘 肃	Gansu	1441494	202176	312317	927001
青 海	Qinghai	288425	29001	48263	211162
宁 夏	Ningxia	793795	42227	60920	690647
新 疆	Xinjiang	909849	98852	172321	638676

1-8 各地区研究与试验发展(R&D)经费投入强度
The R&D Expenditure Input Intensity by Region

单位：% (%)

地 区	Region	2012	2013	2014	2015	2016	2017	2018	2019	2020	2021	2022
全 国	**National Total**	**1.91**	**2.00**	**2.02**	**2.06**	**2.10**	**2.12**	**2.14**	**2.24**	**2.41**	**2.43**	**2.54**
北 京	Beijing	5.59	5.61	5.53	5.59	5.49	5.29	5.65	6.30	6.44	6.53	6.83
天 津	Tianjin	3.99	4.30	4.37	4.69	4.68	3.68	3.68	3.29	3.44	3.66	3.49
河 北	Hebei	1.06	1.16	1.24	1.33	1.35	1.48	1.54	1.62	1.75	1.85	2.00
山 西	Shanxi	1.13	1.29	1.26	1.12	1.11	1.02	1.10	1.13	1.20	1.12	1.07
内蒙古	Inner Mongolia	0.97	1.03	1.00	1.05	1.07	0.89	0.80	0.86	0.93	0.93	0.90
辽 宁	Liaoning	2.19	2.32	2.17	1.80	1.83	1.98	1.96	2.05	2.19	2.18	2.14
吉 林	Jilin	1.27	1.27	1.31	1.41	1.34	1.17	1.02	1.27	1.30	1.39	1.43
黑龙江	Heilongjiang	1.32	1.39	1.33	1.35	1.28	1.19	1.05	1.08	1.26	1.31	1.37
上 海	Shanghai	3.19	3.35	3.41	3.48	3.51	3.66	3.77	4.01	4.17	4.21	4.44
江 苏	Jiangsu	2.40	2.51	2.55	2.53	2.62	2.63	2.69	2.82	2.93	2.95	3.12
浙 江	Zhejiang	2.10	2.19	2.27	2.32	2.39	2.42	2.49	2.67	2.88	2.94	3.11
安 徽	Anhui	1.54	1.71	1.75	1.81	1.81	1.90	1.91	2.05	2.28	2.34	2.56
福 建	Fujian	1.34	1.40	1.42	1.47	1.53	1.60	1.66	1.78	1.92	1.98	2.04
江 西	Jiangxi	0.89	0.95	0.98	1.03	1.13	1.27	1.37	1.56	1.68	1.70	1.74
山 东	Shandong	2.38	2.48	2.57	2.58	2.67	2.78	2.47	2.12	2.30	2.34	2.49
河 南	Henan	1.07	1.12	1.16	1.17	1.23	1.30	1.34	1.48	1.64	1.73	1.86
湖 北	Hubei	1.70	1.76	1.81	1.85	1.80	1.88	1.96	2.11	2.31	2.32	2.33
湖 南	Hunan	1.36	1.39	1.42	1.45	1.52	1.68	1.81	1.97	2.15	2.23	2.41
广 东	Guangdong	2.17	2.31	2.35	2.41	2.48	2.56	2.71	2.87	3.14	3.22	3.42
广 西	Guangxi	0.86	0.87	0.82	0.72	0.73	0.80	0.74	0.79	0.78	0.81	0.83
海 南	Hainan	0.49	0.48	0.49	0.45	0.53	0.51	0.55	0.56	0.66	0.73	1.00
重 庆	Chongqing	1.38	1.35	1.38	1.54	1.68	1.82	1.90	1.99	2.11	2.16	2.36
四 川	Sichuan	1.47	1.51	1.56	1.66	1.69	1.68	1.72	1.88	2.17	2.26	2.14
贵 州	Guizhou	0.62	0.59	0.60	0.59	0.62	0.70	0.79	0.86	0.91	0.92	0.99
云 南	Yunnan	0.62	0.62	0.61	0.73	0.81	0.85	0.90	0.95	1.00	1.04	1.08
西 藏	Tibet	0.25	0.28	0.25	0.30	0.19	0.21	0.24	0.26	0.23	0.29	0.33
陕 西	Shaanxi	2.03	2.15	2.11	2.20	2.20	2.15	2.22	2.27	2.42	2.35	2.35
甘 肃	Gansu	1.12	1.11	1.18	1.26	1.26	1.20	1.20	1.26	1.22	1.26	1.29
青 海	Qinghai	0.86	0.80	0.78	0.58	0.62	0.73	0.63	0.70	0.71	0.80	0.80
宁 夏	Ningxia	0.86	0.90	0.96	0.99	1.08	1.22	1.30	1.45	1.52	1.56	1.57
新 疆	Xinjiang	0.54	0.54	0.53	0.56	0.59	0.51	0.50	0.47	0.45	0.49	0.51

注：全国R&D经费支出与国内生产总值之比已根据国内生产总值最新数据进行了修订，地区数据作相应修订。
Note: Ratio of Expenditure on R&D to GDP has been revised by use of latest updated data of GDP, regional data are revised accordingly.

1-9 按执行部门分组的研究与试验发展(R&D)经费内部支出
Intramural Expenditure on R&D by Performer

单位：亿元 (100 million yuan)

年 份 Year	R&D经费内部支出 Total	企 业 Enterprises	#规上工业企业 Industrial Enterprises above Designated Size	#大中型工业企业 Large & Medium-sized Industrial Enterprises	研究与开发机构 R&D Institutions	高等学校 Higher Education	其 他 Others
1995	348.7			141.7	146.4	42.3	
1996	404.5			160.5	172.9	47.8	
1997	509.2			188.3	206.4	57.7	
1998	551.1			197.1	234.3	57.3	
1999	678.9			249.9	260.5	63.5	
2000	895.7	537.0		353.4	258.0	76.7	24.0
2001	1042.5	630.0		442.3	288.5	102.4	21.6
2002	1287.6	787.8		560.2	351.3	130.5	18.0
2003	1539.6	960.2		720.8	399.0	162.3	18.1
2004	1966.3	1314.0	1104.5	954.4	431.7	200.9	19.7
2005	2450.0	1673.8		1250.3	513.1	242.3	20.8
2006	3003.1	2134.5		1630.2	567.3	276.8	24.5
2007	3710.2	2681.9		2112.5	687.9	314.7	25.7
2008	4616.0	3381.7	3073.1	2681.3	811.3	390.2	32.9
2009	5802.1	4248.6	3775.7	3210.2	995.9	468.2	89.4
2010	7062.6	5185.5		4015.4	1186.4	597.3	93.4
2011	8687.0	6579.3	5993.8	5030.7	1306.7	688.9	112.1
2012	10298.4	7842.2	7200.6	5992.3	1548.9	780.6	126.7
2013	11846.6	9075.8	8318.4	6744.1	1781.4	856.7	132.6
2014	13015.6	10060.6	9254.3	7319.7	1926.2	898.1	130.7
2015	14169.9	10881.3	10013.9	7792.4	2136.5	998.6	153.5
2016	15676.7	12144.0	10944.7	8289.5	2260.2	1072.2	200.4
2017	17606.1	13660.2	12013.0	8976.2	2435.7	1266.0	244.2
2018	19677.9	15233.7	12954.8	9542.7	2691.7	1457.9	294.6
2019	22143.6	16921.8	13971.1	9996.9	3080.8	1796.6	344.3
2020	24393.1	18673.8	15271.3	10772.3	3408.8	1882.5	428.1
2021	27956.3	21504.1	17514.2	12281.8	3717.9	2180.5	553.8
2022	30782.9	23878.6	19361.8	13568.6	3814.4	2412.4	677.5

1-10 按执行部门和支出用途分R&D经费内部支出(2022年)
Intramural Expenditure on R&D by Performer (2022)

单位：亿元 (100 million yuan)

项 目	Item	R&D经费内部支出 Total	日常性支出 Routine Expenditure	#人员劳务费 Labor Cost	资产性支出 Assets Expenditure	#仪器和设备 Equipment
全 国	**National Total**	**30782.9**	**28129.4**	**10656.8**	**2653.5**	**2201.6**
企 业	Enterprises	23878.6	22465.7	8731.7	1412.8	1375.7
#规上工业企业	Industrial Enterprises above Designated Size	19361.8	18175.8	6159.9	1186.0	1152.9
研究与开发机构	R&D Institutions	3814.4	3281.5	1065.9	532.9	329.4
高等学校	Higher Education	2412.4	1920.2	632.3	492.2	348.9
其 他	Others	677.5	462.0	227.0	215.5	147.6

1-11 各地区按支出用途分研究与试验发展(R&D)经费内部支出(2022年)
Intramural Expenditure on R&D by Region (2022)

单位：万元 (10 000 yuan)

地区	Region	R&D经费内部支出 Total	日常性支出 Routine Expenditure	#人员劳务费 Labor Cost	资产性支出 Assets Expenditure	#仪器和设备 Equipment
全　国	**National Total**	**307828823**	**281293790**	**106568085**	**26535033**	**22016471**
东部地区	Eastern Region	202374826	185780610	75861756	16594216	13885318
中部地区	Middle Region	55575654	50349375	15305387	5226279	4391050
西部地区	Western Region	39618432	35784147	12298365	3834285	3023608
东北地区	Northeast Region	10259912	9379658	3102576	880253	716496
北　京	Beijing	28433394	25324198	10582789	3109196	2510375
天　津	Tianjin	5686565	5238589	1877376	447977	382062
河　北	Hebei	8489080	7909750	2244577	579330	487999
山　西	Shanxi	2737192	2587204	531419	149988	122776
内蒙古	Inner Mongolia	2095130	1981188	526839	113942	99663
辽　宁	Liaoning	6209177	5802606	1871314	406571	358709
吉　林	Jilin	1872794	1680945	588278	191849	124174
黑龙江	Heilongjiang	2177941	1896108	642985	281833	233612
上　海	Shanghai	19815785	18210608	7930944	1605177	1212361
江　苏	Jiangsu	38354282	35274127	13023433	3080155	2845164
浙　江	Zhejiang	24167668	22136896	9183690	2030771	1805595
安　徽	Anhui	11525148	10176122	3561968	1349026	1138464
福　建	Fujian	10821348	10003829	4282589	817519	686221
江　西	Jiangxi	5581520	5026614	1300599	554906	451985
山　东	Shandong	21804089	20229616	7066596	1574474	1330300
河　南	Henan	11432586	10456587	3140510	975999	856967
湖　北	Hubei	12546696	11251582	3592868	1295114	1103353
湖　南	Hunan	11752512	10851266	3178025	901246	717506
广　东	Guangdong	44118955	41029130	19513527	3089825	2517094
广　西	Guangxi	2179354	1998442	669509	180911	157902
海　南	Hainan	683660	423868	156235	259792	108146
重　庆	Chongqing	6866481	6294935	2211242	571546	460261
四　川	Sichuan	12150136	10770864	4124735	1379272	1130936
贵　州	Guizhou	1993394	1821147	666830	172247	132645
云　南	Yunnan	3135272	2846147	822200	289125	247908
西　藏	Tibet	69590	58299	23287	11291	5552
陕　西	Shaanxi	7695512	7067781	2312534	627731	426440
甘　肃	Gansu	1441494	1130318	429282	311176	212978
青　海	Qinghai	288425	268469	101630	19956	12356
宁　夏	Ningxia	793795	716130	154099	77664	72395
新　疆	Xinjiang	909849	830426	256179	79423	64571

1-12 按资金来源分研究与试验发展(R&D)经费内部支出
Intramural Expenditure on R&D by Sources

单位：亿元 (100 million yuan)

年 份 Year	R&D经费内部支出 Total	政府资金 Government Funds	企业资金 Self-raised Funds by Enterprises	国外资金 Foreign Funds	其他资金 Other Funds
2004	1966.3	523.6	1291.3	25.2	126.2
2005	2450.0	645.4	1642.5	22.7	139.4
2006	3003.1	742.1	2073.7	48.4	138.9
2007	3710.2	913.5	2611.0	50.0	135.8
2008	4616.0	1088.9	3311.5	57.2	158.4
2009	5802.1	1358.3	4162.7	78.1	203.0
2010	7062.6	1696.3	5063.1	92.1	211.0
2011	8687.0	1883.0	6420.6	116.2	267.2
2012	10298.4	2221.4	7625.0	100.4	351.6
2013	11846.6	2500.6	8837.7	105.9	402.5
2014	13015.6	2636.1	9816.5	107.6	455.5
2015	14169.9	3013.2	10588.6	105.2	462.9
2016	15676.7	3140.8	11923.5	103.2	509.2
2017	17606.1	3487.4	13464.9	113.3	540.5
2018	19677.9	3978.6	15079.3	71.4	548.6
2019	22143.6	4537.3	16887.2	23.9	695.2
2020	24393.1	4825.6	18895.0	90.1	582.5
2021	27956.3	5299.7	21808.8	58.4	789.5
2022	30782.9	5470.9	24323.3	52.7	935.9

1-13 按执行部门和来源构成分研究与试验发展(R&D)经费内部支出(2022年)
Intramural Expenditure on R&D by Performer and Sources (2022)

单位：亿元 (100 million yuan)

项 目	Item	R&D经费内部支出 Total	政府资金 Government Funds	企业资金 Self-raised Funds by Enterprises	国外资金 Foreign Funds	其他资金 Other Funds
全 国	**National Total**	**30782.9**	**5470.9**	**24323.3**	**52.7**	**935.9**
企 业	Enterprises	23878.6	572.8	23252.1	38.6	15.1
#规上工业企业	Industrial Enterprises above Designated Size	19361.8	482.9	18851.2	14.9	12.7
研究与开发机构	R&D Institutions	3814.4	2996.2	210.9	7.0	600.4
高等学校	Higher Education	2412.4	1384.2	779.7	6.9	241.6
其 他	Others	677.5	517.7	80.6	0.3	78.9

1-14 各地区按资金来源分研究与试验发展(R&D)经费内部支出(2022年)
Intramural Expenditure on R&D by Region and Sources(2022)

单位：万元 (10 000 yuan)

地 区	Region	R&D经费内部支出 Total	政府资金 Government Funds	企业资金 Self-raised Funds by Enterprises	国外资金 Foreign Funds	其他资金 Other Funds
全 国	**National Total**	**307828823**	**54709432**	**243232865**	**527317**	**9359210**
东部地区	Eastern Region	202374826	33788369	162191983	461620	5932854
中部地区	Middle Region	55575654	7436311	46773176	27899	1338267
西部地区	Western Region	39618432	10683313	27125500	22153	1787466
东北地区	Northeast Region	10259912	2801438	7142205	15645	300624
北 京	Beijing	28433394	12896678	13422113	146522	1968082
天 津	Tianjin	5686565	758228	4663415	10161	254762
河 北	Hebei	8489080	921610	7250341	710	316419
山 西	Shanxi	2737192	362738	2305553	134	68766
内蒙古	Inner Mongolia	2095130	263278	1798155	7	33690
辽 宁	Liaoning	6209177	1344378	4755056	14636	95108
吉 林	Jilin	1872794	654036	1188262	801	29695
黑龙江	Heilongjiang	2177941	803024	1198888	208	175821
上 海	Shanghai	19815785	5580893	13508959	128831	597102
江 苏	Jiangsu	38354282	2860364	34116121	81020	1296778
浙 江	Zhejiang	24167668	2497610	21273685	9344	387029
安 徽	Anhui	11525148	1865620	9345384	8270	305873
福 建	Fujian	10821348	1054399	9637094	7162	122693
江 西	Jiangxi	5581520	948469	4562816	203	70033
山 东	Shandong	21804089	1854619	19645319	21494	282657
河 南	Henan	11432586	954377	10146410	1599	330201
湖 北	Hubei	12546696	1755819	10391812	16663	382401
湖 南	Hunan	11752512	1549289	10021201	1030	180993
广 东	Guangdong	44118955	4955015	38458199	56080	649660
广 西	Guangxi	2179354	362862	1731217	800	84476
海 南	Hainan	683660	408954	216738	296	57672
重 庆	Chongqing	6866481	940654	5634831	1807	289189
四 川	Sichuan	12150136	3913968	7604377	8223	623568
贵 州	Guizhou	1993394	433416	1488828	85	71065
云 南	Yunnan	3135272	731169	2304255	1209	98640
西 藏	Tibet	69590	45116	21039		3435
陕 西	Shaanxi	7695512	3044149	4178703	6119	466541
甘 肃	Gansu	1441494	513903	854964	358	72270
青 海	Qinghai	288425	84746	197336		6344
宁 夏	Ningxia	793795	170325	616502		6967
新 疆	Xinjiang	909849	179729	695294	3545	31282

1-15 研究与试验发展(R&D)经费外部支出(2022年)
External Expenditure on R&D (2022)

单位：万元 (10 000 yuan)

项 目	Item	R&D经费外部支出 Total	对境内研究机构支出 to Domestic Research Institutions	对境内高等学校支出 to Domestic Higher Education	对境内企业支出 to Domestic Enterprises	对境外机构支出 to Foreign Institutions
全 国	**National Total**	**25707660**	**6120392**	**1824960**	**15526899**	**1850332**
按执行部门分	**by Performer**					
企 业	Enterprises	21376361	4249576	1004315	14367462	1755008
#规上工业企业	Industrial Enterprises above Designated Size	13939063	3614094	824108	8055139	1445722
研究与开发机构	R&D Institutions	2331792	1244558	162260	565011	2189
高等学校	Higher Education	1807061	569488	599989	534291	91523
其 他	Others	192445	56770	58398	60135	1612
按地区分	**by Region**					
东部地区	Eastern Region	17992143	4533203	1077438	10600562	1542668
中部地区	Middle Region	3772220	713208	351153	2564934	138845
西部地区	Western Region	2923615	703806	293810	1803094	96148
东北地区	Northeast Region	1019682	170176	102559	558308	72671
北 京	Beijing	3107769	875658	230110	1732216	59281
天 津	Tianjin	462598	53136	44094	286369	75249
河 北	Hebei	313486	32710	26805	251289	2126
山 西	Shanxi	154899	38912	20305	95016	612
内 蒙 古	Inner Mongolia	146063	36525	22831	86287	211
辽 宁	Liaoning	464722	98573	44168	167055	39044
吉 林	Jilin	413896	34799	26172	321429	31440
黑 龙 江	Heilongjiang	141064	36804	32219	69824	2187
上 海	Shanghai	2159633	439097	117009	1300614	299080
江 苏	Jiangsu	2233914	291677	183957	1417350	334792
浙 江	Zhejiang	2727305	283833	157944	2119765	162899
安 徽	Anhui	1089967	86415	66847	904870	30841
福 建	Fujian	329935	49926	42522	209567	27620
江 西	Jiangxi	366039	129095	20740	202431	13656
山 东	Shandong	1044212	162090	113488	632352	132689
河 南	Henan	285626	50278	38419	191329	4856
湖 北	Hubei	1005152	269490	123752	551382	60379
湖 南	Hunan	870539	139018	81091	619905	28501
广 东	Guangdong	5527231	2316370	155743	2599627	448823
广 西	Guangxi	117035	15989	12432	83394	1945
海 南	Hainan	86060	28706	5766	51413	109
重 庆	Chongqing	420879	81026	19306	299588	20107
四 川	Sichuan	706172	257892	80877	346430	8414
贵 州	Guizhou	464464	13921	13473	382635	51822
云 南	Yunnan	219071	23717	17438	167410	5271
西 藏	Tibet	4803	1931	1270	1267	241
陕 西	Shaanxi	585347	219629	80757	278456	5620
甘 肃	Gansu	73174	16280	9417	46123	1340
青 海	Qinghai	57205	4424	3756	48194	264
宁 夏	Ningxia	32659	7500	10129	13815	910
新 疆	Xinjiang	96743	24973	22125	49495	4

1-16 国家财政科技支出
Government Expenditure for Science and Technology

单位：亿元 (100 million yuan)

年 份 Year	国家公共财政支出 Total Government Budgetary Expenditure (A)	国家财政科技拨款 Appropriation for Science and Technology (B)	中央 Central Government	地方 Local Government	科学技术支出 Expenditure for Science and Technology	其他功能支出中用于科学技术的支出 Others	科技拨款与公共财政支出之比 % of Total Government Budgetary Expenditure (B/A)
1985	2004.3	102.6					5.12
1986	2204.9	112.6					5.11
1987	2262.2	113.8					5.03
1988	2491.2	121.1					4.86
1989	2823.8	127.9					4.53
1990	3083.6	139.1	97.6	41.6			4.51
1991	3386.6	160.7	115.4	45.3			4.74
1992	3742.2	189.3	133.6	55.7			5.06
1993	4642.3	225.6	167.6	58.0			4.86
1994	5792.6	268.3	199.0	69.3			4.63
1995	6823.7	302.4	215.6	86.8			4.43
1996	7937.6	348.6	242.8	105.8			4.39
1997	9233.6	408.9	273.9	134.0			4.43
1998	10798.2	438.6	289.7	148.9			4.06
1999	13187.7	543.9	355.6	188.3			4.12
2000	15886.5	575.6	349.6	226.0			3.62
2001	18902.6	703.3	444.3	258.9			3.72
2002	22053.2	816.2	511.2	305.0			3.70
2003	24650.0	944.6	609.9	335.6			3.83
2004	28486.9	1095.3	692.4	402.9			3.84
2005	33930.3	1334.9	807.8	527.1			3.93
2006	40422.7	1688.5	1009.7	678.8			4.18
2007	49781.4	2135.7	1044.1	1091.6	1783.0	352.6	4.29
2008	62592.7	2611.0	1287.2	1323.8	2129.2	481.8	4.17
2009	76299.9	3276.8	1653.3	1623.5	2744.5	532.3	4.29
2010	89874.2	4196.7	2052.5	2144.2	3250.2	946.5	4.67
2011	109247.8	4797.0	2343.3	2453.7	3828.0	969.0	4.39
2012	125953.0	5600.1	2613.6	2986.5	4452.6	1147.5	4.45
2013	140212.1	6184.9	2728.5	3456.4	5084.3	1100.6	4.41
2014	151785.6	6454.5	2899.2	3555.4	5314.5	1140.0	4.25
2015	175877.8	7005.8	3012.1	3993.7	5862.6	1143.2	3.98
2016	187755.2	7760.7	3269.3	4491.4	6564.0	1196.7	4.13
2017	203085.5	8383.6	3421.4	4962.1	7267.0	1116.6	4.13
2018	220904.1	9518.2	3738.5	5779.7	8326.7	1191.5	4.31
2019	238858.4	10717.4	4173.2	6544.2	9470.8	1246.6	4.49
2020	245679.0	10095.0	3758.2	6336.8	9018.3	1076.7	4.11
2021	245673.0	10766.7	3794.9	6971.8	9669.8	1096.9	4.38
2022	260552.1	11128.4	3803.4	7325.0	10032.0	1096.4	4.27

注：1.为规范财政科技支出统计，2013年对财政科学技术支出统计口径重新作了界定，并追溯调整了2007—2011年数据，以保持数据的可比性。
2.本表中财政科学技术支出的统计范围为公共财政支出安排的科技项目。
3.2012年中央国有资本经营支出中安排30亿元用于科学技术项目。

Note: a) To standardize the fiscal expenditure on S&T, we redifine statistical calibre of the fiscal expenditure on S&T and adjust the data of the year from 2007 to 2011 for the comparability of data.
b) In this table,statistical calibre of the fiscal expenditure on S&T is S&T projects of public fiscal expenditure.
c) There are 3000 million yuan used for S&T projects in central state-owned capital operating expenditure.

1－17 分学科研究生情况（2022年）
Number of Postgraduate Students by Fields (2022)

单位：人 (person)

项 目	Item	毕业生数			招生数			在 校 学生数		
		Graduates	博 士 Doctor's Degree	硕 士 Master's Degree	Entrants	博 士 Doctor's Degree	硕 士 Master's Degree	Enrolment	博 士 Doctor's Degree	硕 士 Master's Degree
分学科研究生数（总计）	**Total**	**862165**	**82320**	**779845**	**1242479**	**138951**	**1103528**	**3653613**	**556065**	**3097548**
#女	Female	471740	36017	435723	650280	57952	592328	1871376	233023	1638353
#学术型学位	Academic Degree	390298	76396	313902	528090	114352	413738	1677266	488091	1189175
#专业学位	Professional Degree	471867	5924	465943	714389	24599	689790	1976347	67974	1908373
哲 学	Philosophy	3947	711	3236	4707	1094	3613	15964	5116	10848
经济学	Economics	43172	2415	40757	53487	3482	50005	138327	17158	121169
法 学	Law	56209	3704	52505	70954	6163	64791	210414	27910	182504
教育学	Education	63390	1497	61893	85743	3718	82025	243188	14453	228735
文 学	Literature	39425	2390	37035	48712	3404	45308	137542	16101	121441
历史学	History	6271	943	5328	8294	1472	6822	26157	6693	19464
理 学	Science	66248	17063	49185	99988	24874	75114	308073	98090	209983
工 学	Engineering	291660	30121	261539	453870	59780	394090	1333008	240602	1092406
农 学	Agriculture	42083	3786	38297	65106	5843	59263	180480	23132	157348
医 学	Medicine	96207	14819	81388	150364	21654	128710	435927	72035	363892
军事学	Military Science	38	14	24	39	9	30	222	43	179
管理学	Administrators	124748	3979	120769	160157	5731	154426	505024	28764	476260
艺术学	Art	28750	878	27872	40675	1450	39225	118854	5659	113195
交叉学科	Interdisciplinary Subject	17		17	383	277	106	433	309	124
分学科研究生数（普通高校）	**Regular HEIs**	**853377**	**80772**	**772605**	**1230409**	**136717**	**1093692**	**3618049**	**547323**	**3070726**
#女	Female	467522	35376	432146	644407	56981	587426	1854830	229527	1625303
#学术型学位	Academic Degree	384162	74916	309246	519309	112282	407027	1650357	479713	1170644
#专业学位	Professional Degree	469215	5856	463359	711100	24435	686665	1967692	67610	1900082
哲 学	Philosophy	3857	691	3166	4608	1079	3529	15641	5040	10601
经济学	Economics	42496	2371	40125	52749	3404	49345	136118	16568	119550
法 学	Law	55591	3642	51949	70008	6064	63944	207688	27486	180202
教育学	Education	63390	1497	61893	85743	3718	82025	243188	14453	228735
文 学	Literature	39355	2390	36965	48628	3404	45224	137314	16101	121213
历史学	History	6219	943	5276	8224	1472	6752	25975	6693	19282
理 学	Science	65514	16812	48702	98878	24590	74288	304631	96937	207694
工 学	Engineering	288808	29600	259208	449546	58930	390616	1320222	237237	1082985
农 学	Agriculture	40758	3509	37249	63475	5477	57998	175831	21855	153976
医 学	Medicine	95193	14581	80612	148736	21282	127454	431402	70958	360444
军事学	Military Science	34	14	20	39	9	30	214	43	171
管理学	Administrators	123702	3930	119772	159063	5660	153403	501666	28319	473347
艺术学	Art	28443	792	27651	40329	1351	38978	117726	5324	112402
交叉学科	Interdisciplinary Subject	17		17	383	277	106	433	309	124
分学科研究生数（科研机构）	**Research Institutions**	**8788**	**1548**	**7240**	**12070**	**2234**	**9836**	**35564**	**8742**	**26822**
#女	Female	4218	641	3577	5873	971	4902	16546	3496	13050
#学术型学位	Academic Degree	6136	1480	4656	8781	2070	6711	26909	8378	18531
#专业学位	Professional Degree	2652	68	2584	3289	164	3125	8655	364	8291
哲 学	Philosophy	90	20	70	99	15	84	323	76	247
经济学	Economics	676	44	632	738	78	660	2209	590	1619
法 学	Law	618	62	556	946	99	847	2726	424	2302
教育学	Education									
文 学	Literature	70		70	84		84	228		228
历史学	History	52		52	70		70	182		182
理 学	Science	734	251	483	1110	284	826	3442	1153	2289
工 学	Engineering	2852	521	2331	4324	850	3474	12786	3365	9421
农 学	Agriculture	1325	277	1048	1631	366	1265	4649	1277	3372
医 学	Medicine	1014	238	776	1628	372	1256	4525	1077	3448
军事学	Military Science	4		4				8		8
管理学	Administrators	1046	49	997	1094	71	1023	3358	445	2913
艺术学	Art	307	86	221	346	99	247	1128	335	793
交叉学科	Interdisciplinary Subject									

1-18 普通本科分学科学生数（2022年）
Number of Regular Students for Normal Courses by Fields (2022)

单位：人 (person)

项 目	Item	毕业生数 Graduates	招生数 Entrants	在校学生数 Enrolment
总 计	**Total**	**4715658**	**4679358**	**19656436**
#女	Female	2606039	2947991	10397461
哲 学	Philosophy	2413	3800	12400
经济学	Economics	262452	233817	981385
法 学	Law	166470	172974	711940
教育学	Education	222013	220886	950210
文 学	Literature	466944	457821	1925719
历史学	History	21665	28259	107200
理 学	Science	298672	337668	1314583
工 学	Engineering	1565928	1662036	6742664
农 学	Agriculture	76567	85500	330960
医 学	Medicine	333657	347954	1599714
管理学	Administrators	849793	658804	3038017
艺术学	Art	449084	469839	1941644

1-19 高职(专科)分专业大类学生数（2022年）
Number of Regular Students for Short-cycle Courses in HEIs by Discipline (2022)

单位：人 (person)

项 目	Item	毕业生数 Graduates	招生数 Entrants	在校学生数 Enrolment
总 计	**Total**	**4947678**	**5389761**	**16708999**
农林牧渔大类	Agriculture,Forestry,Husbandry and Fishing	98988	133609	357117
资源环境与安全大类	Resources Environment and Safety	66793	91997	244239
能源动力与材料大类	Energy Power and Material	49139	64609	169740
土木建筑大类	Civil Engineering and Architecture	373407	418729	1271153
水利大类	Water Resources	17252	20802	61214
装备制造大类	Equipment Manufacturing	493537	699717	1783966
生物与化工大类	Biology and Chemical Engineering	37911	54208	144652
轻工纺织大类	Light Idustry and Textile	21101	24448	70070
食品药品与粮食大类	Food,Medicine and Grain	77252	104455	276286
交通运输大类	Transportation and Communication	364450	417235	1152427
电子信息大类	Electronic Information	688628	905770	2490736
医药卫生大类	Medical and Health	694067	836644	2358720
财经商贸大类	Finance,Economics and Business	839891	862911	2658061
旅游大类	Tourism	150404	177119	475451
文化艺术大类	Culture and Arts	241784	302437	822117
新闻传播大类	Journalism and Communication	42616	61025	157185
教育与体育大类	Education and Sport	576101	634343	1837568
公安与司法大类	Public Security and Justice	50432	47656	151023
公共管理与服务大类	Public Administration and Service	63925	74943	227274

注：分专业大类招生数中包含五年制高职转入学生数，数据分项合计与总计不等。

a) The number of entrants by discipline include the number of entrants from 5-year Secondary Vocational Education, resulting in a discrepancy between the sum of each item and the total.

1-20 中国科学院院士和中国工程院院士
Academicians of China Academy of Sciences and Academicians of China Academy of Engineering

单位：人 (person)

项 目	Item	2008	2009	2010	2011	2012	2013	2014	2015	2016	2017	2018	2019	2020	2021	2022
中国科学院院士合计①	**Academicians of China Academy of Sciences**	**692**	**714**	**694**	**727**	**710**	**750**	**730**	**777**	**753**	**800**	**785**	**830**	**811**	**859**	**822**
数学物理学部	Division of Mathematics and Physics	134	137	133	139	136	143	139	148	144	154	150	157	152	159	153
化学部	Division of Chemistry	120	125	121	126	123	128	125	131	124	128	127	133	129	137	130
生命科学和医学学部	Division of Life Sciences and Medical Sciences	124	126	120	128	124	132	131	143	140	150	149	153	149	156	147
地学部	Division of Earth Sciences	113	116	112	119	116	124	122	127	124	132	128	138	136	142	138
信息技术科学部	Division of Information Technological Sciences	79	83	82	83	82	88	85	90	88	95	94	99	97	106	104
技术科学部	Division of Technological Sciences	122	127	126	132	129	135	128	138	133	141	137	150	148	159	150
中国工程院院士合计	**Academicians of China Academy of Engineering**	**711**	**749**	**736**	**766**	**763**	**802**	**786**	**836**	**822**	**869**	**853**	**908**	**888**	**953**	**909**
机械与运载工程学部	Division of Mechanical and Vehicle Engineering	103	106	105	110	110	117	115	121	119	124	122	129	128	134	127
信息与电子工程学部	Division of Information and Electronic Engineering	105	108	106	110	109	114	113	120	118	125	122	131	130	137	131
化工、冶金与材料工程学部	Division of Chemical, Metallurgic and Material	92	95	93	98	98	101	98	104	103	109	106	115	111	117	112
能源与矿业工程学部	Division of Energy and Mining Engineering	95	100	98	102	102	107	105	113	112	118	117	125	123	128	124
土木、水利与建筑工程学部	Division of Civil , Hydraulic and Architecture Engineering	96	100	98	101	101	105	103	108	104	108	104	104	99	108	100
环境与轻纺工程学部②	Division of Environment, Light and Textile Industries Engineering	36	42	41	43	43	47	46	51	51	55	55	60	60	68	66
农业学部	Division of Agriculture	64	70	70	71	71	74	72	75	71	77	77	83	80	89	84
医药与卫生学部	Division of Medical and Health	107	112	109	112	110	115	112	116	116	120	117	122	121	130	125
工程管理学部③	Division of Engineering Management	41	44	44	46	46	48	49	55	54	33	33	39	36	71	67

注：① 2006年中国科学院另有53位外籍院士。
② 2007年以前数据包括农业学部。
③ 2013年和2016年工程管理学部中有26人是跨学部院士；2011年、2012年、2014年和2015年工程管理学部中有27人是跨学部院士；2017年工程管理学部中有25人是跨学部院士；2018年和2019年工程管理学部中有31人是跨学部院士，2020年工程管理学部中有29人是跨学部院士；2022年有27人为跨学部院士。

Notes: a) There were 53 foreign academicians of Chinese Academy of Sciences in 2006.
b) Data befor 2007 included Pivision of Agriculture.
c) In 2013 and 2016, there are 26 academicians in Division of Engineering Management were interdisciplinary academicians. In 2011,2012, 2014 and 2015,there are 27 academicians in Divicion of Enginerring Management were interdisciplinary academicians. In 2017,there are 25 academicians in Division of Engineering Management were interdisciplinary academicians. In 2018,2019 there are 31 academicians in Division of Engineering Management were interdisciplinary academicians. In 2020, there are 29 academicians in Division of Engineering Marагement were interdisciplinary academicians.

1-21 中国科学院全体院士名单

一、数学物理学部(153人)

艾国祥 白以龙 蔡荣根 常进 常凯 陈彪 陈和生 陈佳洱 陈建生 陈木法
陈难先 陈十一 陈式刚 陈恕行 陈松蹊 陈仙辉 陈永川 陈志明 崔向群 邓小刚
杜江峰 鄂维南 方成 方复全 方忠 封东来 甘子钊 高鸿钧 高原宁 葛墨林
龚昌德 龚新高 郭柏灵 郭尚平 韩占文 何国威 何祚庥 贺贤土 洪家兴 胡和生
胡仁宇 霍裕平 江松 姜伯驹 景益鹏 邝宇平 李安民 李邦河 李大潜 李德平
李家春 李家明 李骏 李儒新 李惕碚 励建书 林海青 林群 刘仓理 龙以明
陆夕云 罗俊 罗民兴 吕敏 马余刚 马余强 马志明 莫毅明 欧阳颀 欧阳钟灿
潘建伟 彭实戈 曲钦岳 阮勇斌 沈文庆 沈学础 史生才 苏定强 苏肇冰 孙昌璞
孙斌勇 孙鑫 孙义燧 汤涛 汤超 唐孝威 陶瑞宝 田刚 万宝年 汪承灏
汪景琇 王鼎盛 王恩哥 王广厚 王乃彦 王诗宬 王世绩 王小云 王迅 王贻芳
王玉鹏 王梓坤 魏宝文 文兰 吴岳良 武向平 席南华 夏道行 夏克青 向涛
谢心澄 邢定钰 熊大闰 徐红星 徐至展 严加安 杨国桢 杨乐 杨应昌 杨振宁
叶朝辉 叶叔华 叶向东 于渌 袁亚湘 詹文龙 张殿琳 张恭庆 张焕乔 张杰
张继平 张平 张平文 张仁和 张淑仪 张维岩 张伟平 张裕恒 张肇西 张宗烨
赵光达 赵红卫 赵政国 赵忠贤 郑厚植 郑晓静 周光召 周恒 周向宇 朱邦芬
朱诗尧 邹冰松 邹广田

二、化学部(130人)

安立佳 白春礼 包信和 卜显和 曹镛 柴之芳 陈洪渊 陈军 陈俊武 陈凯先
陈小明 陈新滋 陈学思 陈懿 程津培 迟力峰 戴立信 丁奎岭 段雪 樊春海
方维海 房喻 费维扬 冯守华 冯小明 高松 郭子建 韩布兴 何国钟 何鸣元
洪茂椿 侯建国 黄本立 黄春辉 黄乃正 计亮年 江桂斌 江雷 江明 黎乐民
李灿 李洪钟 李静海 李景虹 李亚栋 李永舫 李玉良 林国强 刘买利 刘元方
刘云圻 刘忠范 马大为 马光辉 麻生明 马於光 麦松威 倪嘉缵 彭孝军 任詠华
沙国河 沈家骢 沈之荃 施剑林 宋礼成 孙立成 孙世刚 谭蔚泓 唐本忠 唐勇
田禾 田昭武 田中群 佟振合 涂永强 万惠霖 万立骏 汪尔康 王方定 王夔
王梅祥 吴骊珠 吴奇 吴新涛 吴养洁 吴云东 席振峰 谢素原 谢毅 谢在库
谢作伟 徐春明 徐如人 严纯华 颜德岳 杨金龙 杨万泰 杨秀荣 杨学明 杨玉良
姚建年 姚守拙 俞飚 于吉红 俞汝勤 俞书宏 袁权 元英进 岳建民 张存浩
张东辉 张洪杰 张锦 张礼和 张锁江 张涛 张希 张玉奎 赵东元 赵进才
赵宇亮 赵玉芬 郑兰荪 支志明 周其凤 周其林 周翔 朱道本 朱起鹤 朱清时

三、生命科学和医学学部(147人)

卞修武 曹文宣 曹晓风 常文瑞 陈国强 陈化兰 陈可冀 陈霖 陈润生 陈晓亚
陈孝平 陈晔光 陈宜瑜 陈宜张 陈义汉 陈竺 陈子江 陈子元 程和平 邓子新
董晨 窦科峰 段树民 樊嘉 方精云 方荣祥 高福 葛均波 顾东风 桂建芳
郭爱克 韩斌 韩济生 韩家淮 韩启德 郝小江 贺福初 贺林 赫捷 洪德元
洪国藩 侯凡凡 黄荷凤 黄路生 季维智 蒋有绪 金力 鞠躬 康乐 匡廷云
李季伦 李家洋 李劲松 李林 李蓬 李振声 梁栋材 梁智仁 林鸿宣 林其谁
林圣彩 刘新垣 刘耀光 刘以训 刘允怡 陆林 骆清铭 马兰 孟安明 裴钢
蒲慕明 钱前 戚正武 强伯勤 饶子和 尚永丰 邵峰 沈岩 沈允钢 施一公
施蕴渝 石元春 舒红兵 宋保亮 宋尔卫 宋微波 苏国辉 隋森芳 孙大业 孙汉董
唐崇惕 唐守正 滕皋军 仝小林 汪忠镐 王大成 王恩多 王福生 王松灵 王以政
王正敏 王志新 王志珍 魏辅文 魏江春 魏于全 吴常信 吴祖泽 武维华 谢道昕
谢华安 谢联辉 谢晓亮 徐国良 徐涛 许智宏 阎锡蕴 杨焕明 杨维才 杨雄里
杨正林 姚开泰 叶玉如 尹文英 印象初 曾益新 张春霆 张克勤 张明杰 张启发
张旭 张旭 张学敏 张亚平 张永莲 赵国屏 赵继宗 赵进东 赵玉沛 郑光美
郑儒永 郑守仪 种康 周琪 朱玉贤 朱作言 庄文颖

四、地学部（138人）

安芷生 常印佛 巢纪平 陈大可 陈发虎 陈俊勇 陈骏 陈晓非 陈旭 陈颙
陈运泰 程国栋 成秋明 丑纪范 崔鹏 戴金星 戴民汉 戴永久 邓军 底青云
丁国瑜 丁林 丁仲礼 窦贤康 冯士筰 符淙斌 傅伯杰 高俊 高锐 龚健雅
郭华东 郭正堂 郝芳 侯增谦 胡敦欣 胡瑞忠 黄建平 黄荣辉 贾承造 焦念志
金振民 金之钧 李崇银 李德仁 李德生 李曙光 李献华 李廷栋 林学钰 刘宝珺
刘昌明 刘丛强 刘嘉麒 陆大道 吕达仁 马宗晋 莫宣学 穆穆 欧阳自远 潘永信
彭建兵 彭平安 朴世龙 秦大河 邱占祥 任纪舜 戎嘉余 邵明安 沈树忠 石广玉
石耀霖 舒德干 苏纪兰 孙和平 孙鸿烈 谈哲敏 陶澍 滕吉文 童庆禧 涂传诒
汪集旸 汪品先 王赤 王成善 王德滋 王会军 王水 王铁冠 王焰新 王颖
魏奉思 吴福元 吴国雄 吴立新 伍荣生 夏军 肖文交 肖序常 谢树成 徐冠华
徐义刚 许志琴 杨经绥 杨树锋 杨文采 杨元喜 姚檀栋 姚振兴 叶大年 叶嘉安
殷鸿福 于贵瑞 袁道先 曾庆存 翟明国 翟裕生 张国伟 张宏福 张经 张弥曼
张培震 张人禾 赵柏林 赵国春 赵鹏大 郑度 郑永飞 钟大赉 周成虎 周卫健
周秀骥 周志炎 周忠和 朱敏 朱日祥 朱彤 朱永官 邹才能

五、信息技术科学部（104人）

包为民 陈桂林 陈国良 陈翰馥 陈俊亮 陈星旦 褚君浩 崔铁军 戴汝为 丁赤飚
段广仁 董韫美 房建成 冯登国 干福熹 龚旗煌 顾瑛 管晓宏 郭光灿 郭雷
郝跃 何积丰 侯朝焕 侯洵 怀进鹏 黄琳 黄民强 黄如 黄维 简水生
江风益 姜杰 金亚秋 匡定波 雷啸霖 李启虎 李树深 李未 黎湘 李衍达
李陟 林惠民 刘国治 刘明 刘盛纲 刘颂豪 刘益春 刘永坦 陆建华 陆汝钤
吕建 毛军发 梅宏 彭堃墀 钱德沛 乔红 秦国刚 沈绪榜 宋健 谭铁牛
王怀民 王家骐 王金龙 王建宇 王立军 王启明 王巍 王阳元 王永良 王育竹
王越 王占国 王之江 吴朝晖 吴德馨 吴宏鑫 吴培亨 吴一戎 夏建白 相里斌
徐宗本 许宁生 薛永祺 杨德仁 杨芙清 杨学军 姚建铨 姚期智 尹浩 于登云
张钹 张景中 郑建华 郑婉华 郑耀宗 郑有炓 郑志明 周炳琨 周巢尘 周兴铭
周志鑫 朱鲁华 祝宁华 朱中梁

六、技术科学部（150人）

蔡其巩 曹春晓 常青 陈光 陈维江 陈云敏 陈祖煜 成会明 程耿东 程时杰
丁汉 都有为 段进 段文晖 范瑞祥 范守善 方岱宁 高德利 高镇同 葛昌纯
顾秉林 顾宁 顾诵芬 顾逸东 郭烈锦 郭万林 过增元 韩杰才 韩祯祥 何满潮
何雅玲 胡海岩 胡文瑞 胡聿贤 贾金锋 贾振元 姜培学 江涌 姜中宏 金红光
赖远明 冷劲松 李东旭 李杰 李述汤 李依依 李应红 林皋 刘宝镛 刘昌胜
刘广均 刘维民 刘竹生 柳百新 卢柯 路甬祥 雒建斌 毛明 蒙大桥 南策文
倪晋仁 欧阳明高 欧阳予 彭练矛 齐康 邱大洪 邱勇 任露泉 芮筱亭 申长雨
沈保根 沈志云 宋家树 宋振骐 孙家栋 孙钧 孙军 唐叔贤 唐志共 陶文铨
滕锦光 田永君 汪耕 汪卫华 王崇愚 王大中 王淀佐 王光谦 王立鼎 王秋良
王希季 王锡凡 王曦 王自强 魏炳波 魏悦广 温诗铸 闻邦椿 吴良镛 吴硕贤
伍小平 吴宜灿 邢球痕 熊有伦 徐建中 徐世烺 宣益民 薛其坤 闫楚良 严陆光
杨孟飞 杨伟 杨卫 杨槱 姚熹 叶恒强 叶培建 叶志镇 于起峰 余梦伦
俞大鹏 俞鸿儒 翟婉明 张楚汉 张清杰 张统一 张卫红 张跃 张泽 赵淳生
赵天寿 赵阳升 郑平 郑泉水 郑时龄 钟万勰 周国治 周孝信 周又和 周远
朱荻 朱静 朱美芳 朱森元 朱位秋 祝世宁 祝学军 庄逢辰 邹世昌 邹志刚

注：名单截止到2023年10月7日。

Note: List at October 7th, 2023.

1-22 中国工程院全体院士名单

一、机械与运载工程学部(127人)

曹喜滨 陈学东 邓宗全 丁荣军 樊会涛 冯煜芳 付梦印 甘晓华 郭东明 何琳
侯晓 黄庆学 蒋庄德 金东寒 李骏 李克强 李培根 林忠钦 刘宏 卢秉恒
马伟明 马玉山 邱志明 单忠德 邵新宇 孙聪 孙逢春 谭建荣 唐长红 田红旗(女)
王国庆 王华明 王树新 王向明 王云鹏 王振国 吴光辉 夏长亮 项昌乐 向锦武
肖龙旭 徐青 严新平 杨德森 杨华勇 杨树兴 尹泽勇 尤政 张军 郑津洋
钟志华 周济 周志成 朱广生 朱坤 邹汝平 陈懋章 陈一坚 陈予恕 丁衡高
董春鹏 杜善义 朵英贤 范本尧 冯培德 高金吉 顾国彪 顾诵芬 关杰 郭重庆
郭孔辉 胡正寰 黄崇祺 黄瑞松 黄先祥 黄旭华 乐嘉陵 李椿萱 李鹤林 李鸿志
李魁武 李明 林尚扬 柳百成 刘大响 刘人怀 刘怡昕 刘永才 刘友梅 龙乐豪
路甬祥 潘健生 潘镜芙 戚发轫 钱清泉 饶芳权 沈闻孙 沈志云 苏哲子 唐任远
王浚 汪顺亭 王兴治 王永志 汪槱生 王玉明 温俊峰 吴有生 谢友柏 徐德民
徐芑南 徐志磊 杨凤田 杨绍卿 杨士莪 于本水 臧克茂 曾广商 张福泽 张贵田
张立同(女) 张彦仲 赵煦 钟掘(女) 钟群鹏 朱能鸿 朱英富

二、信息与电子工程学部(131人)

柴天佑 陈纯 陈杰 陈志杰 陈左宁(女) 戴浩 戴琼海 邓中翰 丁文华 段宝岩
樊邦奎 方滨兴 费爱国 高文 桂卫华 何友 江碧涛(女) 蒋昌俊 姜会林 孔志印
蓝羽石 李得天 李德毅 廖湘科 刘玠 刘永坚 刘泽金 龙腾 陆军 卢锡城
罗先刚 罗毅 吕跃广 潘云鹤 苏东林(女) 孙家广 孙凝晖 谭久彬 王恩东 王沙飞
王耀南 魏毅寅 吴汉明 邬江兴 吴建平 吴剑旗 吴曼青 吴伟仁 徐扬生 杨小牛
姚富强 于全 余少华 张宝东 张广军 张宏科 张平 张尧学 赵沁平 郑南宁
郑纬民 贲德 蔡鹤皋 蔡吉人 陈鲸 陈俊亮 陈良惠 范滇元 方家熊 封锡盛
高洁 龚惠兴 宫先仪 龚知本 郭桂蓉 何德全 何新贵 胡启恒(女) 黄培康 姜文汉
金国藩 金怡濂 李伯虎 李德仁 李国杰 李乐民 李同保 李幼平 林永年 刘尚合
刘永坦 刘韵洁 陆建勋 马远良 毛二可 倪光南 潘君骅 沈昌祥 宋健 苏君红
孙优贤 孙玉 汪成为 王任享 王天然 王越 王子才 韦钰(女) 魏正耀 魏子卿
吴澄 邬贺铨 吾守尔·斯拉木 许居衍 许祖彦 杨士中 姚骏恩 叶铭汉 叶尚福 叶声华
张光义 张履谦 张明高 张锡祥 张钟华 钟山 周立伟 周寿桓 周仲义 朱高峰
庄松林

三、化工、冶金与材料工程学部(112人)

曹湘洪 柴立元 陈芬儿 陈建峰 陈祥宝 戴厚良 邓龙江 丁文江 董绍明 付贤智
傅正义 干勇 宫声凯 何季麟 黄伯云 黄小卫(女) 蹇锡高 姜德生 姜涛 李贺军
李卫 李言荣 李元元 李仲平 刘炯天 刘正东 刘中民 毛新平 聂祚仁 潘复生
彭金辉 彭寿 钱锋 钱旭红 邱冠周 任其龙 沈政昌 孙传尧 谭天伟 屠海令
涂善东 王迎军(女) 王玉忠 吴锋 吴以成 谢建新 邢丽英(女) 徐惠彬 徐南平 杨为民
应汉杰 张联盟 张立群 张平祥 张耀明 郑裕国 周济 周玉 才鸿年 陈丙珍(女)
陈景 陈立泉 陈蕴博 崔崑 丁传贤 傅恒志 高从堦 胡永康 江东亮 金涌
柯伟 李大东 李俊贤 李龙土 刘业翔 毛炳权 邱定蕃 桑凤亭 沈寅初 舒兴田
唐明述 王淀佐 王国栋 王海舟 王静康(女) 汪燮卿 汪旭光 王一德 王泽山 王震西
翁宇庆 吴慰祖 徐承恩 徐匡迪 薛群基 杨启业 殷国茂 殷瑞钰 余永富 袁晴棠(女)
袁渭康 张生勇 张寿荣 张文海 张兴栋 赵连城 赵振业 周光耀 周克崧 周廉
朱永濬 左铁镛

四、能源与矿业工程学部(124人)

陈勇 程杰成 邓建军 邓运华 多吉 葛世荣 顾大钊 郭剑波 郭旭升 胡晓棉(女)
黄震 康红普 李根生 李建刚 李宁 李晓红 李阳 李焯芬 林君 刘吉臻
罗安 罗琦 马永生 毛景文 欧阳晓平 彭苏萍 饶宏 沈国荣 舒印彪 苏义脑
孙焕泉 孙金声 孙龙德 孙友宏 汤广福 唐立 王成山 王国法 王双明 王运敏
武强 夏佳文 谢和平 谢克昌 杨春和 袁亮 袁士义 岳光溪 张来斌 张铁岗
张玉卓 赵文智 赵宪庚 赵振堂 周刚 周守为 安继刚 陈清泉 蔡美峰 岑可法
常印佛 陈森玉 陈毓川 杜祥琬 樊明武 范维澄 傅依备 古德生 顾金才 顾心怿
韩大匡 韩英铎 何多慧 何继善 洪伯潜 胡见义 胡思得 黄其励 金庆焕 康玉柱
雷清泉 李立浧 罗平亚 倪维斗 潘垣 裴荣富 彭先觉 钱皋韵 钱绍钧 秦裕琨
邱爱慈(女) 邱中建 苏万华 孙承纬 孙玉发 唐西生 汤中立 童晓光 万元熙 王德民
王思敬 闻雪友 翁史烈 鲜学福 徐大懋 许绍燮 薛禹胜 杨奇逊 杨裕生 叶奇蓁
衣宝廉 于俊崇 于润沧 余贻鑫 曾恒一 翟光明 张信威 张勇传 赵文津 郑健超
郑绵平 周邦新 周世宁 周永茂

五、土木、水利与建筑工程学部(100人)

陈军　陈湘生　陈政清　崔愷　邓铭江　杜修力　杜彦良　冯夏庭　高宗余　龚晓南
郭仁忠　何华武　胡春宏　胡亚安　黄卫　江亿　孔宪京　李华军　李建成　李术才
刘加平　刘加平　吕西林　马军　梅洪元　孟建民　缪昌文　聂建国　钮新强　欧进萍
彭永臻　秦顺全　任辉启　任南琪　唐洪武　王超　王复明　王浩　王建国　王明洋
吴志强　肖绪文　谢先启　徐建　许唯临　杨永斌　岳清瑞　张建民　张建云　张喜刚
张宗亮　郑健龙　钟登华　周绪红　朱合华　庄惟敏　陈厚群　程泰宁　崔俊芝　董石麟
冯叔瑜　傅熹年　何镜堂　江欢成　李圭白　李猷嘉　梁文灏　廖振鹏　林元培　刘经南
刘先林　卢耀如　罗绍基　马国馨　马洪琪　马克俭　钱七虎　沈世钊　施仲衡　谭述森
王光远　王家耀　王景全　王瑞珠　王小东　魏敦山　吴良镛　项海帆　谢礼立　杨秀敏
张超然　张杰　张锦秋(女)　张祖勋　郑皆连　郑颖人　周丰峻　周福霖　周镜　朱伯芳

六、环境与轻纺工程学部(66人)

陈坚　陈卫　陈文兴　段宁　冯起　高翔　郝吉明　贺泓　贺克斌　侯立安
蒋兴伟　李家彪　刘文清　潘德炉　庞国芳　瞿金平　曲久辉　任发政　任洪强　单杨
石碧　宋君强　孙宝国　孙晋良　王军成　王琪(女)　王桥　王双飞　吴丰昌　吴明红(女)
吴清平　谢剑平　谢明勇　许健民　徐卫林　徐祖信(女)　杨志峰　俞建勇　张偲　张小曳
张远航　朱蓓薇(女)　朱利中　蔡道基　陈克复　陈联寿　丁德文　丁一汇　方国洪　侯保荣
蒋士成　金翔龙　李泽椿　刘鸿亮　伦世仪　钱易(女)　任阵海　唐孝炎(女)　王文兴　魏复盛
徐祥德　姚穆　袁业立　张全兴　张懿(女)　周翔(女)

七、农业学部(84人)

柏连阳　包振民　曹福亮　陈焕春　陈剑平　陈松林　陈温福　陈学庚　邓秀新　侯水生
胡培松　蒋剑春　金宁一　康绍忠　康振生　李德发　李培武　李天来　李玉　刘少军
刘旭　刘仲华　罗锡文　麦康森　南志标　谯仕彦　沈建忠　沈其荣　宋宝安　唐华俊
唐启升　万建民　王汉中　吴孔明　吴义强　许为钢　姚斌　尹飞虎　尹伟伦　印遇龙
喻景权　喻树迅　于振文　张福锁　张改平　张洪程　张佳宝　张守攻　张新友　张涌
赵春江　周卫　朱有勇　邹学校　陈宗懋　程顺和　戴景瑞　范云六(女)　傅廷栋　盖钧镒
官春云　管华诗　李坚　李佩成　林浩然　刘秀梵　任继周　荣廷昭　山仑　沈国舫
石元春　石玉麟　束怀瑞　宋湛谦　汪懋华　王明庥　吴明珠(女)　夏咸柱　向仲怀　辛世文
徐洵(女)　颜龙安　赵法箴　赵振东

八、医药卫生学部(125人)

曹雪涛　陈赛娟(女)　陈薇(女)　陈香美(女)　陈肇隆　陈志南　程京　丛斌　丁健　董家鸿
樊代明　范上达　范先群　付小兵　高天明　顾晓松　韩德民　韩雅玲(女)　郝希山　胡盛寿
黄璐琦　姜保国　蒋建东　蒋建新　李大鹏　李兰娟(女)　李松　李校堃　李兆申　林东昕
刘德培　刘良　刘志红(女)　马丁　宁光　乔杰(女)　尚红(女)　沈洪兵　沈祖尧　田金洲
田伟　田志刚　王辰　王广基　王红阳(女)　王俊　王军志　王锐　邬堂春　吴以岭
夏照帆(女)　肖伟　徐兵河　徐建国　杨宝峰　于金明　袁国勇　詹启敏　张伯礼　张学
张英泽　张运　张志愿　赵铱民　郑树森　朱兆云(女)　巴德年　陈洪铎　陈君石　陈亚珠(女)
程书钧　程天民　戴尅戎　高润霖　顾玉东　郭应禄　洪涛　侯惠民　侯云德　胡之璧(女)
郎景和　李春岩　廖万清　刘昌孝　刘耀　刘玉清　陆道培　秦伯益　邱贵兴　邱蔚六
阮长耿　桑国卫　沈倍奋(女)　沈渔邨(女)　盛志勇　石学敏　孙燕　唐希灿　汤钊猷　王琦
王学浩　王永炎　王正国　王振义　闻玉梅(女)　吴天一　吴咸中　夏家辉　项坤三　肖培根
谢立信　杨胜利　姚新生　俞梦孙　俞永新　曾溢滔　张心湜　赵铠　甄永苏　钟南山
钟世镇　周宏灏　周良辅　朱晓东　庄辉

九、工程管理学部(67人，其中跨学部院士27人)

曹建国　柴洪峰　陈晓红(女)　丁烈云　董尔丹　范国滨　胡文瑞　黄殿中　黄维和　贾伟平(女)
金智新　李家彪　李贤玉(女)　林鸣　凌文　刘德培　刘合　刘玠　刘旭　卢春房
麦康森　邵安林　孙丽丽(女)　唐立新　屠海令　王坚　王金南　王陇德　王自力　向巧(女)
谢玉洪　杨长风　杨宏　杨善林　张守攻　赵晓哲　郑南宁　周建平　巴德年　陈清泉
程天民　杜祥琬　傅志寰　郭重庆　郭桂蓉　何继善　蒋士成　刘人怀　陆佑楣　栾恩杰
罗绍基　钱七虎　饶芳权　沈荣骏　孙永福　王基铭　王礼恒　王众托　徐匡迪　许庆瑞
徐寿波　殷瑞钰　袁晴棠(女)　翟光明　张寿荣　朱高峰　朱晓东

注：名单截止到2023年10月7日。
Note: List at October 7st, 2023.

二、企业
Enterprises

2-1 全部规上企业科技活动基本情况
Basic Statistics on Science and Technology Activities of Total Enterprises above Designated Size

指　　标	Item	2016	2017	2018	2019	2020	2021	2022
企业基本情况	**Statistics on Total Enterprises**							
有R&D活动企业数(个)	Number of R&D-active Enterprises(unit)	90770	107262	110153	142078	162394	185848	195416
有研发机构的企业数(个)	Number of Enterprises with R&D Institutions(unit)	64075	73805	76167	93903	104003	120148	136733
研究与试验发展(R&D)活动情况	**Statitstics on R&D Activities**							
R&D人员全时当量(万人年)	Full-time Equivalent of R&D Personnel (10 000 man-years)	300.4	311.2	341.7	366.0	405.2	445.6	499.0
R&D经费内部支出(亿元)	Expenditure on R&D(100 million yuan)	12130.9	13647.2	15220.6	16742.3	18357.2	21130.6	23537.6
企业办R&D机构情况	**Statistics on R&D Institutions**							
机构数(个)	Number of R&D Institutions(unit)	76740	87660	88503	106510	117710	134721	152581
机构人员数(万人)	R&D Personnel(10 000 persons)	323.7	372.1	373.8	427.5	469.1	524.2	558.7
机构经费支出(亿元)	Expenditure on R&D(100 million yuan)	8452.1	10226.4	12157.4	15458.8	17592.6	21959.4	23750.5
专利情况	**Statistics on Patents**							
专利申请数(件)	Patent Applications(piece)	832538	955749	1132666	1333090	1589424	1809485	1948559
#发明专利	Inventions	351597	398322	472328	547673	636905	720479	803295
有效发明专利数(件)	Inventions In Force(piece)	894750	1082392	1310103	1542007	1832645	2173424	2591095
政府相关政策落实情况	**Implementation of Relevant Policies**							
研究开发费用加计扣除减免税(亿元)	Additional Deductions or Exemptions on R&D Expenditure (100 million yuan)	610.3	706.4	1101.5	1872.3	2421.9	2829.5	3978.9
高新技术企业减免税(亿元)	Tax Reduction or Exemption for High-tech Enterprises(100 million yuan)	1009.4	1305.3	1514.0	1844.1	2161.6	3113.0	3114.4

2-2 各地区全部规上企业数量情况(2022年)
Number of Total R&D-Active Enterprises above Designated Size by Region (2022)

单位：个 (unit)

地　区	Region	有R&D活动的企业数 Number of R&D-Active Enterprises	有研发机构的企业数 Number of Enterprises with R&D Institutions
全　国	**National Total**	**195416**	**136733**
东部地区	Eastern Region	128444	98503
中部地区	Middle Region	44232	28891
西部地区	Western Region	18820	8287
东北地区	Northeast Region	3920	1052
北　京	Beijing	3416	922
天　津	Tianjin	2091	654
河　北	Hebei	5181	4643
山　西	Shanxi	1222	1563
内蒙古	Inner Mongolia	767	282
辽　宁	Liaoning	2649	629
吉　林	Jilin	491	190
黑龙江	Heilongjiang	780	233
上　海	Shanghai	4286	1267
江　苏	Jiangsu	33545	18992
浙　江	Zhejiang	26309	26212
安　徽	Anhui	9615	7666
福　建	Fujian	8147	2512
江　西	Jiangxi	5477	5836
山　东	Shandong	19307	9191
河　南	Henan	8823	4620
湖　北	Hubei	7722	5692
湖　南	Hunan	11373	3514
广　东	Guangdong	25952	34013
广　西	Guangxi	1944	857
海　南	Hainan	210	97
重　庆	Chongqing	3609	2521
四　川	Sichuan	5433	2049
贵　州	Guizhou	1491	478
云　南	Yunnan	1447	633
西　藏	Tibet	21	10
陕　西	Shaanxi	2282	707
甘　肃	Gansu	640	205
青　海	Qinghai	98	27
宁　夏	Ningxia	672	304
新　疆	Xinjiang	416	214

2-3 各地区全部企业R&D人员(2022年)
R&D Personnel in Total Enterprises above Designated Size by Region(2022)

地区	Region	R&D人员(人) R&D Personnel (person)	#女性 Female	R&D人员折合全时当量(人年) Full-time Equivalent(man-year)	#研究人员 Researchers
全国	**National Total**	**7110218**	**1601799**	**4989699**	**1536372**
东部地区	Eastern Region	4696433	1080808	3389781	1019787
中部地区	Middle Region	1409205	297736	971922	295696
西部地区	Western Region	811774	177011	505741	172271
东北地区	Northeast Region	192806	46244	122255	48618
北京	Beijing	236123	65928	154332	73818
天津	Tianjin	110636	26237	71803	27564
河北	Hebei	194281	42622	126431	38438
山西	Shanxi	75206	11712	43793	11971
内蒙古	Inner Mongolia	50560	8382	26872	7162
辽宁	Liaoning	126439	29014	82747	32194
吉林	Jilin	28700	7467	16908	7640
黑龙江	Heilongjiang	37667	9763	22600	8784
上海	Shanghai	246233	64174	174196	75889
江苏	Jiangsu	1020172	238185	734046	227096
浙江	Zhejiang	741649	165584	575208	132149
安徽	Anhui	288358	57225	199883	58278
福建	Fujian	311863	78001	227353	61119
江西	Jiangxi	150125	33363	108110	24528
山东	Shandong	656821	155595	446609	128123
河南	Henan	303345	67094	203917	60946
湖北	Hubei	301203	67895	209336	71789
湖南	Hunan	290968	60447	206883	68184
广东	Guangdong	1171261	241810	874951	254003
广西	Guangxi	77347	17766	43544	11486
海南	Hainan	7394	2672	4852	1588
重庆	Chongqing	143208	31754	96849	32824
四川	Sichuan	232122	52695	150297	53683
贵州	Guizhou	56619	11490	33727	10797
云南	Yunnan	57247	11483	36001	10182
西藏	Tibet	765	171	280	112
陕西	Shaanxi	116941	27238	76309	32349
甘肃	Gansu	26523	5883	15695	6086
青海	Qinghai	5677	1350	2845	1086
宁夏	Ningxia	22789	4891	12035	3194
新疆	Xinjiang	21976	3908	11287	3310

2-4 各地区全部

Intramural Expenditure on R&D in

单位：万元

地 区	Region	R&D经费内部支出 Intramural Expenditure on R&D	日常性支出 Routine Expenditure	#人员劳务费 Labor Cost
全 国	**National Total**	**235375617**	**221463395**	**86091147**
东部地区	Eastern Region	156924488	148219253	63241728
中部地区	Middle Region	45408503	42194025	12132665
西部地区	Western Region	26628793	24961796	8726993
东北地区	Northeast Region	6413833	6088320	1989761
北 京	Beijing	12238826	11194367	6462407
天 津	Tianjin	4345424	4090193	1467245
河 北	Hebei	7009799	6797032	1933305
山 西	Shanxi	2295087	2209470	417377
内蒙古	Inner Mongolia	1810643	1730176	438095
辽 宁	Liaoning	4341026	4121334	1283701
吉 林	Jilin	1013185	973444	348593
黑龙江	Heilongjiang	1059622	993542	357467
上 海	Shanghai	13232580	12559401	6299979
江 苏	Jiangsu	33145676	30787864	11659514
浙 江	Zhejiang	20356227	19169453	7967445
安 徽	Anhui	9020102	8280142	2713395
福 建	Fujian	9461636	9019424	3815124
江 西	Jiangxi	4615715	4297918	978449
山 东	Shandong	19244902	18237763	6258360
河 南	Henan	9795466	9097389	2689991
湖 北	Hubei	9890399	8975784	2816191
湖 南	Hunan	9791734	9333324	2517263
广 东	Guangdong	37690266	36181956	17324511
广 西	Guangxi	1698179	1600835	475090
海 南	Hainan	199153	181800	53838
重 庆	Chongqing	5418460	5138823	1795480
四 川	Sichuan	7192345	6652030	3004816
贵 州	Guizhou	1543610	1471460	514459
云 南	Yunnan	2233740	2080413	489487
西 藏	Tibet	19788	19590	6821
陕 西	Shaanxi	4418925	4210669	1472152
甘 肃	Gansu	771845	634349	199202
青 海	Qinghai	193352	192219	67729
宁 夏	Ningxia	640394	580412	97291
新 疆	Xinjiang	687512	650820	166372

企业R&D经费内部支出(2022年)
Total Enterprises above Designated Size by Region(2022)

(10 000 yuan)

资产性支出 Assets Expenditure	#仪器和设备 Equipment	#政府资金 Government Funds	#企业资金 Self-raised Funds by Enterprises
13912222	**13547995**	**5711289**	**229129522**
8705235	8471611	2771955	153710844
3214478	3134351	1199159	44173418
1666997	1628354	1399020	25189384
325513	313679	341155	6055877
1044459	1038970	409055	11757175
255231	251816	51592	4258945
212767	204782	59362	6946734
85617	82496	80565	2214214
80467	76381	55998	1754641
219692	213344	215398	4110757
39741	36780	13593	998347
66079	63556	112164	946773
673178	663903	462655	12640360
2357813	2306016	362531	32687214
1186774	1157798	258469	20087688
739961	719183	259679	8753318
442213	427126	194033	9259430
317797	309978	209773	4405135
1007139	975964	290602	18924281
698077	685050	102936	9684692
914616	894256	257730	9613417
458410	443388	288476	9502643
1508310	1428438	680127	36953784
97344	96099	39342	1657823
17353	16800	3529	195233
279637	273123	145967	5266156
540314	525021	334147	6846179
72150	70524	110908	1426750
153327	151163	48213	2185442
198	198	132	19656
208256	205047	578144	3828392
137496	136597	38651	732147
1133	1113	1990	191362
59982	58426	37952	602442
36692	34662	7578	678395

2-5 规模以上工业企业
Basic Statistics on Science and Technology Activities

指　标	Item	2000	2004	2008
企业基本情况	**Statistics on Industrial Enterprises**			
有R&D活动企业数(个)	Number of R&D-active Enterprises (unit)	17272	17075	27278
有R&D活动企业所占比重(%)	Percentage of R&D-active Enterprises to Total Number of Enterprises(%)	10.6	6.2	6.5
研究与试验发展(R&D)活动情况	**Statitstics on R&D Activities**			
R&D人员全时当量(万人年)	Full-time Equivalent of R&D Personnel (10 000 man-years)	43.9	54.2	123.0
R&D经费内部支出(亿元)	Expenditure on R&D(100 million yuan)	489.7	1104.5	3073.1
R&D经费内部支出与营业收入之比 (%)	Percentage of Expenditure on R&D to Business Revenue(%)			
企业办R&D机构情况	**Statistics on R&D Institutions**			
机构数(个)	Number of R&D Institutions(unit)	15529	17555	26177
机构人员数(万人)	R&D Personnel(10 000 persons)	60.1	64.4	130.4
机构经费支出(亿元)	Expenditure on R&D(100 million yuan)	435.8	841.6	2634.8
新产品开发及生产情况	**Statitstics on New Products Development and Production**			
新产品开发项目数(个)	Number of New Products(unit)	91880	76176	184859
新产品开发经费支出(亿元)	Expenditure on New Products Development (100 million yuan)	529.5	965.7	3676.0
新产品销售收入(亿元)	Sales Revenue of New Products (100 million yuan)	9369.5	22808.6	57027.1
#新产品出口	Export	1728.4	5312.2	14081.6
专利情况	**Statistics on Patents**			
专利申请数(件)	Patent Applications(piece)	26184	64569	173573
#发明专利	Inventions	7970	20456	59254
有效发明专利数(件)	Inventions In Force(piece)	15333	30315	80252
技术获取和技术改造情况	**Statistics on Technology Acquisition and Technology Reconstruction**			
引进境外技术经费支出(亿元)	Expenditure for Acquisition of Foreign Technology (100 million yuan)	304.9	397.4	466.9
引进境外技术消化吸收经费支出(亿元)	Expenditure for Assimilation of Technology (100 million yuan)	22.8	61.2	122.7
购买境内技术经费支出(亿元)	Expenditure for Purchase of Domestic Technology (100 million yuan)	34.5	82.5	184.2
技术改造经费支出(亿元)	Expenditure for Technical Renovation (100 million yuan)	1291.5	2953.5	4672.7

注：从2011年起，规模以上工业企业的统计范围从年主营业务收入为500万元及以上的法人工业企业调整为年主营业务收入为2000万元及以上的法人工业企业。以下各表同。

的科技活动基本情况
of Industrial Enterprises above Designated Size

2012	2013	2014	2015	2016	2017	2018	2019	2020	2021	2022
47204	54832	63676	73570	86891	102218	104820	129198	146691	169224	175619
13.7	14.8	16.9	19.2	23.0	27.4	28.0	34.2	36.7	38.3	37.3
224.6	249.4	264.2	263.8	270.2	273.6	298.1	315.2	346.0	382.7	421.5
7200.6	8318.4	9254.3	10013.9	10944.7	12013.0	12954.8	13971.1	15271.3	17514.2	19361.8
						1.23	1.32	1.41	1.33	1.39
45937	51625	57199	62954	72963	82667	83115	95459	105094	120367	136836
226.8	238.8	246.4	266.8	292.4	325.4	318.3	341.6	371.3	412.5	441.9
5233.4	5941.5	6257.6	6793.9	7664.5	8955.5	10321.3	12175.5	13583.6	16879.0	18161.3
323448	358287	375863	326286	391872	477861	558305	671799	788125	958709	1093975
7998.5	9246.7	10123.2	10270.8	11766.3	13497.8	14987.2	16985.7	18623.8	22652.9	25540.0
110529.8	128460.7	142895.3	150856.5	174604.2	191568.7	197094.1	212060.3	238073.7	295566.7	327983.0
21894.2	22853.5	26904.4	29132.7	32713.1	34944.8	36160.8	39269.3	43853.3	52417.1	55859.8
489945	560918	630561	638513	715397	817037	957298	1059808	1243927	1403611	1507296
176167	205146	239925	245688	286987	320626	371569	398802	446069	494589	554615
277196	335401	448885	573765	769847	933990	1094200	1218074	1447950	1691909	1981098
393.9	393.9	387.5	414.1	475.4	399.3	465.3	476.7	460.0	507.8	356.3
156.8	150.6	143.2	108.4	109.2	118.5	91.0	96.8	75.6	80.9	85.8
201.7	214.4	213.5	229.9	208.0	200.9	440.2	537.4	456.7	464.3	600.0
4161.8	4072.1	3798.0	3147.6	3016.6	3103.4	3233.4	3740.2	3516.7	3844.2	3968.4

Note: From 2011, the statistics range of industrial enterprises above designated size change form the industrial enterprises with the sales revenue above 5 million RMB to the industrial enterprises with the sales revenue above 20 million RMB. The same applies to the following table.

2-6 按企业规模及登记注册类型分规上工业企业数量情况(2022年)
Number of Enterprises on Industrial Enterprises above Designated Size by Scale and Registration Status (2022)

单位：个 (unit)

登记注册类型	Type of Registration	有R&D活动的企业数 Number of R&D-Active Enterprises	有研发机构的企业数 Number of Enterprises with R&D Institutions
总　计	**Total**	**175619**	**124303**
#大型企业	Large-sized Industrial Enterprises	6194	4610
中型企业	Medium-sized Industrial Enterprises	23329	16706
内资企业	**Domestic Funded Enterprises**	**159256**	**112057**
国有企业	State-owned Enterprises	792	428
集体企业	Collective-owned Enterprises	129	74
股份合作企业	Cooperative Enterprises	223	149
联营企业	Joint Ownership Enterprises	37	19
有限责任公司	Limited Liability Corporations	24882	16635
国有独资公司	State Sole Funded Corporations	1417	809
其他有限责任公司	Other Limited Liability Corporations	23465	15826
股份有限公司	Share-holding Corporations Ltd.	5597	4131
私营企业	Private Enterprises	127563	90595
私营独资企业	Private-funded Enterprises	1907	1046
私营合伙企业	Private Partnership Enterprises	311	169
私营有限责任公司	Private Limited Liability Corporations	116712	82249
私营股份有限公司	Private Share-holding Corporations Ltd.	8633	7131
其他企业	Other Enterprises	33	26
港澳台商投资企业	**Enterprises with Funds from Hong Kong, Macau and Taiwan**	**7589**	**6326**
与港澳台商合资经营企业	Joint-venture Enterprises with Funds from Hong Kong, Macau and Taiwan	2564	1916
与港澳台商合作经营企业	Cooperative Enterprises with Funds from Hong Kong, Macau and Taiwan	83	63
港澳台商独资经营企业	Enterprises with Sole Funds from Hong Kong, Macau and Taiwan	4370	3881
港澳台商投资股份有限公司	Share-holding Corporations Ltd. with Funds from Hong Kong, Macau and Taiwan	454	370
外商投资企业	**Foreign Funded Enterprises**	**8774**	**5920**
中外合资经营企业	Joint-venture Enterprises	3252	2130
中外合作经营	Cooperation Enterprises	87	54
外资企业	Enterprises with Sole Foreign Funds	4973	3409
外商投资股份有限公司	Share-holding Corporations Ltd.with Foreign Funds	380	266

注：大型企业指同时满足年末从业人员人数在1000人及以上、年主营业务收入在4亿元及以上的工业企业；中型企业指年末从业人员人数介于300人(含)至1000人(不含)，并且年主营业务收入介于2000万元(含)至4亿元(不含)的工业企业。

Note: Large-sized Industrial Enterprises: Industrial Enterprises with Employes above 1000 persons and sales revenue abore 400 million RMB.
Medium-sized Industrial Enterprises: Industrial Enterprises with Employes between 300 Persons (including) and 1000 Persons (excluding), and sales revenue between 20 million RMB (including) and 400 million RMB (excluding).

2-7 按行业分规上工业企业数量情况(2022年)

Number of Enterprises on Industrial Enterprises above Designated Size by Industrial Sector (2022)

单位：个 (unit)

行 业	Industry	有R&D活动的企业数 Number of R&D-Active Enterprises	有研发机构的企业数 Number of Enterprises with R&D Institutions
总 计	**Total**	**175619**	**124303**
煤炭开采和洗选业	Mining and Washing of Coal	584	272
石油和天然气开采业	Extraction of Petroleum and Natural Gas	58	34
黑色金属矿采选业	Mining and Processing of Ferrous Metal Ores	214	93
有色金属矿采选业	Mining and Processing of Non-Ferrous Metal Ores	284	129
非金属矿采选业	Mining and Processing of Non-metal Ores	593	313
开采专业及辅助性活动	Professional and Support Activities for Mining	47	26
农副食品加工业	Processing of Food from Agricultural Products	5937	3569
食品制造业	Manufacture of Foods	3275	2193
酒、饮料和精制茶制造业	Manufacture of Liquor, Beverages and Refined Tea	1344	920
烟草制品业	Manufacture of Tobacco	76	56
纺织业	Manufacture of Textile	6476	4930
纺织服装、服饰业	Manufacture of Textile, Wearing Apparel and Accessories	2768	1877
皮革、毛皮、羽毛及其制品和制鞋业	Manufacture of Leather, Fur, Feather and Related Products and Footwear	2506	1601
木材加工和木、竹、藤、棕、草制品业	Processing of Timbers and Manufacture of Wood, Bamboo, Rattan, Palm and Straw Products	2648	1276
家具制造业	Manufacture of Furniture	2097	1707
造纸和纸制品业	Manufacture of Paper and Paper Products	2063	1664
印刷和记录媒介复制业	Printing and Reproduction of Recording Media	2378	1682
文教、工美、体育和娱乐用品制造业	Manufacture of Articles for Culture, Education, Arts and Crafts, Sport and Entertainment Activities	3244	2537
石油、煤炭及其他燃料加工业	Processing of Petroleum, Coal and Other Fuels	696	420
化学原料和化学制品制造业	Manufacture of Raw Chemical Materials and Chemical Products	10811	7899
医药制造业	Manufacture of Medicines	5539	3704
化学纤维制造业	Manufacture of Chemical Fibres	1075	744
橡胶和塑料制品业	Manufacture of Rubber and Plastics Products	9645	7496
非金属矿物制品业	Manufacture of Non-metallic Mineral Products	12586	7842
黑色金属冶炼和压延加工业	Smelting and Pressing of Ferrous Metals	1673	1161
有色金属冶炼和压延加工业	Smelting and Pressing of Non-Ferrous Metals	3364	2208
金属制品业	Manufacture of Metal Products	12340	9056
通用设备制造业	Manufacture of General Purpose Machinery	17047	11860
专用设备制造业	Manufacture of Special Purpose Machinery	14307	9677
汽车制造业	Manufacture of Automobiles	8580	5781
铁路、船舶、航空航天和其他运输设备制造业	Manufacture of Railway, Ship, Aerospace and Other Transport Equipments	2866	1818
电气机械和器材制造业	Manufacture of Electrical Machinery and Apparatus	15989	12833
计算机、通信和其他电子设备制造业	Manufacture of Computer, Communication and Other Electronic Equipment	14200	11754
仪器仪表制造业	Manufacture of Measuring Instrument and Machinery	4098	2834
其他制造业	Other Manufacture	807	574
废弃资源综合利用业	Utilization of Waste Resources	910	583
金属制品、机械和设备修理业	Repaire Service of Metal Products, Machinery and Equipment	212	105
电力、热力生产和供应业	Production and Supply of Electric Power and Heat Power	1444	633
燃气生产和供应业	Production and Supply of Gas	353	192
水的生产和供应业	Production and Supply of Water	482	248

2-8 各地区规上工业企业数量情况(2022年)
Number of Enterprises on Industrial Enterprises above Designated Size by Region (2022)

单位：个 (unit)

地区	Region	有R&D活动的企业数 Number of R&D-Active Enterprises	有研发机构的企业数 Number of Enterprises with R&D Institutions
全国	**National Total**	**175619**	**124303**
东部地区	Eastern Region	115047	89327
中部地区	Middle Region	40738	26937
西部地区	Western Region	16491	7106
东北地区	Northeast Region	3343	933
北京	Beijing	1325	463
天津	Tianjin	1631	520
河北	Hebei	4746	4398
山西	Shanxi	1076	1455
内蒙古	Inner Mongolia	708	256
辽宁	Liaoning	2269	569
吉林	Jilin	428	161
黑龙江	Heilongjiang	646	203
上海	Shanghai	2977	869
江苏	Jiangsu	31594	17755
浙江	Zhejiang	24871	24744
安徽	Anhui	9135	7286
福建	Fujian	7215	2183
江西	Jiangxi	5145	5529
山东	Shandong	17793	8456
河南	Henan	7942	4243
湖北	Hubei	6991	5286
湖南	Hunan	10449	3138
广东	Guangdong	22742	29864
广西	Guangxi	1703	754
海南	Hainan	153	75
重庆	Chongqing	3208	2268
四川	Sichuan	4725	1672
贵州	Guizhou	1354	395
云南	Yunnan	1232	487
西藏	Tibet	16	8
陕西	Shaanxi	1941	597
甘肃	Gansu	563	184
青海	Qinghai	79	22
宁夏	Ningxia	609	280
新疆	Xinjiang	353	183

2-9 按企业规模及登记注册类型分规上工业企业R&D人员(2022年)
R&D Personnel in Industrial Enterprises above Designated Size by Scale and Registration Status(2022)

登记注册类型	Type of Registration	R&D人员(人) R&D Personnel (person)	#女性 Female	R&D人员折合全时当量(人年) Full-time Equivalent (man-year)	#研究人员 Researchers
总　计	**Total**	**5988158**	**1337605**	**4214666**	**1182255**
#大型企业	Large-sized Industrial Enterprises	2150885	467647	1549675	527486
中型企业	Medium-sized Industrial Enterprises	1531395	354886	1071060	278130
内资企业	**Domestic Funded Enterprises**	**4914140**	**1075809**	**3430498**	**953696**
国有企业	State-owned Enterprises	74800	15636	49348	20067
集体企业	Collective-owned Enterprises	3393	647	2350	539
股份合作企业	Cooperative Enterprises	4348	990	3171	672
联营企业	Joint Ownership Enterprises	1152	333	676	225
有限责任公司	Limited Liability Corporations	1425616	288334	972869	315631
国有独资公司	State Sole Funded Corporations	149988	28121	92264	38401
其他有限责任公司	Other Limited Liability Corporations	1275628	260213	880605	277230
股份有限公司	Share-holding Corporations Ltd.	672049	152171	475244	177899
私营企业	Private Enterprises	2728609	616883	1924555	437711
私营独资企业	Private-funded Enterprises	22950	5542	14721	3469
私营合伙企业	Private Partnership Enterprises	3600	807	2210	514
私营有限责任公司	Private Limited Liability Corporations	2327738	526842	1636752	357261
私营股份有限公司	Private Share-holding Corporations Ltd.	374321	83692	270873	76466
其他企业	Other Enterprises	4173	815	2285	953
港澳台商投资企业	**Enterprises with Funds from Hong Kong, Macau and Taiwan**	**538029**	**130538**	**402088**	**106751**
与港澳台商合资经营企业	Joint-venture Enterprises with Funds from Hong Kong, Macau and Taiwan	172162	35824	130313	37750
与港澳台商合作经营企业	Cooperative Enterprises with Funds from Hong Kong, Macau and Taiwan	3760	838	2654	404
港澳台商独资经营企业	Enterprises with Sole Funds from Hong Kong, Macau and Taiwan	273540	72875	202141	46086
港澳台商投资股份有限公司	Share-holding Corporations Ltd. with Funds from Hong Kong, Macau and Taiwan	82970	19549	63508	21480
外商投资企业	**Foreign Funded Enterprises**	**535989**	**131258**	**382081**	**121807**
中外合资经营企业	Joint-venture Enterprises	204790	44530	146263	50315
中外合作经营	Cooperation Enterprises	4490	754	2724	702
外资企业	Enterprises with Sole Foreign Funds	267488	69891	191316	56157
外商投资股份有限公司	Share-holding Corporations Ltd.with Foreign Funds	51961	14433	37009	13336

2-10 按行业分规上工业企业R&D人员(2022年)
R&D Personnel in Industrial Enterprises above Designated Size by Industrial Sector(2022)

行 业	Industry	R&D人员（人） R&D Personnel (person)	#女性 Female	R&D人员折合全时当量（人年） Full-time Equivalent (man-year)	#研究人员 Researchers
总 计	**Total**	**5988158**	**1337605**	**4214666**	**1182255**
煤炭开采和洗选业	Mining and Washing of Coal	88491	3344	45059	10666
石油和天然气开采业	Extraction of Petroleum and Natural Gas	31860	9519	18724	9279
黑色金属矿采选业	Mining and Processing of Ferrous Metal Ores	9858	1296	5588	1574
有色金属矿采选业	Mining and Processing of Non-Ferrous Metal Ores	11840	1304	7632	1842
非金属矿采选业	Mining and Processing of Non-metal Ores	10370	1683	6916	1490
开采专业及辅助性活动	Professional and Support Activities for Mining	16795	2183	9757	4509
农副食品加工业	Processing of Food from Agricultural Products	100696	30815	64734	14737
食品制造业	Manufacture of Foods	84283	31682	55224	13638
酒、饮料和精制茶制造业	Manufacture of Liquor, Beverages and Refined Tea	39603	11269	22587	5859
烟草制品业	Manufacture of Tobacco	7720	1960	4865	2068
纺织业	Manufacture of Textile	158864	59699	109582	18122
纺织服装、服饰业	Manufacture of Textile, Wearing Apparel and Accessories	67987	32975	48935	7745
皮革、毛皮、羽毛及其制品和制鞋业	Manufacture of Leather, Fur, Feather and Related Products and Footwear	64122	24696	47004	6037
木材加工和木、竹、藤、棕、草制品业	Processing of Timbers and Manufacture of Wood, Bamboo, Rattan, Palm and Straw Products	35978	8754	24414	4637
家具制造业	Manufacture of Furniture	55561	14056	40831	6974
造纸和纸制品业	Manufacture of Paper and Paper Products	59830	12964	41246	6316
印刷和记录媒介复制业	Printing and Reproduction of Recording Media	51479	13781	35676	6328
文教、工美、体育和娱乐用品制造业	Manufacture of Articles for Culture, Education, Arts and Crafts, Sport and Entertainment Activities	72442	22413	51860	9229
石油、煤炭及其他燃料加工业	Processing of Petroleum, Coal and Other Fuels	40545	7761	22464	6219
化学原料和化学制品制造业	Manufacture of Raw Chemical Materials and Chemical Products	316063	75327	220273	61513
医药制造业	Manufacture of Medicines	249784	117621	175288	67292
化学纤维制造业	Manufacture of Chemical Fibres	43394	11227	30081	5202
橡胶和塑料制品业	Manufacture of Rubber and Plastics Products	210338	47451	149703	27091
非金属矿物制品业	Manufacture of Non-metallic Mineral Products	277455	52859	181748	36786
黑色金属冶炼和压延加工业	Smelting and Pressing of Ferrous Metals	156372	19708	96286	25319
有色金属冶炼和压延加工业	Smelting and Pressing of Non-Ferrous Metals	131444	20873	87432	19265
金属制品业	Manufacture of Metal Products	263260	46802	185858	36814
通用设备制造业	Manufacture of General Purpose Machinery	439744	70697	316320	89213
专用设备制造业	Manufacture of Special Purpose Machinery	403605	70249	283598	91243
汽车制造业	Manufacture of Automobiles	447097	75912	326806	109241
铁路、船舶、航空航天和其他运输设备制造业	Manufacture of Railway, Ship, Aerospace and Other Transport Equipments	168064	34746	118941	46389
电气机械和器材制造业	Manufacture of Electrical Machinery and Apparatus	557825	118116	405967	108021
计算机、通信和其他电子设备制造业	Manufacture of Computer, Communication and Other Electronic Equipment	1041232	233967	792197	257474
仪器仪表制造业	Manufacture of Measuring Instrument and Machinery	141411	24889	101224	37119
其他制造业	Other Manufacture	23950	6152	16039	4519
废弃资源综合利用业	Utilization of Waste Resources	15230	3081	9936	2256
金属制品、机械和设备修理业	Repaire Service of Metal Products, Machinery and Equipment	10331	1181	7099	2457
电力、热力生产和供应业	Production and Supply of Electric Power and Heat Power	61738	10201	32731	13528
燃气生产和供应业	Production and Supply of Gas	11601	2023	7518	2140
水的生产和供应业	Production and Supply of Water	9817	2361	6483	2094

2-11 各地区规上工业企业R&D人员(2022年)

R&D Personnel in Industrial Enterprises above Designated Size by Region(2022)

地 区	Region	R&D人员(人) R&D Personnel (person)	#女性 Female	R&D人员折合全时当量(人年) Full-time Equivalent (man-year)	#研究人员 Researchers
全 国	**National Total**	**5988158**	**1337605**	**4214666**	**1182255**
东部地区	Eastern Region	3925280	890456	2854081	772887
中部地区	Middle Region	1220033	258667	840168	237893
西部地区	Western Region	682489	150655	419134	133006
东北地区	Northeast Region	160356	37827	101283	38469
北 京	Beijing	79152	22773	53459	23204
天 津	Tianjin	76666	18631	51110	17567
河 北	Hebei	171074	36916	111333	31601
山 西	Shanxi	68614	10393	40034	10548
内 蒙 古	Inner Mongolia	47260	7799	24931	6360
辽 宁	Liaoning	102617	22988	67503	24732
吉 林	Jilin	26019	6755	15297	6831
黑 龙 江	Heilongjiang	31720	8084	18483	6906
上 海	Shanghai	143267	34523	100972	39711
江 苏	Jiangsu	913586	211324	655930	191759
浙 江	Zhejiang	672916	150637	519168	108388
安 徽	Anhui	260535	51805	180814	49188
福 建	Fujian	264758	67446	193782	46658
江 西	Jiangxi	140158	31226	101018	21867
山 东	Shandong	570860	136448	391781	104109
河 南	Henan	262823	57612	175486	48786
湖 北	Hubei	242588	55550	168695	53052
湖 南	Hunan	245315	52081	174121	54452
广 东	Guangdong	1026944	209513	772585	208723
广 西	Guangxi	66928	15513	37341	9009
海 南	Hainan	6057	2245	3961	1167
重 庆	Chongqing	123872	27795	83623	26895
四 川	Sichuan	187210	43121	117859	38523
贵 州	Guizhou	49531	10138	29129	8623
云 南	Yunnan	44077	9091	27950	6625
西 藏	Tibet	642	161	173	83
陕 西	Shaanxi	94541	22648	60713	25090
甘 肃	Gansu	23935	5314	14487	5503
青 海	Qinghai	3957	1004	1878	683
宁 夏	Ningxia	20476	4414	10804	2706
新 疆	Xinjiang	20060	3657	10248	2905

2-12 按企业规模及登记注册类型分规上

Intramural Expenditure on R&D in Industrial Enterprises

单位：万元

登记注册类型	Type of Registration	R&D经费内部支出 Intramural Expenditure on R&D	#试验发展支出 Experimental Development	日常性支出 Routine Expenditure
总　计	**Total**	**193617617**	**186844581**	**181757544**
#大型企业	Large-sized Industrial Enterprises	90816575	86344331	84961041
中型企业	Medium-sized Industrial Enterprises	44869385	43846501	42080787
内资企业	**Domestic Funded Enterprises**	**156895666**	**150827677**	**147073315**
国有企业	State-owned Enterprises	2682047	2545285	2461259
集体企业	Collective-owned Enterprises	70668	69046	66522
股份合作企业	Cooperative Enterprises	121907	119026	117379
联营企业	Joint Ownership Enterprises	43624	43624	40917
有限责任公司	Limited Liability Corporations	54988216	51970036	51302716
国有独资公司	State Sole Funded Corporations	5588374	5263855	5108215
其他有限责任公司	Other Limited Liability Corporations	49399842	46706181	46194501
股份有限公司	Share-holding Corporations Ltd.	25054443	23666196	23517655
私营企业	Private Enterprises	73758809	72248364	69396222
私营独资企业	Private-funded Enterprises	640367	623576	594175
私营合伙企业	Private Partnership Enterprises	81419	77377	74164
私营有限责任公司	Private Limited Liability Corporations	62161549	60864126	58541204
私营股份有限公司	Private Share-holding Corporations Ltd.	10875475	10683284	10186679
其他企业	Other Enterprises	175954	166102	170646
港澳台商投资企业	**Enterprises with Funds from Hong Kong, Macau and Taiwan**	**16037512**	**15738598**	**15181736**
与港澳台商合资经营企业	Joint-venture Enterprises with Funds from Hong Kong, Macau and Taiwan	5247641	5103499	4974718
与港澳台商合作经营企业	Cooperative Enterprises with Funds from Hong Kong, Macau and Taiwan	120139.5	119050	116546.7
港澳台商独资经营企业	Enterprises with Sole Funds from Hong Kong, Macau and Taiwan	7317136	7218988	6906955
港澳台商投资股份有限公司	Share-holding Corporations Ltd. with Funds from Hong Kong, Macau and Taiwan	3032263	2992027	2890740
外商投资企业	**Foreign Funded Enterprises**	**20684440**	**20278306**	**19502494**
中外合资经营企业	Joint-venture Enterprises	9203225	9092696	8750555
中外合作经营	Cooperation Enterprises	132555	122951	124206
外资企业	Enterprises with Sole Foreign Funds	9010523	8803070	8460455
外商投资股份有限公司	Share-holding Corporations Ltd.with Foreign Funds	2103496	2025683	1975360

工业企业R&D经费内部支出(2022年)
above Designated Size by Scale and Registration Status(2022)

(10 000 yuan)

#人员劳务费 Labor Cost	资产性支出 Assets Expenditure	#仪器和设备 Equipment	政府资金 Government Funds	企业资金 Self-raised Funds by Enterprises	境外资金 Foreign Funds	其他资金 Other Funds
61598684	**11860073**	**11528822**	**4828868**	**188512489**	**148973**	**127287**
31057247	5855534	5687179	3226864	87447012	67812	74887
14210237	2788598	2715666	865052	43927062	55617	21654
48140719	**9822352**	**9533581**	**4442280**	**152308717**	**37625**	**107044**
912036	220788	211999	233675	2441188	4113	3072
25670	4146	4007	120	70548		
34812	4528	4321	1085	120582	213	27
12432	2707	2538	82	43525		17
17236339	3685499	3572658	2450765	52456510	11813	69127
1661171	480159	465765	523260	5056312	78	8724
15575168	3205341	3106893	1927506	47400197	11736	60403
8936036	1536788	1494871	1034649	24012065	1649	6081
20938883	4362587	4237928	717138	72993112	19838	28722
136820	46192	43930	22568	617483		316
21232	7255	7166	331	81077		11
16792165	3620344	3524140	519214	61604525	16094	21715
3988667	688796	662692	175025	10690027	3743	6679
44511	5308	5260	4766	171188		
6106193	**855776**	**837089**	**178066**	**15822770**	**34098**	**2578**
1849006	272923	266722	92094	5153166	2001	380
25099.1	3592.8	3579.6	236.2	119903.3		
2885725	410181	401417	50020	7233122	32097	1897
1271222	141523	138101	30793	3001443		27
7351773	**1181946**	**1158152**	**208522**	**20381003**	**77250**	**17665**
2676416	452670	444071	83023	9091492	21980	6730
48311	8349	7994	452	132103		
3831635	550068	539222	54460	8894425	50774	10864
723014	128136	124247	57114	2041822	4489	72

2-13 按行业分规上工业
Intramural Expenditure on R&D in Industrial Enterprises

单位：万元

行　业	Industry	R&D经费内部支出 Intramural Expenditure on R&D	#试验发展支出 Experimental Development
总　计	**Total**	**193617617**	**186844581**
煤炭开采和洗选业	Mining and Washing of Coal	1826304	1529886
石油和天然气开采业	Extraction of Petroleum and Natural Gas	1217695	922973
黑色金属矿采选业	Mining and Processing of Ferrous Metal Ores	440569	427359
有色金属矿采选业	Mining and Processing of Non-Ferrous Metal Ores	355531	338789
非金属矿采选业	Mining and Processing of Non-metal Ores	322180	308357
开采专业及辅助性活动	Professional and Support Activities for Mining	495374	453411
农副食品加工业	Processing of Food from Agricultural Products	3459989	3352961
食品制造业	Manufacture of Foods	1648082	1587498
酒、饮料和精制茶制造业	Manufacture of Liquor, Beverages and Refined Tea	677292	633638
烟草制品业	Manufacture of Tobacco	258413	215809
纺织业	Manufacture of Textile	2462512	2407166
纺织服装、服饰业	Manufacture of Textile, Wearing Apparel and Accessories	1178195	1161989
皮革、毛皮、羽毛及其制品和制鞋业	Manufacture of Leather, Fur, Feather and Related Products and Footwear	1170428	1160972
木材加工和木、竹、藤、棕、草制品业	Processing of Timbers and Manufacture of Wood,Bamboo, Rattan, Palm and Straw Products	959709	933988
家具制造业	Manufacture of Furniture	1017965	992253
造纸和纸制品业	Manufacture of Paper and Paper Products	1384317	1359842
印刷和记录媒介复制业	Printing and Reproduction of Recording Media	1117058	1090985
文教、工美、体育和娱乐用品制造业	Manufacture of Articles for Culture, Education, Arts and Crafts, Sport and Entertainment Activities	1059364	1041577
石油、煤炭及其他燃料加工业	Processing of Petroleum, Coal and Other Fuels	1706481	1575184
化学原料和化学制品制造业	Manufacture of Raw Chemical Materials and Chemical Products	10048609	9749113
医药制造业	Manufacture of Medicines	10488868	10185086
化学纤维制造业	Manufacture of Chemical Fibres	1709805	1682486
橡胶和塑料制品业	Manufacture of Rubber and Plastics Products	5354683	5282994
非金属矿物制品业	Manufacture of Non-metallic Mineral Products	6287193	6101911
黑色金属冶炼和压延加工业	Smelting and Pressing of Ferrous Metals	8164445	7898618
有色金属冶炼和压延加工业	Smelting and Pressing of Non-Ferrous Metals	5051135	4884872
金属制品业	Manufacture of Metal Products	7574737	7413493
通用设备制造业	Manufacture of General Purpose Machinery	11905883	11688043
专用设备制造业	Manufacture of Special Purpose Machinery	11500869	11248890
汽车制造业	Manufacture of Automobiles	16516513	16203846
铁路、船舶、航空航天和其他运输设备制造业	Manufacture of Railway, Ship, Aerospace and Other Transport Equipments	6332286	6173807
电气机械和器材制造业	Manufacture of Electrical Machinery and Apparatus	20984935	20586304
计算机、通信和其他电子设备制造业	Manufacture of Computer, Communication and Other Electronic Equipment	40999337	38676451
仪器仪表制造业	Manufacture of Measuring Instrument and Machinery	3540924	3462585
其他制造业	Other Manufacture	705026	691809
废弃资源综合利用业	Utilization of Waste Resources	701637	669761
金属制品、机械和设备修理业	Repaire Service of Metal Products, Machinery and Equipment	229176	224842
电力、热力生产和供应业	Production and Supply of Electric Power and Heat Power	2179170	1989078
燃气生产和供应业	Production and Supply of Gas	376111	337086
水的生产和供应业	Production and Supply of Water	206941	196997

企业R&D经费内部支出(2022年)
above Designated Size by Industrial Sector(2022)

(10 000 yuan)

日常性支出 Routine Expenditure	#人员劳务费 Labor Cost	资产性支出 Assets Expenditure	#仪器和设备 Equipment	政府资金 Government Funds	企业资金 Self-raised Funds by Enterprises	境外资金 Foreign Funds	其他资金 Other Funds
181757544	**61598684**	**11860073**	**11528822**	**4828868**	**188512489**	**148973**	**127287**
1760761	622391	65544	59420	10709	1815401		195
1197234	520776	20461	17007	25584	1191789		323
415893	78778	24676	21578	1076	439492		
342053	85472	13479	12827	4164	351368		
310358	55717	11822	11036	2045	320088		48
479956	144871	15418	14722	1555	492980		840
3341297	551743	118691	114013	37506	3420389	76	2018
1555982	545660	92100	87774	38399	1608025	661	997
631872	230412	45421	43106	13652	663444	33	163
241807	151263	16606	15673	771	256922		721
2246442	810848	216069	211069	19081	2442342	103	986
1143769	370266	34426	32989	8375	1169161	418	242
1142008	337645	28420	27459	4578	1165709	124	16
925154	169663	34555	33356	4591	954305	119	694
984207	352644	33758	32738	10561	1007218	21	166
1304897	379523	79420	78027	10474	1373762		81
1059157	330497	57901	55920	5897	1110216	624	321
1004253	417414	55111	53166	8818	1049437	771	339
1547684	330649	158797	152908	27838	1678078		565
9328548	2934826	720061	697861	192418	9845359	2320	8512
9684975	2709052	803893	786486	204905	10243915	33989	6058
1566146	302359	143659	142225	19783	1689819		203
5044782	1485043	309901	301258	35900	5312542	2310	3932
5671532	1668128	615661	598199	57045	6226406	317	3426
7770563	1154821	393882	386628	43479	8120019		948
4789493	861443	261642	254809	119953	4925902	4425	856
7151294	1722845	423443	414063	109800	7460128	1985	2824
11244503	4284931	661380	644734	292595	11580215	27773	5300
10948516	4370120	552354	536235	291165	11200148	5763	3794
15828901	5772214	687612	666845	177064	16324090	5013	10346
5946491	1950029	385795	376070	1428544	4885396	2754	15592
19767050	5722182	1217885	1182445	170483	20789828	18128	6497
38038875	17228868	2960462	2885354	1223793	39698812	33846	42886
3352665	1829397	188260	184071	101411	3433212	5401	900
599031	193889	105995	104663	96756	604881	46	3344
666292	85270	35344	33667	4567	695071	1923	76
221862	96664	7315	6793	3414	223980	7	1776
1949042	558305	230129	220973	16808	2161153	26	1184
357385	105021	18726	17078	682	375429		
192939	76227	14002	13577	2633	204188		121

2−14 各地区规上工业
Intramural Expenditure on R&D in Industrial Enterprises

单位：万元

地 区	Region	R&D经费内部支出 Intramural Expenditure on R&D	#试验发展支出 Experimental Development	日常性支出 Routine Expenditure	#人员劳务费 Labor Cost
全 国	**National Total**	**193617617**	**186844581**	**181757544**	**61598684**
东部地区	Eastern Region	126071450	122152509	119049637	44671357
中部地区	Middle Region	39602220	38170110	36566459	9180156
西部地区	Western Region	22281199	21214220	20758194	6149868
东北地区	Northeast Region	5662749	5307743	5383254	1597303
北 京	Beijing	3489973	3315114	3313750	1394239
天 津	Tianjin	2845710	2751659	2662527	888624
河 北	Hebei	6358675	6114764	6175546	1598821
山 西	Shanxi	2023083	1877860	1940099	339999
内 蒙 古	Inner Mongolia	1708541	1645591	1633453	397382
辽 宁	Liaoning	3756732	3514825	3577881	983668
吉 林	Jilin	926041	877676	887776	304487
黑 龙 江	Heilongjiang	979976	915242	917596	309148
上 海	Shanghai	7659941	7492059	7196038	3090010
江 苏	Jiangsu	29936774	29528721	27710538	9683823
浙 江	Zhejiang	17680564	17391006	16589179	6015036
安 徽	Anhui	8206500	7928228	7489090	2261330
福 建	Fujian	8485871	8460244	8058628	3066832
江 西	Jiangxi	4396905	4323981	4084691	848008
山 东	Shandong	17287025	16602803	16327914	5206542
河 南	Henan	8455419	8187877	7783442	2142100
湖 北	Hubei	7931580	7670935	7116493	1696897
湖 南	Hunan	8588734	8181229	8152644	1891822
广 东	Guangdong	32177548	30347063	30873998	13688861
广 西	Guangxi	1505736	1474320	1410986	360738
海 南	Hainan	149370	149076	141520	38569
重 庆	Chongqing	4793346	4646097	4547776	1495321
四 川	Sichuan	5300775	5053197	4824796	1738601
贵 州	Guizhou	1317509	1216260	1248756	351961
云 南	Yunnan	1986681	1939153	1835926	328835
西 藏	Tibet	17043	11810	16878	4593
陕 西	Shaanxi	3544104	3282203	3365669	1026998
甘 肃	Gansu	720007	668599	582731	173156
青 海	Qinghai	149214	142936	148110	50575
宁 夏	Ningxia	597053	592768	537816	79366
新 疆	Xinjiang	641190	541286	605298	142343

企业R&D经费内部支出(2022年)
above Designated Size by Region(2022)

(10 000 yuan)

资产性支出 Assets Expenditure	#仪器和设备 Equipment	政府资金 Government Funds	企业资金 Self-raised Funds by Enterprises	境外资金 Foreign Funds	其他资金 Other Funds
11860073	**11528822**	**4828868**	**188512489**	**148973**	**127287**
7021813	6810382	2070940	123790315	129080	81115
3035761	2963892	1126701	38454053	5943	15523
1523005	1485800	1302732	20945224	7589	25654
279495	268749	328495	5322898	6361	4995
176223	172896	262553	3208071	12093	7256
183183	180849	32366	2781757	7393	24195
183130	175954	49608	6305591	505	2972
82984	79993	79205	1943570	82	226
75088	71053	53633	1654904		4
178851	173560	210397	3536763	6080	3493
38265	35308	8507	916308	281	946
62379	59881	109592	869827		556
463903	458217	244883	7388519	17981	8558
2226236	2176542	306766	29558349	55190	16470
1091385	1064378	200058	17470740	5823	3943
717410	701822	237363	7962483	4102	2553
427243	412471	177324	8301931	4447	2169
312214	304518	206790	4189346		770
959111	930583	240551	17027256	10665	8553
671977	659491	90751	8358837	1542	4288
815086	796401	240491	7683800	126	7163
436090	421667	272101	8316018	92	523
1303550	1231187	554270	31601685	14985	6608
94750	93539	32605	1472210	708	213
7850	7304	2562	146417		391
245570	239392	129533	4657477	1249	5088
475979	461284	298218	4997283	1085	4189
68753	67181	106988	1204569		5952
150755	148751	39339	1947277		65
165	165	132	16911		
178435	175271	562219	2969525	4548	7812
137277	136419	36549	682527		931
1104	1094	1445	147769		
59237	57686	36347	560707		
35893	33965	5725	634065		1401

2-15 按企业规模及登记注册类型分规上工业企业R&D经费外部支出(2022年)

External Expenditure on R&D in Industrial Enterprises above Designated Size by Scale and Registration Status(2022)

单位：万元 (10 000 yuan)

登记注册类型	Type of Registration	R&D经费外部支出 External Expenditure on R&D	#对境内研究机构支出 to Domestic Research Institutions	#对境内高校支出 to Domestic Higher Education
总　计	**Total**	**13939063**	**3614094**	**824108**
#大型企业	Large-sized Industrial Enterprises	9889916	2877016	460443
中型企业	Medium-sized Industrial Enterprises	2191549	420580	149183
内资企业	**Domestic Funded Enterprises**	**11255492**	**3364912**	**750914**
国有企业	State-owned Enterprises	387444	40312	65947
集体企业	Collective-owned Enterprises	325	255	25
股份合作企业	Cooperative Enterprises	2764	384	221
联营企业	Joint Ownership Enterprises	696	66	46
有限责任公司	Limited Liability Corporations	5387749	1524029	260844
国有独资公司	State Sole Funded Corporations	793278	207865	90115
其他有限责任公司	Other Limited Liability Corporations	4594470	1316164	170729
股份有限公司	Share-holding Corporations Ltd.	2069295	415889	192203
私营企业	Private Enterprises	3357570	1380250	231318
私营独资企业	Private-funded Enterprises	11183	1026	1176
私营合伙企业	Private Partnership Enterprises	504	27	121
私营有限责任公司	Private Limited Liability Corporations	2942107	1282692	182043
私营股份有限公司	Private Share-holding Corporations Ltd.	403776	96505	47979
其他企业	Other Enterprises	49650	3728	309
港澳台商投资企业	**Enterprises with Funds from Hong Kong, Macau and Taiwan**	**777042**	**135992**	**40060**
与港澳台商合资经营企业	Joint-venture Enterprises with Funds from Hong Kong, Macau and Taiwan	218965	40601	12395
与港澳台商合作经营企业	Cooperative Enterprises with Funds from Hong Kong, Macau and Taiwan	3271.2		212.6
港澳台商独资经营企业	Enterprises with Sole Funds from Hong Kong, Macau and Taiwan	407837	84574	22719
港澳台商投资股份有限公司	Share-holding Corporations Ltd. with Funds from Hong Kong, Macau and Taiwan	131833.8	7868.3	4587.3
外商投资企业	**Foreign Funded Enterprises**	**1906529**	**113190**	**33135**
中外合资经营企业	Joint-venture Enterprises	720344	55927	15212
中外合作经营	Cooperation Enterprises	5969	3004	437
外资企业	Enterprises with Sole Foreign Funds	995879	48276	11275
外商投资股份有限公司	Share-holding Corporations Ltd.with Foreign Funds	133302	5753	6157

2-16 按行业分规上工业企业R&D经费外部支出(2022年)
External Expenditure on R&D in Industrial Enterprises above Designated Size by Industrial Sector(2022)

单位：万元 (10 000 yuan)

行 业	Industry	R&D经费外部支出 External Expenditure on R&D	#对境内研究机构支出 to Domestic Research Institutions	#对境内高校支出 to Domestic Higher Education
总 计	**Total**	**13939063**	**3614094**	**824108**
煤炭开采和洗选业	Mining and Washing of Coal	182639	58486	31258
石油和天然气开采业	Extraction of Petroleum and Natural Gas	200065	37355	62607
黑色金属矿采选业	Mining and Processing of Ferrous Metal Ores	15816	2341	5323
有色金属矿采选业	Mining and Processing of Non-Ferrous Metal Ores	18372	6312	3736
非金属矿采选业	Mining and Processing of Non-metal Ores	5532	844	2119
开采专业及辅助性活动	Professional and Support Activities for Mining	32485	4190	10219
农副食品加工业	Processing of Food from Agricultural Products	37529	10787	14685
食品制造业	Manufacture of Foods	63995	20082	19145
酒、饮料和精制茶制造业	Manufacture of Liquor, Beverages and Refined Tea	28725	5995	8872
烟草制品业	Manufacture of Tobacco	41625	8763	10376
纺织业	Manufacture of Textile	27851	2254	9448
纺织服装、服饰业	Manufacture of Textile, Wearing Apparel and Accessories	9987	1907	1995
皮革、毛皮、羽毛及其制品和制鞋业	Manufacture of Leather, Fur, Feather and Related Products and Footwear	13104	4201	2496
木材加工和木、竹、藤、棕、草制品业	Processing of Timbers and Manufacture of Wood, Bamboo, Rattan, Palm and Straw Products	5688	1589	1167
家具制造业	Manufacture of Furniture	11777	358	1134
造纸和纸制品业	Manufacture of Paper and Paper Products	28147	2941	3379
印刷和记录媒介复制业	Printing and Reproduction of Recording Media	10184	764	2224
文教、工美、体育和娱乐用品制造业	Manufacture of Articles for Culture, Education, Arts and Crafts, Sport and Entertainment Activities	16956	1711	4066
石油、煤炭及其他燃料加工业	Processing of Petroleum, Coal and Other Fuels	69749	7819	13398
化学原料和化学制品制造业	Manufacture of Raw Chemical Materials and Chemical Products	359450	76155	72535
医药制造业	Manufacture of Medicines	1645469	383732	64114
化学纤维制造业	Manufacture of Chemical Fibres	28847	2947	5447
橡胶和塑料制品业	Manufacture of Rubber and Plastics Products	151042	12929	12384
非金属矿物制品业	Manufacture of Non-metallic Mineral Products	74156	12223	15667
黑色金属冶炼和压延加工业	Smelting and Pressing of Ferrous Metals	125183	26046	25525
有色金属冶炼和压延加工业	Smelting and Pressing of Non-Ferrous Metals	95886	29829	19044
金属制品业	Manufacture of Metal Products	70395	15062	15846
通用设备制造业	Manufacture of General Purpose Machinery	395383	46669	39398
专用设备制造业	Manufacture of Special Purpose Machinery	329352	63758	37381
汽车制造业	Manufacture of Automobiles	2464230	469222	23662
铁路、船舶、航空航天和其他运输设备制造业	Manufacture of Railway, Ship, Aerospace and Other Transport Equipments	739422	199587	51079
电气机械和器材制造业	Manufacture of Electrical Machinery and Apparatus	617139	87497	45833
计算机、通信和其他电子设备制造业	Manufacture of Computer, Communication and Other Electronic Equipment	5140824	1875914	55362
仪器仪表制造业	Manufacture of Measuring Instrument and Machinery	158551	12946	18314
其他制造业	Other Manufacture	46519	17564	5892
废弃资源综合利用业	Utilization of Waste Resources	15452	3590	1126
金属制品、机械和设备修理业	Repaire Service of Metal Products, Machinery and Equipment	11911	581	3437
电力、热力生产和供应业	Production and Supply of Electric Power and Heat Power	628094	93203	102851
燃气生产和供应业	Production and Supply of Gas	15737	5354	281
水的生产和供应业	Production and Supply of Water	5782	590	1271

2-17 各地区规上工业企业R&D经费外部支出(2022年)
External Expenditure on R&D in Industrial Enterprises above Designated Size by Region(2022)

单位：万元 (10 000 yuan)

地 区	Region	R&D经费外部支出 External Expenditure on R&D	#对境内研究机构支出 to Domestic Research Institutions	#对境内高校支出 to Domestic Higher Education
全 国	**National Total**	**13939063**	**3614094**	**824108**
东部地区	Eastern Region	9527169	2828839	406385
中部地区	Middle Region	2061089	338192	195084
西部地区	Western Region	1628911	350055	167895
东北地区	Northeast Region	721894	97009	54745
北 京	Beijing	402257	53261	18795
天 津	Tianjin	216692	17772	15939
河 北	Hebei	226067	24202	14262
山 西	Shanxi	137003	35251	16388
内 蒙 古	Inner Mongolia	129549	32799	20348
辽 宁	Liaoning	266367	59027	27247
吉 林	Jilin	389687	27896	17361
黑 龙 江	Heilongjiang	65840	10085	10137
上 海	Shanghai	659104	69483	23668
江 苏	Jiangsu	1564024	190810	106007
浙 江	Zhejiang	1216793	195824	71828
安 徽	Anhui	500703	63094	49301
福 建	Fujian	184621	33469	19372
江 西	Jiangxi	180225	58496	12932
山 东	Shandong	775653	111654	75845
河 南	Henan	241203	42093	25078
湖 北	Hubei	422271	55720	36735
湖 南	Hunan	579686	83539	54649
广 东	Guangdong	4210295	2109684	56896
广 西	Guangxi	99184	13987	7035
海 南	Hainan	71664	22682	3775
重 庆	Chongqing	271817	60478	11060
四 川	Sichuan	314277	46858	39041
贵 州	Guizhou	97567	9822	9271
云 南	Yunnan	153213	12499	8248
西 藏	Tibet	2648	1681	58
陕 西	Shaanxi	408219	135020	38525
甘 肃	Gansu	40326	11681	5852
青 海	Qinghai	12246	3513	2800
宁 夏	Ningxia	17775	2349	5531
新 疆	Xinjiang	82091	19369	20126

2-18 按企业规模及登记注册类型分规上工业企业办研发机构情况(2022年)

R&D Institutions in Industrial Enterprises above Designated Size by Scale and Registration Status(2022)

登记注册类型	Type of Registration	机构数(个) Institutions (unit)	机构人员(人) Personnel (person)	#博士和硕士 Doctor and Master	机构经费支出(万元) Expenditure on S&T Institutions (10 000 yuan)	仪器和设备原价(万元) Equipment (10 000 yuan)
总　计	**Total**	**136836**	**4418883**	**474216**	**181613342**	**138758055**
#大型企业	Large-sized Industrial Enterprises	7907	1565171	256469	87322154	57970764
中型企业	Medium-sized Industrial Enterprises	20708	1154227	100904	42621946	35141455
内资企业	**Domestic Funded Enterprises**	**123132**	**3569819**	**385132**	**144051795**	**110174846**
国有企业	State-owned Enterprises	613	43909	10578	2174969	3818990
集体企业	Collective-owned Enterprises	79	1483	235	60186	45937
股份合作企业	Cooperative Enterprises	157	3229	205	110699	81017
联营企业	Joint Ownership Enterprises	20	755	108	39488	18759
有限责任公司	Limited Liability Corporations	19574	894906	123661	45389852	41989676
国有独资公司	State Sole Funded Corporations	1154	86629	23154	4428967	6285727
其他有限责任公司	Other Limited Liability Corporations	18420	808277	100507	40960885	35703949
股份有限公司	Share-holding Corporations Ltd.	6465	562890	113614	27161806	16650004
私营企业	Private Enterprises	96196	2060305	136243	69053737	47428149
私营独资企业	Private-funded Enterprises	1057	12889	992	492353	282425
私营合伙企业	Private Partnership Enterprises	172	1849	97	44931	33619
私营有限责任公司	Private Limited Liability Corporations	86464	1721693	103116	56543123	39615317
私营股份有限公司	Private Share-holding Corporations Ltd.	8503	323874	32038	11973330	7496788
其他企业	Other Enterprises	28	2342	488	61060	142316
港澳台商投资企业	**Enterprises with Funds from Hong Kong, Macau and Taiwan**	**7105**	**458206**	**38371**	**17508955**	**12864926**
与港澳台商合资经营企业	Joint-venture Enterprises with Funds from Hong Kong, Macau and Taiwan	2167	124547	10359	5437516	4281319
与港澳台商合作经营企业	Cooperative Enterprises with Funds from Hong Kong, Macau and Taiwan	63	2279	102	75181	63787
港澳台商独资经营企业	Enterprises with Sole Funds from Hong Kong, Macau and Taiwan	4196	243464	13257	7667495	6456078
港澳台商投资股份有限公司	Share-holding Corporations Ltd. with Funds from Hong Kong, Macau and Taiwan	555	82213	13600	3845151	1942921
外商投资企业	**Foreign Funded Enterprises**	**6599**	**390858**	**50713**	**20052591**	**15718283**
中外合资经营企业	Joint-venture Enterprises	2445	156085	24568	10133414	7016817
中外合作经营	Cooperation Enterprises	55	3301	341	138430	124911
外资企业	Enterprises with Sole Foreign Funds	3659	190530	18150	7526809	7115273
外商投资股份有限公司	Share-holding Corporations Ltd. with Foreign Funds	367	35474	7170	2049855	1294134

2-19 按行业分规上工业企业办研发机构情况(2022年)

R&D Institutions in Industrial Enterprises above Designated Size by Industrial Sector(2022)

行业	Industry	机构数(个) Institutions (unit)	机构人员(人) Personnel (person)	#博士和硕士 Doctor and Master	机构经费支出(万元) Expenditure on S&T Institutions (10 000 yuan)	仪器和设备原价(万元) Equipment (10 000 yuan)
总计	**Total**	**136836**	**4418883**	**474216**	**181613342**	**138758055**
煤炭开采和洗选业	Mining and Washing of Coal	300	26070	1716	707240	648101
石油和天然气开采业	Extraction of Petroleum and Natural Gas	97	20228	8593	905553	436406
黑色金属矿采选业	Mining and Processing of Ferrous Metal Ores	101	5907	645	294660	163341
有色金属矿采选业	Mining and Processing of Non-Ferrous Metal Ores	147	5735	382	235086	226624
非金属矿采选业	Mining and Processing of Non-metal Ores	327	5488	361	210696	179801
开采专业及辅助性活动	Professional and Support Activities for Mining	40	5069	1119	234846	200234
农副食品加工业	Processing of Food from Agricultural Products	3830	60082	7606	2421742	1533353
食品制造业	Manufacture of Foods	2461	60130	6885	1901828	2470761
酒、饮料和精制茶制造业	Manufacture of Liquor, Beverages and Refined Tea	1125	30717	2960	915224	953727
烟草制品业	Manufacture of Tobacco	64	4268	1725	422498	550395
纺织业	Manufacture of Textile	5171	113214	4087	2778115	2267921
纺织服装、服饰业	Manufacture of Textile,Wearing Apparel and Accessories	1985	48996	1421	951537	546163
皮革、毛皮、羽毛及其制品和制鞋业	Manufacture of Leather, Fur, Feather and Related Products and Footwear	1651	40338	761	804506	302474
木材加工和木、竹、藤、棕、草制品业	Processing of Timbers and Manufacture of Wood, Bamboo, Rattan, Palm and Straw Products	1308	18794	940	583775	364887
家具制造业	Manufacture of Furniture	1771	45563	1165	1050025	488593
造纸和纸制品业	Manufacture of Paper and Paper Products	1743	45392	1357	1937579	1591856
印刷和记录媒介复制业	Printing and Reproduction of Recording Media	1742	37547	1385	954926	1161774
文教、工美、体育和娱乐用品制造业	Manufacture of Articles for Culture, Education, Arts and Crafts, Sport and Entertainment Activities	2665	59522	2080	1263948	723430
石油、煤炭及其他燃料加工业	Processing of Petroleum, Coal and Other Fuels	516	23212	2974	1904747	1741281
化学原料和化学制品制造业	Manufacture of Raw Chemical Materials and Chemical Products	9043	228035	27278	11698710	9674339
医药制造业	Manufacture of Medicines	4581	196809	43551	10523796	7135882
化学纤维制造业	Manufacture of Chemical Fibres	837	32721	1616	1420311	1993416
橡胶和塑料制品业	Manufacture of Rubber and Plastics Products	7910	168492	7868	4948907	7591118
非金属矿物制品业	Manufacture of Non-metallic Mineral Products	8338	180563	10401	6529279	7861460
黑色金属冶炼和压延加工业	Smelting and Pressing of Ferrous Metals	1287	73797	6242	8434652	5477163
有色金属冶炼和压延加工业	Smelting and Pressing of Non-Ferrous Metals	2509	74278	5836	4672277	3771368
金属制品业	Manufacture of Metal Products	9546	205208	9871	6293866	4880422
通用设备制造业	Manufacture of General Purpose Machinery	12956	336595	30424	10517412	9150365
专用设备制造业	Manufacture of Special Purpose Machinery	10880	314124	39872	10201122	6158526
汽车制造业	Manufacture of Automobiles	6320	341389	45498	18812156	11702415
铁路、船舶、航空航天和其他运输设备制造业	Manufacture of Railway, Ship, Aerospace and Other Transport Equipments	2124	118666	23325	4394009	5304677
电气机械和器材制造业	Manufacture of Electrical Machinery and Apparatus	14185	490417	45987	21026486	10964103
计算机、通信和其他电子设备制造业	Manufacture of Computer, Communication and Other Electronic Equipment	13414	813048	103714	35277969	22787099
仪器仪表制造业	Manufacture of Measuring Instrument and Machinery	3300	120258	14644	3485376	1995993
其他制造业	Other Manufacture	633	17964	2235	540107	1056352
废弃资源综合利用业	Utilization of Waste Resources	615	10403	928	655134	392843
金属制品、机械和设备修理业	Repaire Service of Metal Products, Machinery and Equipment	123	5932	728	146080	204374
电力、热力生产和供应业	Production and Supply of Electric Power and Heat Power	717	22022	4679	1135542	3587623
燃气生产和供应业	Production and Supply of Gas	205	6171	525	265602	355024
水的生产和供应业	Production and Supply of Water	267	5711	832	155885	162331

2-20 各地区规上工业企业办研发机构情况(2022年)
R&D Institutions in Industrial Enterprises above Designated Size by Region(2022)

地　区	Region	机构数(个) Institutions (unit)	机构人员(人) Personnel (person)	#博士和硕士 Doctor and Master	机构经费支出(万元) Expenditure on S&T Institutions (10 000 yuan)	仪器和设备原价(万元) Equipment (10 000 yuan)
全　国	**National Total**	**136836**	**4418883**	**474216**	**181613342**	**138758055**
东部地区	Eastern Region	97841	3179709	314752	130039825	86633912
中部地区	Middle Region	29660	808252	93526	32299474	28434302
西部地区	Western Region	8176	358806	50255	15606934	20253201
东北地区	Northeast Region	1159	72116	15683	3667109	3436640
北　京	Beijing	574	50568	16332	3306233	1480875
天　津	Tianjin	643	42608	8366	1823746	1342942
河　北	Hebei	5010	136678	12456	6783447	4544818
山　西	Shanxi	1484	67949	5951	2303527	3975015
内蒙古	Inner Mongolia	297	18030	2142	1211495	1186929
辽　宁	Liaoning	735	39586	7728	1593850	1595467
吉　林	Jilin	181	16655	4842	1342163	1014135
黑龙江	Heilongjiang	243	15875	3113	731096	827039
上　海	Shanghai	911	89450	26951	7115436	4798989
江　苏	Jiangsu	19586	546946	61108	24370029	19797590
浙　江	Zhejiang	25401	744408	46887	26271753	14857090
安　徽	Anhui	8383	190209	19953	7703664	6456265
福　建	Fujian	2340	124395	9951	4766060	2867745
江　西	Jiangxi	5774	135932	7951	5747724	3959678
山　东	Shandong	10859	331215	44012	14699484	13084925
河　南	Henan	4800	134669	16303	4699604	5186644
湖　北	Hubei	5763	167672	24678	7139536	5586911
湖　南	Hunan	3456	111821	18690	4705419	3269789
广　东	Guangdong	32434	1109947	88402	40682016	23667174
广　西	Guangxi	807	31568	2279	1138043	1986877
海　南	Hainan	83	3494	287	221621	191763
重　庆	Chongqing	2469	88031	10316	4262516	6497280
四　川	Sichuan	2019	102226	15762	3919046	3285269
贵　州	Guizhou	439	22658	2611	867788	1133516
云　南	Yunnan	552	19715	1886	988689	1039292
西　藏	Tibet	9	259	40	4741	5916
陕　西	Shaanxi	715	38848	9174	1545278	2632406
甘　肃	Gansu	306	12108	2053	296112	1213598
青　海	Qinghai	39	2083	367	84818	122930
宁　夏	Ningxia	311	11107	1077	604054	503467
新　疆	Xinjiang	213	12173	2548	684354	645722

2-21 按企业规模及登记注册类型分规上工业企业新产品开发和销售情况(2022年)

New Products Development and Sale of Industrial Enterprises above Designated Size by Scale and Registration Status (2022)

单位：万元 (10 000 yuan)

登记注册类型	Type of Registration	新产品开发项目数(项) New Products (unit)	新产品开发经费支出 Expenditure on New Products Development	新产品销售收入 Sales Revenue of New Products	#出口 Exports
总　计	**Total**	**1093975**	**255399644**	**3279829736**	**558597692**
#大型企业	Large-sized Industrial Enterprises	136386	114975574	1648954903	372416880
中型企业	Medium-sized Industrial Enterprises	214038	58072785	777844377	107954385
内资企业	**Domestic Funded Enterprises**	**962722**	**205724545**	**2559898028**	**321648632**
国有企业	State-owned Enterprises	9026	3006986	32887564	1297281
集体企业	Collective-owned Enterprises	411	83516	694149	124016
股份合作企业	Cooperative Enterprises	1207	160751	2345893	340895
联营企业	Joint Ownership Enterprises	183	68421	1338214	8655
有限责任公司	Limited Liability Corporations	197998	70360182	856922200	97927989
国有独资公司	State Sole Funded Corporations	17937	6673401	77918852	6392098
其他有限责任公司	Other Limited Liability Corporations	180061	63686782	779003348	91535892
股份有限公司	Share-holding Corporations Ltd.	78228	31565342	409412814	69370973
私营企业	Private Enterprises	675331	100322550	1254279309	151762163
私营独资企业	Private-funded Enterprises	5580	887404	10040756	509762
私营合伙企业	Private Partnership Enterprises	1000	112770	953437	126077
私营有限责任公司	Private Limited Liability Corporations	595923	84435918	1062943432	118368250
私营股份有限公司	Private Share-holding Corporations Ltd.	72828	14886458	180341685	32758074
其他企业	Other Enterprises	338	156796	2017886	816661
港澳台商投资企业	**Enterprises with Funds from Hong Kong, Macau and Taiwan**	**62068**	**22274839**	**338522892**	**132878036**
与港澳台商合资经营企业	Joint-venture Enterprises with Funds from Hong Kong, Macau and Taiwan	20786	6995965	115684308	32550049
与港澳台商合作经营企业	Cooperative Enterprises with Funds from Hong Kong, Macau and Taiwan	478	134771	913928	325362
港澳台商独资经营企业	Enterprises with Sole Funds from Hong Kong, Macau and Taiwan	33070	10501751	176660158	86554909
港澳台商投资股份有限公司	Share-holding Corporations Ltd. with Funds from Hong Kong, Macau and Taiwan	6649	4069287	43323127	12931986
外商投资企业	**Foreign Funded Enterprises**	**69185**	**27400261**	**381408816**	**104071024**
中外合资经营企业	Joint-venture Enterprises	27144	12609622	179295159	25831956
中外合作经营	Cooperation Enterprises	609	177220	2494397	456726
外资企业	Enterprises with Sole Foreign Funds	35255	11599250	165157335	71627737
外商投资股份有限公司	Share-holding Corporations Ltd. with Foreign Funds	5495	2803857	32651741	5967224

2-22 按行业分规上工业企业新产品开发和销售情况(2022年)
New Products Development and Sale of Industrial Enterprises above Designated Size by Industrial Sector (2022)

单位：万元 (10 000 yuan)

行 业	Industry	新产品开发项目数(项) New Products (unit)	新产品开发经费支出 Expenditure on New Products Development	新产品销售收入 Sales Revenue of New Products	#出口 Exports
总 计	**Total**	**1093975**	**255399644**	**3279829736**	**558597692**
煤炭开采和洗选业	Mining and Washing of Coal	2622	886093	8378484	36135
石油和天然气开采业	Extraction of Petroleum and Natural Gas	1257	620239	3875583	
黑色金属矿采选业	Mining and Processing of Ferrous Metal Ores	794	302945	3298514	
有色金属矿采选业	Mining and Processing of Non-Ferrous Metal Ores	1020	216094	3431096	23321
非金属矿采选业	Mining and Processing of Non-metal Ores	1457	249311	3953796	58212
开采专业及辅助性活动	Professional and Support Activities for Mining	1445	347913	1578274	6911
农副食品加工业	Processing of Food from Agricultural Products	22528	4348160	63181232	2442648
食品制造业	Manufacture of Foods	18748	2743822	35664242	3691553
酒、饮料和精制茶制造业	Manufacture of Liquor, Beverages and Refined Tea	6941	1256316	16613056	359754
烟草制品业	Manufacture of Tobacco	1531	272295	7878725	205874
纺织业	Manufacture of Textile	28041	4197417	55270683	9310913
纺织服装、服饰业	Manufacture of Textile,Wearing Apparel and Accessories	10885	1523211	22329589	4489127
皮革、毛皮、羽毛及其制品和制鞋业	Manufacture of Leather, Fur, Feather and Related Products and Footwear	9658	1400913	16637124	3405048
木材加工和木、竹、藤、棕、草制品业	Processing of Timbers and Manufacture of Wood, Bamboo, Rattan, Palm and Straw Products	7433	1025481	13698817	1517771
家具制造业	Manufacture of Furniture	12178	1486201	18106228	4441297
造纸和纸制品业	Manufacture of Paper and Paper Products	12117	2525930	41122329	2572071
印刷和记录媒介复制业	Printing and Reproduction of Recording Media	10641	1364620	17593596	1993758
文教、工美、体育和娱乐用品制造业	Manufacture of Articles for Culture, Education, Arts and Crafts, Sport and Entertainment Activities	16635	1977005	23933852	8562924
石油、煤炭及其他燃料加工业	Processing of Petroleum, Coal and Other Fuels	4437	2356340	59433737	1718696
化学原料和化学制品制造业	Manufacture of Raw Chemical Materials and Chemical Products	66388	14247806	260575419	27729635
医药制造业	Manufacture of Medicines	56123	12697698	100493102	12364790
化学纤维制造业	Manufacture of Chemical Fibres	5775	1950711	34203131	2270332
橡胶和塑料制品业	Manufacture of Rubber and Plastics Products	53818	7010819	84954515	15717738
非金属矿物制品业	Manufacture of Non-metallic Mineral Products	52295	9140684	122556817	6303712
黑色金属冶炼和压延加工业	Smelting and Pressing of Ferrous Metals	16916	13845944	185290944	7720145
有色金属冶炼和压延加工业	Smelting and Pressing of Non-Ferrous Metals	19919	7415855	141686000	7240178
金属制品业	Manufacture of Metal Products	65260	9137614	116667640	15542704
通用设备制造业	Manufacture of General Purpose Machinery	107317	15287009	164964953	22429674
专用设备制造业	Manufacture of Special Purpose Machinery	98719	15197506	141538983	19541959
汽车制造业	Manufacture of Automobiles	62762	21715505	305127064	26396169
铁路、船舶、航空航天和其他运输设备制造业	Manufacture of Railway, Ship, Aerospace and Other Transport Equipments	24786	7555713	87494502	17457114
电气机械和器材制造业	Manufacture of Electrical Machinery and Apparatus	115098	27241687	435135381	83250877
计算机、通信和其他电子设备制造业	Manufacture of Computer, Communication and Other Electronic Equipment	123986	55260911	612862082	242996141
仪器仪表制造业	Manufacture of Measuring Instrument and Machinery	33454	4907799	34648082	4808974
其他制造业	Other Manufacture	4793	781119	5962334	1385528
废弃资源综合利用业	Utilization of Waste Resources	2908	640640	12095350	149829
金属制品、机械和设备修理业	Repaire Service of Metal Products, Machinery and Equipment	1713	243435	1767021	276658
电力、热力生产和供应业	Production and Supply of Electric Power and Heat Power	8882	1521232	7271076	179523
燃气生产和供应业	Production and Supply of Gas	1338	343496	7567895	
水的生产和供应业	Production and Supply of Water	1354	155332	987905	

2-23 各地区规上工业企业新产品开发和销售情况(2022年)

New Products Development and Sale of Industrial Enterprise above Designated Size by Region (2022)

单位：万元 (10 000 yuan)

地 区	Region	新产品开发项目数(项) New Products (unit)	新产品开发经费支出 Expenditure on New Products Development	新产品销售收入 Sales Revenue of New Products	#出口 Exports
全 国	**National Total**	**1093975**	**255399644**	**3279829736**	**558597692**
东部地区	Eastern Region	775414	176478054	2171845234	435851961
中部地区	Middle Region	188033	46248238	720171186	83959559
西部地区	Western Region	100817	25187931	301063417	30773493
东北地区	Northeast Region	29711	7485420	86749899	8012678
北 京	Beijing	16838	6503315	56037315	9631096
天 津	Tianjin	16711	3173750	48684233	7268584
河 北	Hebei	34170	8594266	94746340	9866625
山 西	Shanxi	7997	1934732	35548442	5550339
内 蒙 古	Inner Mongolia	4920	1755523	31474555	1462101
辽 宁	Liaoning	17134	4303272	51025506	6431376
吉 林	Jilin	5072	1829608	21770234	1041963
黑 龙 江	Heilongjiang	7505	1352541	13954159	539339
上 海	Shanghai	27316	11394201	107853308	17465853
江 苏	Jiangsu	131118	38132096	511183110	104563579
浙 江	Zhejiang	188833	27110707	412818209	86635828
安 徽	Anhui	42535	10408238	175804744	22430793
福 建	Fujian	35707	9211097	77576517	17645690
江 西	Jiangxi	32823	6090169	116447505	14687643
山 东	Shandong	100611	20292881	378471673	52387112
河 南	Henan	29852	6671623	106560217	25095971
湖 北	Hubei	27918	10491710	148093045	8954789
湖 南	Hunan	46908	10651767	137717233	7240025
广 东	Guangdong	221782	51594669	480751067	130111440
广 西	Guangxi	11634	2227761	28604514	2404781
海 南	Hainan	2328	471074	3723463	276154
重 庆	Chongqing	22057	5440210	67957239	13546392
四 川	Sichuan	28673	6200605	68318949	6964635
贵 州	Guizhou	5805	1181164	13598616	520103
云 南	Yunnan	6498	1562594	16313423	317914
西 藏	Tibet	78	12625	84198	
陕 西	Shaanxi	13423	3767599	43640760	4771920
甘 肃	Gansu	2520	686626	11219647	394547
青 海	Qinghai	327	213279	3751761	23368
宁 夏	Ningxia	2347	783017	9244972	228765
新 疆	Xinjiang	2535	1356929	6854785	138967

2-24 按企业规模及登记注册类型分规上工业企业专利情况(2022年)
Statistics on Patent of Industrial Enterprises above Designated Size by Scale and Registration Status (2022)

单位：件 (piece)

登记注册类型	Type of Registration	专利申请数 Patent Applications	#发明专利 Inventions	有效发明专利数 Inventions in Force
总　计	**Total**	**1507296**	**554615**	**1981098**
#大型企业	Large-sized Industrial Enterprises	481220	269813	822574
中型企业	Medium-sized Industrial Enterprises	286139	102453	349269
内资企业	**Domestic Funded Enterprises**	**1318991**	**485582**	**1706014**
国有企业	State-owned Enterprises	28996	18003	36197
集体企业	Collective-owned Enterprises	1170	279	1026
股份合作企业	Cooperative Enterprises	882	194	1056
联营企业	Joint Ownership Enterprises	3827	3340	4233
有限责任公司	Limited Liability Corporations	350700	169677	558093
国有独资公司	State Sole Funded Corporations	49325	30431	70162
其他有限责任公司	Other Limited Liability Corporations	301375	139246	487931
股份有限公司	Share-holding Corporations Ltd.	176815	89017	310129
私营企业	Private Enterprises	755836	204735	794492
私营独资企业	Private-funded Enterprises	3831	1044	3782
私营合伙企业	Private Partnership Enterprises	902	263	748
私营有限责任公司	Private Limited Liability Corporations	641587	162276	648216
私营股份有限公司	Private Share-holding Corporations Ltd.	109516	41152	141746
其他企业	Other Enterprises	765	337	788
港澳台商投资企业	**Enterprises with Funds from Hong Kong, Macau and Taiwan**	**92506**	**34792**	**131089**
与港澳台商合资经营企业	Joint-venture Enterprises with Funds from Hong Kong, Macau and Taiwan	32054	11808	44709
与港澳台商合作经营企业	Cooperative Enterprises with Funds from Hong Kong, Macau and Taiwan	443	84	587
港澳台商独资经营企业	Enterprises with Sole Funds from Hong Kong, Macau and Taiwan	39059	13810	61662
港澳台商投资股份有限公司	Share-holding Corporations Ltd. with Funds from Hong Kong, Macau and Taiwan	18680	8156	22667
外商投资企业	**Foreign Funded Enterprises**	**95799**	**34241**	**143995**
中外合资经营企业	Joint-venture Enterprises	39498	15329	56542
中外合作经营	Cooperation Enterprises	686	182	760
外资企业	Enterprises with Sole Foreign Funds	38582	12391	67058
外商投资股份有限公司	Share-holding Corporations Ltd. with Foreign Funds	15106	5572	18020

2-25 按行业分规上工业企业专利情况(2022年)
Statistics on Patent of Industrial Enterprises above Designated Size by Industrial Sector (2022)

单位：件 (piece)

行业	Industry	专利申请数 Patent Applications	#发明专利 Inventions	有效发明专利数 Inventions In Force
总计	**Total**	**1507296**	**554615**	**1981098**
煤炭开采和洗选业	Mining and Washing of Coal	5966	1843	2897
石油和天然气开采业	Extraction of Petroleum and Natural Gas	4582	3369	6705
黑色金属矿采选业	Mining and Processing of Ferrous Metal Ores	1434	658	2619
有色金属矿采选业	Mining and Processing of Non-Ferrous Metal Ores	1645	439	1676
非金属矿采选业	Mining and Processing of Non-metal Ores	1379	335	1310
开采专业及辅助性活动	Professional and Support Activities for Mining	1828	1319	3610
农副食品加工业	Processing of Food from Agricultural Products	17421	4318	18895
食品制造业	Manufacture of Foods	14856	4849	20724
酒、饮料和精制茶制造业	Manufacture of Liquor, Beverages and Refined Tea	6572	1425	6523
烟草制品业	Manufacture of Tobacco	7671	2686	9705
纺织业	Manufacture of Textile	20981	4783	19539
纺织服装、服饰业	Manufacture of Textile,Wearing Apparel and Accessories	8193	1564	6251
皮革、毛皮、羽毛及其制品和制鞋业	Manufacture of Leather, Fur, Feather and Related Products and Footwear	8095	1097	4928
木材加工和木、竹、藤、棕、草制品业	Processing of Timbers and Manufacture of Wood, Bamboo, Rattan, Palm and Straw Products	5805	1305	5288
家具制造业	Manufacture of Furniture	17385	2392	9246
造纸和纸制品业	Manufacture of Paper and Paper Products	10597	2127	11227
印刷和记录媒介复制业	Printing and Reproduction of Recording Media	11074	2250	11528
文教、工美、体育和娱乐用品制造业	Manufacture of Articles for Culture, Education, Arts and Crafts, Sport and Entertainment Activities	19283	2886	13705
石油、煤炭及其他燃料加工业	Processing of Petroleum, Coal and Other Fuels	5102	1754	7770
化学原料和化学制品制造业	Manufacture of Raw Chemical Materials and Chemical Products	63393	25305	102588
医药制造业	Manufacture of Medicines	33128	16058	74357
化学纤维制造业	Manufacture of Chemical Fibres	4726	1393	6610
橡胶和塑料制品业	Manufacture of Rubber and Plastics Products	52705	11994	53000
非金属矿物制品业	Manufacture of Non-metallic Mineral Products	59760	15089	60576
黑色金属冶炼和压延加工业	Smelting and Pressing of Ferrous Metals	25188	10028	28595
有色金属冶炼和压延加工业	Smelting and Pressing of Non-Ferrous Metals	24027	7695	26968
金属制品业	Manufacture of Metal Products	68451	14993	69840
通用设备制造业	Manufacture of General Purpose Machinery	133815	37231	150683
专用设备制造业	Manufacture of Special Purpose Machinery	139394	43058	169109
汽车制造业	Manufacture of Automobiles	98287	36352	91011
铁路、船舶、航空航天和其他运输设备制造业	Manufacture of Railway, Ship, Aerospace and Other Transport Equipments	38794	17027	57941
电气机械和器材制造业	Manufacture of Electrical Machinery and Apparatus	217105	72857	228830
计算机、通信和其他电子设备制造业	Manufacture of Computer, Communication and Other Electronic Equipment	273381	155654	580723
仪器仪表制造业	Manufacture of Measuring Instrument and Machinery	45198	16150	50747
其他制造业	Other Manufacture	6729	2280	7523
废弃资源综合利用业	Utilization of Waste Resources	4320	1415	4315
金属制品、机械和设备修理业	Repaire Service of Metal Products, Machinery and Equipment	1973	546	2148
电力、热力生产和供应业	Production and Supply of Electric Power and Heat Power	43530	27186	48752
燃气生产和供应业	Production and Supply of Gas	1387	282	759
水的生产和供应业	Production and Supply of Water	2130	618	1856

2-26 各地区规上工业企业专利情况(2022年)
Statistics on Patent of Industrial Enterprises above Designated Size by Region (2022)

单位：件 (piece)

地 区	Region	专利申请数 Patent Applications	#发明专利 Inventions	有效发明专利数 Inventions in Force
全 国	**National Total**	**1507296**	**554615**	**1981098**
东部地区	Eastern Region	1045396	378919	1430985
中部地区	Middle Region	274855	100757	315029
西部地区	Western Region	146301	57368	177397
东北地区	Northeast Region	40744	17571	57687
北 京	Beijing	32594	19310	77167
天 津	Tianjin	18488	6294	28517
河 北	Hebei	33789	10689	38203
山 西	Shanxi	9827	3760	12861
内蒙古	Inner Mongolia	9065	3316	7911
辽 宁	Liaoning	21581	7463	38171
吉 林	Jilin	12612	7161	8925
黑龙江	Heilongjiang	6551	2947	10591
上 海	Shanghai	42835	18968	81347
江 苏	Jiangsu	218368	73525	299124
浙 江	Zhejiang	171872	44941	146012
安 徽	Anhui	81620	32625	91651
福 建	Fujian	57792	18491	55076
江 西	Jiangxi	32595	9714	24847
山 东	Shandong	113621	36935	130077
河 南	Henan	47069	11898	45993
湖 北	Hubei	59771	24821	81317
湖 南	Hunan	43973	17939	58360
广 东	Guangdong	354470	149075	572589
广 西	Guangxi	11637	4615	12721
海 南	Hainan	1567	691	2873
重 庆	Chongqing	26245	11091	27681
四 川	Sichuan	41462	16085	57722
贵 州	Guizhou	9294	4220	10342
云 南	Yunnan	11139	3481	14054
西 藏	Tibet	97	35	314
陕 西	Shaanxi	19071	8019	27942
甘 肃	Gansu	5979	1855	5733
青 海	Qinghai	1423	653	1740
宁 夏	Ningxia	4725	1516	4012
新 疆	Xinjiang	6164	2482	7225

2-27 按企业规模及登记注册类型分规上工业企业技术获取和技术改造情况(2022年)

Technology Acquisition and Renovation of Industrial Enterprises above Designated Size by Scale and Registration Status (2022)

单位：万元 (10 000 yuan)

登记注册类型	Type of Registration	引进境外技术经费支出 Expenditure for Acquisition of Foreign Technology	境外技术消化吸收经费支出 Expenditure for Assimilation of Foreign Technology	购买境内技术经费支出 Expenditure for Purchase of Domestic Technology	技术改造经费支出 Expenditure for Technical Renovation
总　计	**Total**	**3562810**	**857651**	**5999920**	**39683844**
#大型企业	Large-sized Industrial Enterprises	3153292	806511	3624986	27484466
中型企业	Medium-sized Industrial Enterprises	312444	46313	2052723	7155921
内资企业	**Domestic Funded Enterprises**	**1299302**	**221903**	**5280650**	**33166748**
国有企业	State-owned Enterprises	63346	53	229528	1083044
集体企业	Collective-owned Enterprises			263	5650
股份合作企业	Cooperative Enterprises		12	164	8067
联营企业	Joint Ownership Enterprises			40	63555
有限责任公司	Limited Liability Corporations	329978	23990	2794740	14418089
国有独资公司	State Sole Funded Corporations	221088	2984	133083	3171811
其他有限责任公司	Other Limited Liability Corporations	108890	21006	2661657	11246278
股份有限公司	Share-holding Corporations Ltd.	243416	24278	845335	8909739
私营企业	Private Enterprises	660550	173571	1407603	8671741
私营独资企业	Private-funded Enterprises			1740	29004
私营合伙企业	Private Partnership Enterprises			519	4918
私营有限责任公司	Private Limited Liability Corporations	619017	24471	1272194	7292673
私营股份有限公司	Private Share-holding Corporations Ltd.	41533	149100	133152	1345145
其他企业	Other Enterprises	2013		2975	6864
港澳台商投资企业	**Enterprises with Funds from Hong Kong, Macau and Taiwan**	**82364**	**5432**	**302639**	**2966319**
与港澳台商合资经营企业	Joint-venture Enterprises with Funds from Hong Kong, Macau and Taiwan	19912	3236	111702	802724
与港澳台商合作经营企业	Cooperative Enterprises with Funds from Hong Kong, Macau and Taiwan	134		1041	6639
港澳台商独资经营企业	Enterprises with Sole Funds from Hong Kong, Macau and Taiwan	36723	1745	137844	1690094
港澳台商投资股份有限公司	Share-holding Corporations Ltd. with Funds from Hong Kong, Macau and Taiwan	24530	452	50847	445965
外商投资企业	**Foreign Funded Enterprises**	**2181144**	**630315**	**416632**	**3550777**
中外合资经营企业	Joint-venture Enterprises	1742108	602331	89051	2124407
中外合作经营	Cooperation Enterprises	354		9490	23771
外资企业	Enterprises with Sole Foreign Funds	429249	27532	287573	1177020
外商投资股份有限公司	Share-holding Corporations Ltd. with Foreign Funds	9151		30435	218527

2–28 按行业分规上工业企业技术获取和技术改造情况(2022年)
Technology Acquisition and Renovation of Industrial Enterprises above Designated Size by Industrial Sector (2022)

单位：万元 (10 000 yuan)

行 业	Industry	引进境外技术经费支出 Expenditure for Acquisition of Foreign Technology	境外技术消化吸收经费支出 Expenditure for Assimilation of Foreign Technology	购买境内技术经费支出 Expenditure for Purchase of Domestic Technology	技术改造经费支出 Expenditure for Technical Renovation
总 计	**Total**	**3562810**	**857651**	**5999920**	**39683844**
煤炭开采和洗选业	Mining and Washing of Coal	1142	971	6711	1251953
石油和天然气开采业	Extraction of Petroleum and Natural Gas			53	8538
黑色金属矿采选业	Mining and Processing of Ferrous Metal Ores			1446	16703
有色金属矿采选业	Mining and Processing of Non-Ferrous Metal Ores			581	88102
非金属矿采选业	Mining and Processing of Non-metal Ores			1599	65939
开采专业及辅助性活动	Professional and Support Activities for Mining	539		371	980
农副食品加工业	Processing of Food from Agricultural Products	1542	450	8948	306127
食品制造业	Manufacture of Foods	6362	1389	80403	360322
酒、饮料和精制茶制造业	Manufacture of Liquor, Beverages and Refined Tea	1649	429	31038	730216
烟草制品业	Manufacture of Tobacco	49293	46	162034	940796
纺织业	Manufacture of Textile	10798	424	21262	326202
纺织服装、服饰业	Manufacture of Textile,Wearing Apparel and Accessories	94		2081	44445
皮革、毛皮、羽毛及其制品和制鞋业	Manufacture of Leather, Fur, Feather and Related Products and Footwear		12	615	24056
木材加工和木、竹、藤、棕、草制品业	Processing of Timbers and Manufacture of Wood, Bamboo, Rattan, Palm and Straw Products	738	765	1043	50630
家具制造业	Manufacture of Furniture	554	2	5793	73509
造纸和纸制品业	Manufacture of Paper and Paper Products	8082	2679	4502	188617
印刷和记录媒介复制业	Printing and Reproduction of Recording Media	22623	5	4265	195508
文教、工美、体育和娱乐用品制造业	Manufacture of Articles for Culture, Education, Arts and Crafts, Sport and Entertainment Activities	731	4171	5627	95583
石油、煤炭及其他燃料加工业	Processing of Petroleum, Coal and Other Fuels	7565	4441	21299	1546600
化学原料和化学制品制造业	Manufacture of Raw Chemical Materials and Chemical Products	76953	12694	114133	2925387
医药制造业	Manufacture of Medicines	114282	6201	423738	1334170
化学纤维制造业	Manufacture of Chemical Fibres	13201		4781	220631
橡胶和塑料制品业	Manufacture of Rubber and Plastics Products	56994	984	17488	783716
非金属矿物制品业	Manufacture of Non-metallic Mineral Products	6310	447	38095	1159865
黑色金属冶炼和压延加工业	Smelting and Pressing of Ferrous Metals	368164	22341	454563	7832558
有色金属冶炼和压延加工业	Smelting and Pressing of Non-Ferrous Metals	2799	3517	13046	1399145
金属制品业	Manufacture of Metal Products	20540	1489	51567	969802
通用设备制造业	Manufacture of General Purpose Machinery	150579	9193	107122	1743781
专用设备制造业	Manufacture of Special Purpose Machinery	26380	17659	49460	789270
汽车制造业	Manufacture of Automobiles	1836961	618433	353226	2878963
铁路、船舶、航空航天和其他运输设备制造业	Manufacture of Railway, Ship, Aerospace and Other Transport Equipments	258468	1323	363046	995645
电气机械和器材制造业	Manufacture of Electrical Machinery and Apparatus	107242	136968	2092039	2785509
计算机、通信和其他电子设备制造业	Manufacture of Computer, Communication and Other Electronic Equipment	385295	10463	1215191	4713224
仪器仪表制造业	Manufacture of Measuring Instrument and Machinery	26086	15	40946	268033
其他制造业	Other Manufacture			898	75093
废弃资源综合利用业	Utilization of Waste Resources		100	1240	71044
金属制品、机械和设备修理业	Repaire Service of Metal Products, Machinery and Equipment		32	46822	56964
电力、热力生产和供应业	Production and Supply of Electric Power and Heat Power	844	9	251646	2279948
燃气生产和供应业	Production and Supply of Gas			1046	51068
水的生产和供应业	Production and Supply of Water			158	35202

2-29 各地区规上工业企业技术获取和技术改造情况(2022年)
Technology Acquisition and Renovation of Industrial Enterprises above Designated Size by Region(2022)

单位：万元 (10 000 yuan)

地 区	Region	引进境外技术经费支出 Expenditure for Acquisition of Foreign Technology	境外技术消化吸收经费支出 Expenditure for Assimilation of Foreign Technology	购买境内技术经费支出 Expenditure for Purchase of Domestic Technology	技术改造经费支出 Expenditure for Technical Renovation
全 国	**National Total**	**3562810**	**857651**	**5999920**	**39683844**
东部地区	Eastern Region	3077590	810847	4697019	20780252
中部地区	Middle Region	120549	20601	265967	9708007
西部地区	Western Region	287883	22732	756205	7585491
东北地区	Northeast Region	76788	3471	280730	1610094
北 京	Beijing	34579	9543	153098	96153
天 津	Tianjin	32229		18979	283354
河 北	Hebei	12540		111283	848477
山 西	Shanxi	1186	966	10223	913373
内蒙古	Inner Mongolia	2042	11059	240929	644807
辽 宁	Liaoning	49454	30	44969	1031565
吉 林	Jilin	24754		215886	365977
黑龙江	Heilongjiang	2581	3441	19874	212553
上 海	Shanghai	1123939	607183	554111	2027306
江 苏	Jiangsu	560401	23035	1633933	4554959
浙 江	Zhejiang	158780	2692	235157	2978643
安 徽	Anhui	15259	7550	70056	3001962
福 建	Fujian	43089	138937	216300	1307739
江 西	Jiangxi	21383	2075	88618	939362
山 东	Shandong	102563	6933	234190	3223109
河 南	Henan	6433	1	35576	979335
湖 北	Hubei	32612	2335	19653	2322271
湖 南	Hunan	43678	7675	41841	1551705
广 东	Guangdong	1009470	22525	1538457	5413362
广 西	Guangxi	584		224415	1156414
海 南	Hainan			1513	47150
重 庆	Chongqing	173812	5196	46680	626258
四 川	Sichuan	15114	1998	79276	1457667
贵 州	Guizhou	741		6550	809442
云 南	Yunnan	49704	46	79897	519244
西 藏	Tibet				2307
陕 西	Shaanxi	34887	71	57515	480543
甘 肃	Gansu		27	5173	799478
青 海	Qinghai			31	27544
宁 夏	Ningxia			12839	594429
新 疆	Xinjiang	11000	4335	2901	467359

三、研究与开发机构

R&D Institutions

3-1 研究与开发机构基本情况
Basic Statistics on Scientific Research and Development Institutions

指　　标	Item	2014	2015	2016	2017	2018	2019	2020	2021	2022
机构基本情况	**Basic Statistics on Institutions**									
机构数（个）	Number of R&D Institutions(unit)	3677	3650	3611	3547	3306	3217	3109	2962	2871
#中央属	Subordinated to Central Level	720	715	734	728	717	726	731	746	743
地方属	Subordinated to Local Level	2957	2935	2877	2819	2589	2491	2378	2216	2128
研究与试验发展(R&D)投入情况	**Statistics on R&D Input**									
R&D人员（万人）	R&D Personnel(10 000 persons)	42.3	43.6	45.0	46.2	46.4	48.5	51.9	52.9	55.9
R&D人员全时当量（万人年）	Full-time Equivalent of R&D Personnel (10 000 man-year)	37.4	38.4	39.0	40.6	41.3	42.5	45.4	46.1	48.7
#基础研究	Basic Research	6.6	7.1	8.4	8.4	8.5	9.2	10.3	10.9	12.0
应用研究	Applied Research	12.8	13.1	12.7	14.3	14.8	14.8	15.5	16.1	16.9
试验发展	Experimental Development	18.0	18.1	17.9	17.8	18.0	18.4	19.6	19.1	19.9
R&D经费内部支出（亿元）	Intramural Expenditure on R&D (100 million yuan)	1926.2	2136.5	2260.2	2435.7	2698.4	3080.8	3408.8	3717.9	3814.4
#基础研究	Basic Research	258.9	295.3	337.4	384.4	423.8	510.3	573.9	646.1	725.1
应用研究	Applied Research	552.9	618.4	642.1	699.4	797.6	933.6	1084.5	1196.3	1266.9
试验发展	Experimental Development	1114.4	1222.8	1280.7	1351.9	1476.9	1636.9	1750.4	1877.4	1822.4
#政府资金	Government Funds	1581.0	1802.7	1851.6	2025.9	2284.9	2582.4	2847.4	3007.1	2996.2
企业资金	Self-raised Funds by Enterprises	62.9	65.4	90.4	91.9	102.6	118.7	135.1	203.9	210.9
国外资金	Forein Funds	9.1	5.0	3.9	4.4	5.2	5	3.7	4.3	7.0
其他资金	Other Funds	273.8	263.4	314.2	313.6	305.6	374.7	422.6	502.6	600.4
研究与试验发展(R&D)项目(课题)情况	**Statistics on R&D Projects**									
R&D项目(课题)数（项）	R&D Projects(item)	91465	99559	100925	112472	117872	125642	130089	135867	142572
R&D项目(课题)人员全时当量（万人年）	Participants(10 000 man-year)	34.0	34.9	34.4	35.9	36.8	37.8	39.6	40.7	42.3
R&D项目(课题)经费内部支出（亿元）	Intramural Expenditure (100 million yuan)	1272.7	1513.8	1592.5	1720.8	1930.2	2119.4	2420.4	2577.0	2683.5
科技产出及成果情况	**Statistics on S&T Outputs and Results**									
发表科技论文(篇)	Scientific Papers Issued(piece)	171928	169989	175169	177572	176003	185978	193947	195668	199791
#国外发表	Published in Foreign Periodicals	47032	47301	50010	54500	58440	64257	77414	81106	91405
出版科技著作（种）	Publication on Science and Technology (kind)	5023	5662	5714	5459	5722	5469	5706	5619	5397
专利申请数（件）	Number of Patent Applications(piece)	41966	46559	52331	56267	61404	67302	74601	81879	89945
#发明专利	Inventions	32265	35092	39854	43426	47740	52185	57477	64132	71636
专利授权数（件）	Number of Patent Granted(piece)	24870	30104	32442	35350	36778	38476	47029	55387	62590
#发明专利	Inventions	15786	19720	21816	24283	23098	24486	29205	35838	43341

3-2 按隶属关系和学科分研究与开发机构R&D人员(2022年)
R&D Personnel in R&D Institutions by Subordination and Subject (2022)

项　目	Item	机构数(个) R&D Institutions (unit)	R&D人员合计(人) R&D Personnel (person)	#女性 Female	#博士毕业 Doctor	#硕士毕业 Master	#本科毕业 Undergraduate
总　计	**Total**	**2871**	**559094**	**186029**	**135135**	**216209**	**151066**
按隶属关系分组	**by Subordination**						
中央部门属	Subordinated to Central Level	743	422727	131617	106441	166780	106994
地方部门属	Subordinated to Local Level	2128	136367	54412	28694	49429	44072
按门类学科分组	**by Subject**						
自然科学	Natural sciences	256	115320	42205	55947	28914	20084
农业科学	Agricultural Sciences	973	70970	28752	14581	23949	22200
医药科学	Medical Science	188	27726	15163	7665	8140	9393
工程与技术科学	Engineering and Technological Sciences	936	325511	90356	50348	148367	94651
人文与社会科学	Humanities and Social Sciences	518	19567	9553	6594	6839	4738

项　目	Item	#全时人员 Full-time Personnel	R&D人员全时当量(人年) Full-time Equivalent of R&D Personnel (man-year)	#研究人员 Researchers	基础研究 Basic Research	应用研究 Applied Research	试验发展 Experimental Development
总　计	**Total**	**436899**	**487490**	**356048**	**119592**	**168904**	**198994**
按隶属关系分组	**by Subordination**						
中央部门属	Subordinated to Central Level	341440	375234	273849	93007	136665	145562
地方部门属	Subordinated to Local Level	95459	112256	82199	26585	32239	53432
按门类学科分组	**by Subject**						
自然科学	Natural sciences	74664	93755	66568	49629	30877	13249
农业科学	Agricultural Sciences	54501	60720	45204	12755	13473	34492
医药科学	Medical Science	18472	23082	15937	10128	8559	4395
工程与技术科学	Engineering and Technological Sciences	273229	292471	214458	40602	107255	144614
人文与社会科学	Humanities and Social Sciences	16033	17462	13881	6478	8740	2244

3-3 按服务的国民经济行业分研究与
R&D Personnel in R&D Institutions by Industrial Sector

行　业	Industry	机构数（个） R&D Institutions (unit)	R&D 人员合计（人） R&D Personnel (person)
总　计	**Total**	**2871**	**559094**
农、林、牧、渔业	**Agriculture, Forestry, Animal Husbandry and Fishery**	**815**	**59352**
农业	Farming	384	34220
林业	Forestry	143	6240
畜牧业	Animal Husbandry	57	4095
渔业	Fishery	44	3248
农、林、牧、渔专业及辅助性活动	Professional and Support Activities for Agriculture, Forestry, Animal Husbandry and Fishery	187	11549
采矿业	**Mining**	**5**	**322**
煤炭开采和洗选业	Mining and Washing of Coal	3	57
有色金属矿采选业	Mining and Processing of Non-Ferrous Metal Ores	2	265
制造业	**Manufacturing**	**143**	**18364**
农副食品加工业	Processing of Food from Agricultural Products	13	1136
食品制造业	Manufacture of Foods	4	222
酒、饮料和精制茶制造业	Manufacture of Liquor, Beverages and Refined Tea	2	66
纺织业	Manufacture of Textile	3	49
纺织服装、服饰业	Manufacture of Textile, Wearing Apparel and Accessories	1	
皮革、毛皮、羽毛及其制品和制鞋业	Manufacture of Leather, Fur, Feather and Related Products and Footwear	1	
木材加工和木、竹、藤、棕、草制品业	Processing of Timbers and Manufacture of Wood, Bamboo, Rattan, Palm and Straw Products	2	341
家具制造业	Manufacture of Furniture	1	
造纸和纸制品业	Manufacture of Paper and Paper Products	1	35
印刷和记录媒介复制业	Printing and Reproduction of Recording Media	1	
文教、工美、体育和娱乐用品制造业	Manufacture of Articles for Culture, Education, Arts and Crafts, Sport and Entertainment Activities	1	
石油、煤炭及其他燃料加工业	Processing of Petroleum, Coal and Other Fuels	18	7789
化学原料和化学制品制造业	Manufacture of Raw Chemical Materials and Chemical Products	18	2712
医药制造业	Manufacture of Medicines	24	4935
化学纤维制造业	Manufacture of Chemical Fibres	2	19
橡胶和塑料制品业	Manufacture of Rubber and Plastics Products	4	75
非金属矿物制品业	Manufacture of Non-metallic Mineral Products	6	56
黑色金属冶炼和压延加工业	Smelting and Pressing of Ferrous Metals	1	

开发机构R&D人员(2022年)
in which the R&D Institutions Served (2022)

#女性 Female	#博士毕业 Doctor	#硕士毕业 Master	#本科毕业 Under-graduate	#全时人员 Full-time Personnel	R&D人员全时当量(人年) Full-time Equivalent of R&D Personnel (man-year)	#研究人员 Researchers	基础研究 Basic Research	应用研究 Applied Research	试验发展 Experimental Development
186029	**135135**	**216209**	**151066**	**436899**	**487490**	**356048**	**119592**	**168904**	**198994**
24449	**12675**	**20426**	**17730**	**46499**	**51492**	**38073**	**11159**	**11551**	**28782**
14315	6954	12337	10098	26988	29677	22105	5373	6345	17959
2464	1003	1884	2246	4542	5188	3921	904	1380	2904
1641	900	1263	1216	3329	3573	2521	951	850	1772
1135	781	1157	976	2647	2852	2115	769	633	1450
4894	3037	3785	3194	8993	10202	7411	3162	2343	4697
97	**61**	**127**	**87**	**299**	**300**	**252**	**19**	**102**	**179**
8	1	29	25	52	52	41	9		43
89	60	98	62	247	248	211	10	102	136
7049	**5235**	**6333**	**5356**	**12724**	**14139**	**10203**	**4782**	**3835**	**5522**
558	258	479	291	776	844	710	253	247	344
70	67	25	117	210	217	173	17	9	191
27	7	32	20	46	55	51		20	35
17		11	19	43	48	26		14	34
116	115	46	46	211	223	185	81	53	89
11		5	27	35	35	17			35
1887	1133	3718	2651	7494	7687	6543	1431	3875	2381
874	897	735	887	1738	2067	1280	647	428	992
2685	1711	1322	1583	4094	4204	3100	1773	1467	964
4		2	3	9	15	8		15	
34	13	49	7	69	72	65	12	8	52
17	4	32	11	39	43	40	4	30	9

3-3 续表 1

行　业	Industry	机构数（个） R&D Institutions (unit)	R&D 人员合计（人） R&D Personnel (person)
有色金属冶炼和压延加工业	Smelting and Pressing of Non-Ferrous Metals	1	39
金属制品业	Manufacture of Metal Products	2	529
通用设备制造业	Manufacture of General Purpose Machinery	7	238
专用设备制造业	Manufacture of Special Purpose Machinery	27	3094
铁路、船舶、航空航天和其他运输设备制造业	Manufacture of Railway, Ship, Aerospace and Other Transport Equipments	190	126504
电气机械和器材制造业	Manufacture of Electrical Machinery and Apparatus	2	65
计算机、通信和其他电子设备制造业	Manufacture of Computer, Communication and Other Electronic Equipment	59	60564
仪器仪表制造业	Manufacture of Measuring Instrument and Machinery	6	634
其他制造业	Other Manufacture	33	30783
电力、热力、燃气及水生产和供应业	**Production and Supply of Electricity, Heat Gas and Water**	**6**	**218**
电力、热力生产和供应业	Production and Supply of Electric Power and Heat Power	6	218
建筑业	**Construction**	**13**	**607**
房屋建筑业	Construction of Buildings	4	152
土木工程建筑业	Civil Engineering	7	400
建筑装饰、装修和其他建筑业	Building Decoration and Other Constructions	2	55
批发和零售业	**Wholesale and Retail Trades**	**1**	
批发业	Wholesale Trade	1	
交通运输、仓储和邮政业	**Transport, Storage and Post**	**14**	**2402**
铁路运输业	Railway Transport	1	
道路运输业	Road Transport	7	1041
水上运输业	Water Transport	3	447
航空运输业	Air Transport	2	914
邮政业	Post	1	
信息传输、软件和信息技术服务业	**Information Transmission, Software and Information Technology**	**23**	**2755**
电信、广播电视和卫星传输服务	Telecommunications, Radio and Television and Satellite Transmission Services	7	1903
互联网和相关服务	Internet and Related Services	1	98
软件和信息技术服务业	Software and Information Technology	15	754

continued

#女性 Female	#博士毕业 Doctor	#硕士毕业 Master	#本科毕业 Under-graduate	#全时人员 Full-time Personnel	R&D人员全时当量(人年) Full-time Equivalent of R&D Personnel (man-year)	#研究人员 Researchers	基础研究 Basic Research	应用研究 Applied Research	试验发展 Experimental Development
10	14	8	11	23	25	2		25	
87	299	137	82	339	430	423	82	176	172
79	80	89	68	173	194	108		59	135
866	444	1403	1078	2028	2264	1690	275	712	1277
31527	11811	67940	34236	120312	122177	85171	12365	40107	69705
3	33	20	12	58	58	57			58
15281	4618	26390	23093	56402	57017	44997	5741	21579	29697
177	190	313	106	458	502	454	80	143	279
6855	4073	12229	10016	25651	29173	22564	2969	8061	18143
54	**31**	**88**	**59**	**102**	**149**	**115**	**50**	**70**	**29**
54	31	88	59	102	149	115	50	70	29
135	**116**	**263**	**203**	**325**	**438**	**400**	**39**	**155**	**244**
38	3	26	105	108	117	109	3	37	77
70	105	207	82	173	274	247	31	80	163
27	8	30	16	44	47	44	5	38	4
806	**409**	**1215**	**692**	**1419**	**1886**	**1526**	**148**	**1040**	**698**
319	224	476	280	578	815	697	99	485	231
162	83	270	93	388	408	347	34	309	65
325	102	469	319	453	663	482	15	246	402
979	**571**	**1199**	**768**	**1217**	**1559**	**1132**	**148**	**391**	**1020**
739	292	868	548	562	846	554	18	81	747
32	4	36	48	98	98	9		50	48
208	275	295	172	557	615	569	130	260	225

3-3 续表 2

行 业	Industry	机构数（个）R&D Institutions (unit)	R&D 人员合计（人）R&D Personnel (person)	#女性 Female
金融业	**Financial Intermediation**	**2**	**30**	**20**
货币金融服务	Monetary and Financial Services	2	30	20
租赁和商务服务业	**Leasing and Business Services**	**1**		
商务服务业	Business Service	1		
科学研究和技术服务业	**Scientific Research and Technical Services**	**1142**	**219524**	**82517**
研究和试验发展	Research and Experimental Development	728	189593	71469
专业技术服务业	Professional Technical Services	241	26318	9896
科技推广和应用服务业	Science and Technology Popularization and Application Services	173	3613	1152
水利、环境和公共设施管理业	**Management of Water Conservancy, Environment and Public Facilities**	**140**	**12486**	**4588**
水利管理业	Management of Water Conservancy	46	4883	1635
生态保护和环境治理业	Ecological Protection and Environmental Treatment	85	7351	2792
公共设施管理业	Management of Public Facilities	8	252	161
土地管理业	Land administration	1		
居民服务、修理和其他服务业	**Service to Households, Repair and Other Services**	**1**		
其他服务业	Other Services	1		
教育	**Education**	**30**	**777**	**431**
教育	Education	30	777	431
卫生和社会工作	**Health and Social Service**	**115**	**15190**	**8548**
卫生	Health	115	15190	8548
文化、体育和娱乐业	**Culture, Sports and Entertainment**	**74**	**2675**	**963**
新闻和出版业	Radio, Television, Motion Picture and Videotape Programme	1		
广播、电视、电影和录音制作业	Production Services	4	106	58
文化艺术业	Culture and Art Activities	45	2037	664
体育	Sports Activities	24	532	241
公共管理、社会保障和社会组织	**Public Management, Social Security and Social Organization**	**59**	**2871**	**1257**
中国共产党机关	Organs of Communist Party of China	1		
国家机构	Government Agencies	56	2786	1216
社会保障	Social Security	2	85	41

continued

#博士毕业 Doctor	#硕士毕业 Master	#本科毕业 Under-graduate	#全时人员 Full-time Personnel	R&D人员全时当量(人年) Full-time Equivalent of R&D Personnel (man-year)	#研究人员 Researchers	基础研究 Basic Research	应用研究 Applied Research	试验发展 Experimental Development
2	**14**	**14**	**23**	**26**	**26**		**5**	**21**
2	14	14	23	26	26		5	21
87981	**65401**	**46191**	**144935**	**176786**	**127469**	**73547**	**67418**	**35821**
81210	54011	36908	126854	154818	110902	67390	60287	27141
6149	10080	7985	15509	19063	14447	5651	6258	7154
622	1310	1298	2572	2905	2120	506	873	1526
2438	**5329**	**3540**	**8395**	**10158**	**7025**	**2399**	**4122**	**3637**
832	1981	1425	2750	3707	2546	667	1314	1726
1565	3253	2022	5431	6205	4283	1721	2672	1812
41	95	93	214	246	196	11	136	99
265	**258**	**234**	**654**	**723**	**508**	**256**	**410**	**57**
265	258	234	654	723	508	256	410	57
3969	**4503**	**5434**	**8874**	**12138**	**8531**	**4722**	**5479**	**1937**
3969	4503	5434	8874	12138	8531	4722	5479	1937
218	**996**	**1012**	**1977**	**2318**	**1624**	**1151**	**464**	**703**
7	57	36	89	104	89		34	70
129	673	816	1589	1800	1201	1053	245	502
82	266	160	299	414	334	98	185	131
632	**1405**	**738**	**1972**	**2167**	**1703**	**224**	**1107**	**836**
628	1364	704	1893	2088	1630	224	1048	816
4	41	34	79	79	73		59	20

3-4 按隶属关系和学科分研究与开发

Intramural Expenditure on R&D of R&D Institutions

单位：万元

项 目	Item	R&D经费内部支出 Intramural Expenditure on R&D	基础研究 Basic Research	应用研究 Applied Research	试验发展 Experimental Development
总 计	**Total**	**38144123**	**7250864**	**12668952**	**18224308**
按隶属关系分组	**by Subordination**				
中央部门属	Subordinated to Central Level	32650241	5963524	11016145	15670571
#中国科学院	Chinese Academy of Sciences	7839329	3344762	3519832	974735
地方部门属	Subordinated to Local Level	5493883	1287340	1652806	2553737
省级部门属	Provincial Level	4171543	1050225	1392779	1728538
副省级城市部门属	Subprovincial Cities Level	513777	150189	97562	266025
地市级部门属	Miniciple Level	808564	86926	162464	559173
按门类学科分组	**by Subject**				
自然科学	Natural sciences	6271250	3078443	2288503	904304
农业科学	Agricultural Sciences	2861587	493632	766535	1601420
医药科学	Medical Science	1261816	521737	486510	253569
工程与技术科学	Engineering and Technological Sciences	26971483	2850116	8772891	15348477
人文与社会科学	Humanities and Social Sciences	777987	306936	354513	116538

机构R&D经费内部支出(2022年)
by Subordination and Subject (2022)

(10 000 yuan)

日常性支出 Routine Expenditure	#人员劳务费 Labor Cost	资产性支出 Assets Expenditure	#仪器和设备支出 Equipment	政府资金 Government Funds	企业资金 Self-raised Funds by Enterprises	国外资金 Foreign Funds	其他资金 Other Funds
32814624	**10658624**	**5329499**	**3294397**	**29962053**	**2108980**	**69551**	**6003539**
28516401	8186358	4133840	2526454	25408365	1928824	68137	5244915
6235569	2828596	1603760	1025400	6610421	1102003	63181	63723
4298223	2472266	1195660	767943	4553689	180156	1414	758624
3333469	1873371	838074	526421	3439896	123295	1390	606962
354854	204221	158922	122773	393810	30757		89210
609900	394675	198663	118749	719983	26104	24	62453
4774082	2269332	1497168	969765	5508668	547022	47011	168550
2472948	1393698	388639	214518	2461995	86917	1850	310825
1025260	540321	236555	156753	931685	44875	7585	277671
23826353	6031463	3145130	1907753	20372948	1407535	12464	5178536
715981	423810	62007	45609	686758	22631	641	67958

3-5 按服务的国民经济行业分研究与
Intramural Expenditure on R&D of R&D Institutions by

单位：万元

行　业	Industry	R&D经费内部支出 Intramural Expenditure on R&D	基础研究 Basic Research
总　计	**Total**	**38144123**	**7250864**
农、林、牧、渔业	**Agriculture, Forestry, Animal Husbandry and Fishery**	**2415451**	**435359**
农业	Farming	1313229	210411
林业	Forestry	214651	33215
畜牧业	Animal Husbandry	192985	36611
渔业	Fishery	189046	37953
农、林、牧、渔专业及辅助性活动	Professional and Support Activities for Agriculture, Forestry, Animal Husbandry and Fishery	505540	117168
采矿业	**Mining**	**12208**	**3248**
煤炭开采和洗选业	Mining and Washing of Coal	1631	22
有色金属矿采选业	Mining and Processing of Non-Ferrous Metal Ores	10577	3225
制造业	**Manufacturing**	**22154421**	**1922693**
农副食品加工业	Processing of Food from Agricultural Products	41404	7777
食品制造业	Manufacture of Foods	31824	1566
酒、饮料和精制茶制造业	Manufacture of Liquor, Beverages and Refined Tea	1355	
纺织业	Manufacture of Textile	973	
纺织服装、服饰业	Manufacture of Textile, Wearing Apparel and Accessories		
皮革、毛皮、羽毛及其制品和制鞋业	Manufacture of Leather, Fur, Feather and Related Products and Footwear		
木材加工和木、竹、藤、棕、草制品业	Processing of Timbers and Manufacture of Wood, Bamboo, Rattan, Palm and Straw Products	6117	3070
家具制造业	Manufacture of Furniture		
造纸和纸制品业	Manufacture of Paper and Paper Products	270	
印刷和记录媒介复制业	Printing and Reproduction of Recording Media		
文教、工美、体育和娱乐用品制造业	Manufacture of Articles for Culture, Education, Arts and Crafts, Sport and Entertainment Activities		
石油、煤炭及其他燃料加工业	Processing of Petroleum, Coal and Other Fuels	952660	121329
化学原料和化学制品制造业	Manufacture of Raw Chemical Materials and Chemical Products	183000	75789
医药制造业	Manufacture of Medicines	237816	82372
化学纤维制造业	Manufacture of Chemical Fibres	274	
橡胶和塑料制品业	Manufacture of Rubber and Plastics Products	2870	535
非金属矿物制品业	Manufacture of Non-metallic Mineral Products	2027	191
黑色金属冶炼和压延加工业	Smelting and Pressing of Ferrous Metals		
有色金属冶炼和压延加工业	Smelting and Pressing of Non-Ferrous Metals	404	
金属制品业	Manufacture of Metal Products	8587	2079
通用设备制造业	Manufacture of General Purpose Machinery	4467	
专用设备制造业	Manufacture of Special Purpose Machinery	113558	9254
铁路、船舶、航空航天和其他运输设备制造业	Manufacture of Railway, Ship, Aerospace and Other Transport Equipments	13875779	1128371
电气机械和器材制造业	Manufacture of Electrical Machinery and Apparatus	1438	
计算机、通信和其他电子设备制造业	Manufacture of Computer, Communication and Other Electronic Equipment	4426600	294011
仪器仪表制造业	Manufacture of Measuring Instrument and Machinery	32967	2577
其他制造业	Other Manufacture	2230032	193773
电力、热力、燃气及水生产和供应业	**Production and Supply of Electricity, Heat, Gas and Water**	**4114**	**798**
电力、热力生产和供应业	Production and Supply of Electric Power and Heat Power	4114	798

开发机构R&D经费内部支出(2022年)

Industrial Sector in which the R&D Institutions Served (2022)

(10 000 yuan)

应用研究 Applied Research	试验发展 Experimental Development	日常性支出 Routine Expenses	#人员劳务费 Labor Cost	资产性支出 Assets Expenditure	#仪器和设备支出 Equipment	政府资金 Government Funds	企业资金 Self-raised Funds by Enterprises	国外资金 Foreign Funds	其他资金 Other Funds
12668952	**18224308**	**32814624**	**10658624**	**5329499**	**3294397**	**29962053**	**2108980**	**69551**	**6003539**
651684	**1328408**	**2106661**	**1194950**	**308791**	**181758**	**2052486**	**78351**	**826**	**283789**
330250	772567	1160249	694370	152980	92615	1133987	31834	398	147010
66176	115260	194305	102407	20346	13709	189403	1114	60	24075
55089	101285	159877	81495	33108	13045	170715	6129	165	15977
41497	109596	166118	88672	22928	13801	172570	7037		9439
158673	229699	426112	228007	79429	48587	385812	32237	203	87288
2864	**6097**	**11830**	**9005**	**378**	**378**	**6464**	**4353**		**1391**
	1609	1491	1131	140	140	449			1182
2864	4488	10339	7874	239	239	6016	4353		209
6214094	**14017633**	**20059319**	**4235016**	**2095102**	**1181979**	**16754204**	**679996**	**1339**	**4718881**
23623	10004	35496	21211	5908	3998	37704			3700
716	29542	3173	2162	28650	37	29778	436		1611
396	959	1276	889	79	79	686	590		79
316	657	959	791	14	13	758			215
1729	1319	5421	867	696	465	6086	31		
	270	270	215				270		
475091	356240	670219	196734	282441	201189	679818	67245		205597
38564	68647	112848	53471	70152	30105	164051	9059		9891
89600	65843	176066	90386	61750	32825	180655	15988	1212	39961
274		274	263						274
143	2192	1912	1121	958	958	2700	27		144
1603	234	1416	843	611	589	1654	280		94
404		285	228	119	112	404			
2520	3989	8169	4615	419	419	8587			
1803	2664	3471	905	996	996	3626	841		
45419	58885	92127	57052	21431	17067	80617	6918		26023
3872519	8874890	12698419	2578308	1177361	592066	10884930	379950		2610900
	1438	1434	680	4	4	1438			
1062207	3070382	4088785	659379	337815	222277	2760928	102324	128	1563220
8614	21776	25205	14001	7762	3846	16631	2305		14031
588556	1447703	2132096	550899	97936	74936	1893155	93735		243142
1918	**1398**	**3961**	**2614**	**153**	**151**	**2371**	**1508**		**235**
1918	1398	3961	2614	153	151	2371	1508		235

3–5 续表

单位：万元

行　业	Industry	R&D经费内部支出 Intramural Expenditure on R&D	基础研究 Basic Research	应用研究 Applied Research
建筑业	**Construction**	**34929**	**5555**	**12635**
房屋建筑业	Construction of Buildings	3206	448	1551
土木工程建筑业	Civil Engineering	29785	3873	10381
建筑装饰、装修和其他建筑业	Building Decoration and Other Constructions	1938	1234	704
批发和零售业	**Wholesale and Retail Trades**			
批发业	Wholesale Trade			
交通运输、仓储和邮政业	**Transport, Storage and Post**	**95375**	**5058**	**56698**
铁路运输业	Railway Transport			
道路运输业	Road Transport	65013	3999	37330
水上运输业	Water Transport	9069	766	6327
航空运输业	Air Transport	21293	294	13041
邮政业	Post			
信息传输、软件和信息技术服务业	**Information Transmission, Software and Information Technology**	**92247**	**3408**	**39071**
电信、广播电视和卫星传输服务	Telecommunications, Radio and Television and Satellite Transmission Services	26852	136	3702
互联网和相关服务	Internet and Related Services	10947		5901
软件和信息技术服务业	Software and Information Technology	54448	3272	29468
金融业	**Financial Intermediation**	**1134**		**210**
货币金融服务	Monetary and Financial Services	1134		210
租赁和商务服务业	**Leasing and Business Services**			
商务服务业	Business Service			
科学研究和技术服务业	**Scientific Research and Technical Services**	**11984322**	**4503732**	**5111053**
研究和试验发展	Research and Experimental Development	10748573	4201070	4661469
专业技术服务业	Professional Technical Services	1041868	261523	350840
科技推广和应用服务业	Science and Technology Popularization and Application Services	193881	41139	98744
水利、环境和公共设施管理业	**Management of Water Conservancy, Environment and Public Facilities**	**506038**	**91570**	**192760**
水利管理业	Management of Water Conservancy	229660	46673	76174
生态保护和环境治理业	Ecological Protection and Environmental Treatment	265451	44059	114002
公共设施管理业	Management of Public Facilities	10927	838	2583
土地管理业	Land administration			
居民服务、修理和其他服务业	**Service to Households, Repair and Other Services**			
其他服务业	Other Services			
教育	**Education**	**32282**	**11827**	**17516**
教育	Education	32282	11827	17516
卫生和社会工作	**Health and Social Service**	**587182**	**195072**	**294282**
卫生	Health	587182	195072	294282
文化、体育和娱乐业	**Culture, Sports and Entertainment**	**101237**	**57800**	**18953**
新闻和出版业	Radio, Television, Motion Picture and Videotape Programme			
广播、电视、电影和录音制作业	Production Services	8720		1335
文化艺术业	Culture and Art Activities	75635	54113	9516
体育	Sports Activities	16883	3687	8103
公共管理、社会保障和社会组织	**Public Management, Social Security and Social Organization**	**123184**	**14745**	**55213**
中国共产党机关	Organs of Communist Party of China			
国家机构	Government Agencies	117720	14745	51563
社会保障	Social Security	5465		3650

continued

(10 000 yuan)

试验发展 Experimental Development	日常性支出 Routine Expenses		资产性支出 Assets Expenditure		政府资金 Government Funds	企业资金 Self-raised Funds by Enterprises	国外资金 Foreign Funds	其他资金 Other Funds
		#人员劳务费 Labor Cost		#仪器和设备支出 Equipment				
16739	**33979**	**14947**	**951**	**940**	**26527**	**5853**		**2549**
1207	3158	2705	48	48	592	66		2549
15531	28882	10903	903	893	23998	5787		
1	1938	1339			1938			
33618	**78828**	**46836**	**16547**	**13119**	**72165**	**6059**	**4**	**17146**
23684	51253	29348	13760	11244	44915	4113	4	15980
1976	6752	6087	2318	1467	5958	1946		1166
7958	20823	11401	470	408	21293			
49769	**51096**	**27106**	**41152**	**25978**	**86737**	**1382**		**4129**
23014	15222	12121	11630	11419	24397	1382		1073
5047	4431	3098	6516	5066	10947			
21708	31442	11888	23006	9494	51392			3056
924	**1134**	**914**			**1134**			
924	1134	914			1134			
2369537	**9327762**	**4484714**	**2656559**	**1745668**	**10032327**	**1250265**	**65472**	**636258**
1886035	8336270	3935546	2412303	1599947	9100190	1201577	64223	382583
429504	883793	487944	158075	113759	757507	37791	1243	245328
53998	107700	61225	86181	31962	174631	10897	6	8347
221709	**430196**	**245830**	**75843**	**58716**	**319462**	**67616**	**174**	**118786**
106813	211144	122915	18517	13345	109790	53554	49	66268
107389	209802	117682	55649	45265	201754	13713	126	49858
7506	9250	5233	1677	107	7918	349		2660
2938	**31529**	**24614**	**753**	**599**	**31720**	**247**		**315**
2938	31529	24614	753	599	31720	247		315
97828	**480492**	**286189**	**106689**	**69001**	**408671**	**7928**	**1381**	**169202**
97828	480492	286189	106689	69001	408671	7928	1381	169202
24485	**90385**	**42845**	**10853**	**7488**	**78754**	**3929**		**18555**
7385	6642	4168	2078	1407	5115			3606
12006	68812	31778	6823	4266	57080	3767		14788
5093	14932	6900	1951	1815	16559	162		162
53226	**107455**	**43043**	**15729**	**8622**	**89033**	**1495**	**354**	**32303**
51412	102825	42040	14894	7787	83568	1495	354	32303
1815	4630	1003	835	835	5465			

3-6 按隶属关系和学科分研究与开发机构R&D经费外部支出(2022年)
External Expenditure on R&D of R&D Institutions by Subordination and Subject (2022)

单位：万元 (10 000 yuan)

项 目	Item	R&D经费外部支出 Total	对境内研究机构支出 to Domestic Research Institutions	对境内高等学校支出 to Domestic Higher Education	对境内企业支出 to Domestic Enterprises	对境外机构支出 to Foreign Institutions
总 计	**Total**	**2331792**	**1244558**	**162260**	**565011**	**2189**
按隶属关系分组	**by Subordination**					
中央部门属	Subordinated to Central Level	2210357	1201141	139120	523384	327
#中国科学院	Chinese Academy of Sciences	39512	21490	14887	3134	
地方部门属	Subordinated to Local Level	121435	43417	23140	41627	1862
省级部门属	Provincial Level	82576	33815	13905	22897	962
副省级城市部门属	Sudprovincial Cities Level	26583	4881	4460	16115	900
地市级部门属	Miniciple Level	12276	4720	4775	2615	
按门类学科分组	**by Subject**					
自然科学	Natural Sciences	143165	76877	24735	35991	1867
农业科学	Agricultural Sciences	36922	16976	10241	8385	15
医药科学	Medical Science	12377	2421	659	2022	
工程与技术科学	Engineering and Technological Sciences	2111670	1133846	114799	517230	306
人文与社会科学	Humanities and Social Sciences	27659	14439	11826	1383	

3-7 按隶属关系和学科分研究与开发机构R&D课题(2022年)
R&D Projects of R&D Institutions by Subordination and Subject (2022)

项 目	Item	R&D课题数(项) R&D Projects (item)	投入人员(人年) Input of Personnel (man-year)	投入经费(万元) Input of Funds (10 000 yuan)
总 计	**Total**	**142572**	**423226**	**26834781**
按隶属关系分组	**by Subordination**			
中央部门属	Subordinated to Central Level	101114	333333	25107089
#中国科学院	Chinese Academy of Sciences	66160	82572	4642374
地方部门属	Subordinated to Local Level	41458	89893	1727692
省级部门属	Provincial Level	33296	64411	1213950
副省级城市部门属	Subprovincial Cities Level	1806	6643	241478
地市级部门属	Miniciple Level	6356	18840	272265
按门类学科分组	**by Subject**			
自然科学	Natural Sciences	50558	79943	3724241
农业科学	Agricultural Sciences	26698	46512	870467
医药科学	Medical Science	9523	19099	385302
工程与技术科学	Engineering and Technological Sciences	48043	264165	21669146
人文与社会科学	Humanities and Social Sciences	7750	13507	185625

3-8 按学科分组的R&D课题(2022年)
R&D Projects Taken by R&D Institutions by Discipline (2022)

学 科	Discipline	R&D课题数（项）R&D Projects (item)	投入人员（人年）Input of Personnel (man-year)	投入经费（万元）Input of Funds (10 000 yuan)
全 国	**National Total**	**142572**	**423226**	**26834781**
数 学	Mathematics	550	1007	33557
信息科学与系统科学	Information & System Science	3281	7531	486292
力 学	Mechanics	755	845	52143
物理学	Physics	8085	16166	1089651
化 学	Chemistry	5771	8700	365703
天文学	Astronomy	2330	2664	166078
地球科学	Earth Science	14385	21473	785030
生物学	Biology	15098	21097	734020
心理学	Psychology	303	462	11768
农 学	Agriculture	18225	32407	584131
林 学	Forestry	2697	5584	73828
畜牧、兽医科学	Livestock, Veterinary Medicine	3298	5371	124530
水产学	Aquatic	2478	3151	87978
基础医学	Basic Medicine	1570	3261	111713
临床医学	Clinic Medicine	2929	6762	99866
预防医学与公共卫生学	Protective Medicine	646	1508	19381
军事医学与特种医学	Military Medicine & Special Medicine	76	166	1998
药 学	Pharmacy	1446	2704	97803
中医学与中药学	Traditional Chinese Medicine	2856	4698	54541
工程与技术科学基础学科	Engineering & Basic Technology Science	3854	24492	1862974
信息与系统科学相关工程与技术	Information and System Science,Engineering and Technology Related	1703	4608	243483
自然科学相关工程与技术	Science and Technology Related Projects	2242	4937	171470
测绘科学技术	Surveying & Mapping	1501	2378	206860
材料科学	Material Science	6789	12929	519366
矿山工程技术	Mining	159	297	5975
冶金工程技术	Metallurgy	33	46	1708
机械工程	Mechanical Engineering	1037	5118	263827
动力与电气工程	Power & Electrical Engineering	1819	4637	383071
能源科学技术	Energy Technology	1243	2168	99967
核科学技术	Nuclear Technology	679	15826	1382618
电子与通信技术	Electronics & Communication technology	5379	60884	4732120

3-8 续表 continued

学 科	Discipline	R&D课题数(项) R&D Projects (item)	投入人员(人年) Input of Personnel (man-year)	投入经费(万元) Input of Funds (10 000 yuan)
计算机科学技术	Computer Technology	2740	13810	679645
化学工程	Chemical Engineering	2298	2735	94286
产品应用相关工程与技术	Engineering and Technology Related Products Application	137	351	6842
纺织科学技术	Textile Technology	22	58	141
食品科学技术	Food Technology	783	1450	16429
土木建筑工程	Civil Construction	456	770	26748
水利工程	Water Conservancy	2268	3096	72571
交通运输工程	Transportaiton Engineering	1199	4964	239931
航空、航天科学技术	Aviation and Aerospace	4501	85922	10425162
环境科学技术及资源科学技术	Environment & Resources	5156	8513	183515
安全科学技术	Security	762	1813	21306
管理学	Management	1283	2362	29134
马克思主义	Marxism	177	350	1902
哲 学	Phylosophy	160	222	1609
宗教学	Religion	79	146	337
语言学	Linguistics	81	112	775
文 学	Literature	230	380	8939
艺术学	Arts	147	400	1316
历史学	History	581	925	5819
考古学	Archaeology	494	2229	49284
经济学	Economics	2152	3238	31989
政治学	Politics	477	712	6908
法 学	Law	616	318	4909
军事学	Military	7	65	8978
社会学	Sociology	619	1312	11522
民族学与文化学	Ethnography & Culture	375	591	3540
新闻学与传播学	Journalism	157	211	1285
图书馆、情报与文献学	Library and Information Literature	295	979	38742
教育学	Education	773	871	4769
体育科学	Physical Science	205	310	1763
统计学	Statistics	125	134	1240

3-9 按来源和合作形式分研究与开发机构R&D课题(2022年)

R&D Projects of R&D Institutions by Sources and Cooperation Type(2022)

项　目	Item	R&D课题数(项) R&D Projects (item)	投入人员(人年) Input of Personnel (man-year)	投入经费(万元) Input of Funds (10 000 yuan)
总　计	**Total**	**142572**	**423226**	**26834781**
按课题来源分组	**By Sources of Topics**			
政府科技项目	Government S&T Projects	13775	35860	1539342
自选科技项目	S&T Projects Chosen by Enterprise	101661	337807	22574018
其他企业委托科技项目	S&T Projects Entrusted by Enterprise	14724	21665	1206873
来自国外的科技项目	Overseas S&T Projects	428	703	22483
其他科技项目	Others	11984	27191	1492065
按合作形式分组	**By Cooperation Type**			
自主完成	Independent Implementation	121470	344077	22070110
与境内研究机构合作	Cooperation with Independent Research Institutes	7455	35017	2958806
与境内高等学校合作	Cooperation with Higher Education	4539	15975	538170
与境内其他企业或单位合作	Cooperation with Other Enterprise	4296	11615	523885
与境外机构合作	Cooperation with Overseas Institutes	595	1087	31499
委托其他企业或单位	Entrustment of other enterprises or units			
其他形式	Others	4217	15456	712312

3-10 按隶属关系和学科分研究与
S&T Output of R&D Institutions by

项　目	Item	发表科技论文（篇） Scientific Papers Issued (piece)	#国外发表 Published in Foreign Periodicals	出版科技著作（种） Publication on S&T (kind)
总　计	**Total**	**199791**	**91405**	**5397**
按隶属关系分组	**by Subordination**			
中央部门属	Subordinated to Central Level	136348	72221	2766
#中国科学院	Chinese Academy of Sciences	63461	48646	565
地方部门属	Subordinated to Local Level	63443	19184	2631
省级部门属	Provincial Level	52675	16385	2335
副省级城市部门属	Subprovincial Cities Level	3411	1430	104
地市级部门属	Miniciple Level	7357	1369	192
按门类学科分组	**by Subject**			
自然科学	Natural Sciences	54524	40244	668
农业科学	Agricultural Sciences	36574	12727	1091
医药科学	Medical Science	19828	9878	419
工程与技术科学	Engineering and Technological Sciences	69034	27892	1239
人文与社会科学	Humanities and Social Sciences	19831	664	1980

开发机构科技产出(2022年)

Subordination and Subject(2022)

专利申请数 (件) Patent Applications (piece)	#发明专利 Invetions	有效发明专利 (件) Patent in Force (piece)	专利所有权转让及许可数 (件) Number of Transfer and Licensing of Patent Ownership (piece)	专利所有权转让及许可收入 (万元) Revenue from Transfer and Licensing of Patent Ownership (10 000 yuan)	形成国家或行业标准数 (项) Number of National and Industrial Standard (item)
89945	**71636**	**247816**	**5559**	**363651**	**3927**
68686	58683	202547	4300	334585	2513
20764	18105	78587	2235	224292	189
21259	12953	45269	1259	29066	1414
15962	9806	37712	1084	18785	1010
1489	1149	2432	85	4844	148
3808	1998	5125	90	5437	256
14108	12167	46051	713	178932	257
12666	7542	36284	1157	17567	848
2868	1874	8302	167	26079	246
60147	49950	156860	3507	140994	2509
156	103	319	15	80	67

3-11 按服务的国民经济行业分研究与
S&T Output of R&D Institutions by Industrial Sector

行业	Industry	发表科技论文（篇） Scientific Papers Issued (piece)	#国外发表 Published in Foreign Periodicals
总　计	**Total**	**199791**	**91405**
农、林、牧、渔业	**Agriculture, Forestry, Animal Husbandry and Fishery**	**31703**	**11266**
农业	Farming	16528	5319
林业	Forestry	2885	760
畜牧业	Animal Husbandry	2881	1181
渔业	Fishery	2550	1128
农、林、牧、渔专业及辅助性活动	Professional and Support Activities for Agriculture, Forestry, Animal Husbandry and Fishery	6859	2878
采矿业	**Mining**	**136**	**39**
煤炭开采和洗选业	Mining and Washing of Coal	23	
有色金属矿采选业	Mining and Processing of Non-Ferrous Metal Ores	113	39
制造业	**Manufacturing**	**36028**	**9280**
农副食品加工业	Processing of Food from Agricultural Products	732	399
食品制造业	Manufacture of Foods	28	17
酒、饮料和精制茶制造业	Manufacture of Liquor, Beverages and Refined Tea	26	6
纺织业	Manufacture of Textile	18	
纺织服装、服饰业	Manufacture of Textile, Wearing Apparel and Accessories		
皮革、毛皮、羽毛及其制品和制鞋业	Manufacture of Leather, Fur, Feather and Related Products and Footwear		
木材加工和木、竹、藤、棕、草制品业	Processing of Timbers and Manufacture of Wood, Bamboo, Rattan, Palm and Straw Products	177	78
家具制造业	Manufacture of Furniture		
造纸和纸制品业	Manufacture of Paper and Paper Products		
印刷和记录媒介复制业	Printing and Reproduction of Recording Media		
文教、工美、体育和娱乐用品制造业	Manufacture of Articles for Culture, Education, Arts and Crafts, Sport and Entertainment Activities		
石油、煤炭及其他燃料加工业	Processing of Petroleum, Coal and Other Fuels	2072	387
化学原料和化学制品制造业	Manufacture of Raw Chemical Materials and Chemical Products	785	299
医药制造业	Manufacture of Medicines	3015	1616
化学纤维制造业	Manufacture of Chemical Fibres		
橡胶和塑料制品业	Manufacture of Rubber and Plastics Products	45	31
非金属矿物制品业	Manufacture of Non-metallic Mineral Products	56	3
黑色金属冶炼和压延加工业	Smelting and Pressing of Ferrous Metals		

开发机构科技产出(2022年)
in which the R&D Institutions Served (2022)

出版科技著作(种) Publication on S&T (kind)	专利申请数(件) Patent Applications (piece)	#发明专利 Invetions	有效发明专利(件) Patent in Force (piece)	专利所有权转让及许可数(件) Number of Transfer and Licensing of Patent Ownership (piece)	专利所有权转让及许可收入(万元) Revenue from Transfer and Licensing of Patent Ownership (10 000 yuan)	形成国家或行业标准数(项) Number of National and Industrial Standard (item)
5397	**89945**	**71636**	**247816**	**5559**	**363651**	**3927**
998	**10525**	**6371**	**31885**	**984**	**14610**	**732**
501	5403	3344	16098	497	9891	398
109	857	509	2499	181	697	70
107	1045	559	2322	113	1764	44
54	841	507	3379	45	339	55
227	2379	1452	7587	148	1919	165
2	**118**	**106**	**395**	**4**	**15**	**1**
	15	8	29			
2	103	98	366	4	15	1
277	**43053**	**37344**	**105626**	**2748**	**89228**	**1457**
23	287	234	1271	7	130	27
	20	15	64	3		3
1	9	7	49			1
1	2	2	14			2
5	39	36	255	18	393	29
8	2205	1942	4876	46	6311	32
	357	332	1017	38	1125	14
62	820	762	3594	46	3601	111
	43	39	92	4	6	1
5	28	8	30			8

3-11 续表 1

行 业	Industry	发表科技论文（篇） Scientific Papers Issued (piece)	#国外发表 Published in Foreign Periodicals
有色金属冶炼和压延加工业	Smelting and Pressing of Non-Ferrous Metals		
金属制品业	Manufacture of Metal Products	32	21
通用设备制造业	Manufacture of General Purpose Machinery	157	48
专用设备制造业	Manufacture of Special Purpose Machinery	876	292
铁路、船舶、航空航天和其他运输设备制造业	Manufacture of Railway, Ship, Aerospace and Other Transport Equipments	17968	3360
电气机械和器材制造业	Manufacture of Electrical Machinery and Apparatus		
计算机、通信和其他电子设备制造业	Manufacture of Computer, Communication and Other Electronic Equipment	5725	1273
仪器仪表制造业	Manufacture of Measuring Instrument and Machinery	169	92
其他制造业	Other Manufacture	4117	1358
电力、热力、燃气及水生产和供应业		**66**	**8**
电力、热力生产和供应业	Production and Supply of Electric Power and Heat Power	66	8
建筑业	**Construction**	**508**	**218**
房屋建筑业	Construction of Buildings	34	2
土木工程建筑业	Civil Engineering	419	216
建筑装饰、装修和其他建筑业	Building Decoration and Other Constructions		
批发和零售业	**Wholesale and Retail Trades**		
批发业	Wholesale Trade		
交通运输、仓储和邮政业	**Transport, Storage and Post**	**1024**	**239**
铁路运输业	Railway Transport		
道路运输业	Road Transport	722	134
水上运输业	Water Transport	232	93
航空运输业	Air Transport	70	12
邮政业	Post		
信息传输、软件和信息技术服务业	**Information Transmission, Software and Information Technology**	**481**	**230**
电信、广播电视和卫星传输服务	Telecommunications, Radio and Television and Satellite Transmission Services	218	125
互联网和相关服务	Internet and Related Services	12	
软件和信息技术服务业	Software and Information Technology	251	105

continued

出版科技著作（种） Publication on S&T (kind)	专利申请数（件） Patent Applications (piece)	#发明专利 Invetions	有效发明专利（件） Patent in Force (piece)	专利所有权转让及许可数（件） Number of Transfer and Licensing of Patent Ownership (piece)	专利所有权转让及许可收入（万元） Revenue from Transfer and Licensing of Patent Ownership (10 000 yuan)	形成国家或行业标准数（项） Number of National and Industrial Standard (item)
	8	8	13			
	55	43	86			2
4	13	10	22			12
7	917	530	1486	74	4095	74
90	27168	23632	64315	1373	66255	501
	33	24	111	5		
57	6557	5716	18296	1022	2953	487
1	228	172	892	60	177	5
13	4264	3832	9142	52	4182	148
4	**39**	**25**	**95**	**4**	**2**	**1**
4	39	25	95	4	2	1
24	**161**	**71**	**601**			**28**
6	32		82			3
14	129	71	519			13
78	**519**	**356**	**1233**	**12**	**10396**	**65**
65	329	224	617	10	204	46
11	59	31	254			18
2	131	101	362	2	10192	1
21	**548**	**482**	**1543**	**26**	**1746**	**207**
3	206	169	1002	19	1730	163
	28	26	33			
18	314	287	508	7	15.8	44

3-11 续表 2

行 业	Industry	发表科技论文（篇）Scientific Papers Issued (piece)	#国外发表 Published in Foreign Periodicals
金融业	**Financial Intermediation**	**2**	
货币金融服务	Monetary and Financial Services	2	
租赁和商务服务业	**Leasing and Business Services**		
商务服务业	Business Service		
科学研究和技术服务业	**Scientific Research and Technical Services**	**105953**	**61586**
研究和试验发展	Research and Experimental Development	92587	56908
专业技术服务业	Professional Technical Services	12262	4458
科技推广和应用服务业	Science and Technology Popularization and Application Services	1104	220
水利、环境和公共设施管理业	**Management of Water Conservancy, Environment and Public Facilities**	**5774**	**2033**
水利管理业	Management of Water Conservancy	1629	249
生态保护和环境治理业	Ecological Protection and Environmental Treatment	3945	1729
公共设施管理业	Management of Public Facilities	195	55
土地管理业	Land administration		
居民服务、修理和其他服务业	**Service to Households, Repair and Other Services**		
其他服务业	Other Services		
教育	**Education**	**883**	**39**
教育	Education	883	39
卫生和社会工作	**Health and Social Service**	**13082**	**6281**
卫生	Health	13082	6281
文化、体育和娱乐业	**Culture, Sports and Entertainment**	**1380**	**89**
新闻和出版业			
广播、电视、电影和录音制作业	Radio, Television, Motion Picture and Videotape Programme Production Services	30	
文化艺术业	Culture and Art Activities	1177	63
体育	Sports Activities	173	26
公共管理、社会保障和社会组织	**Public Management, Social Security and Social Organization**	**2751**	**97**
中国共产党机关	Organs of Communist Party of China		
国家机构	Government Agencies	2743	97
社会保障	Social Security	8	

continued

出版科技著作(种) Publication on S&T (kind)	专利申请数(件) Patent Applications (piece)	#发明专利 Invetions	有效发明专利(件) Patent in Force (piece)	专利所有权转让及许可数(件) Number of Transfer and Licensing of Patent Ownership (piece)	专利所有权转让及许可收入(万元) Revenue from Transfer and Licensing of Patent Ownership (10 000 yuan)	形成国家或行业标准数(项) Number of National and Industrial Standard (item)
2834	**31355**	**25030**	**96632**	**1683**	**241368**	**1195**
2451	26811	22455	88471	1573	239508	527
333	3863	2148	7399	98	1206	593
50	681	427	762	12	654	75
367	**2141**	**1210**	**6381**	**25**	**3147**	**125**
115	1040	627	1626	12	2629	31
249	1054	547	4628	13	518	90
3	47	36	127			4
176	**5**	**3**	**25**			**30**
176	5	3	25			30
270	**1281**	**523**	**2600**	**63**	**3130**	**27**
270	1281	523	2600	63	3130	27
135	**63**	**40**	**226**	**9**		**16**
3	4	4	20			
98	14	14	51			9
34	45	22	155	9		7
211	**137**	**75**	**574**	**1**	**10**	**43**
209	114	65	556			43
2	23	10	18	1	10	

四、高等学校

Higher Education

4-1 高等学校
Basic Statistics on Higher Education for

指　标	Item	2005	2006	2007	2008	2009
高等学校基本情况	**Basic Statistics on Higher Education**					
学校数（个）	Number of Institutions(unit)	1792	1867	1908	2263	2305
#理工农医	Natural Sciences & Technology	786	800	786	827	1003
#人文社科	Social Sciences & Humanities	815	843	840	869	954
R&D机构（个）	R&D Institutions(unit)	3936	4154	4502	5159	6082
研究与试验发展(R&D)投入情况	**Statistics on R&D Input**					
R&D人员（万人）	R&D Personnel(10 000 persons)	38.7	42.1	44.8	47.8	50.9
R&D人员全时当量（万人年）	Full-time Equivalent of R&D Personnel(10 000 man-years)	22.7	24.2	25.4	26.6	27.5
#基础研究	Basic Research	7.8	9.0	9.4	10.9	11.3
应用研究	Applied Research	11.1	11.3	12.0	13.7	14.1
试验发展	Experimental Development	3.9	3.9	4.0	2.0	2.1
R&D经费内部支出(亿元)	Intramural Expenditure on R&D(100 million yuan)	242.3	276.8	314.7	390.2	468.2
#基础研究	Basic Research	56.7	71.4	86.8	114.8	145.5
应用研究	Applied Research	125.0	137.3	161.8	208.9	250.0
试验发展	Experimental Development	60.6	68.2	66.1	66.5	72.6
#政府资金	Government Funds	133.1	151.5	177.7	225.5	262.2
企业资金	Self-raised Funds by Enterprises	88.9	101.2	110.3	134.9	171.7
研究与试验发展(R&D)项目(课题)情况	**Statistics on R&D Projects**					
R&D项目(课题)数(项)	R&D Projects(item)	280327	365294	375425	429096	476708
R&D项目(课题)人员全时当量(万人年)	Participants(10 000 man-years)	22.5	26.8	25.2	26.6	27.4
R&D项目(课题)经费内部支出(亿元)	Intramural Expenditure(100 million yuans)	193.5	287.0	258.2	323.2	363.5
科技产出及成果情况	**Statistics on S&T Outputs and Results**					
发表科技论文(篇)	Scientific Papers Issued(piece)	728082	830948	905985	964877	1016354
#国外发表	Published in Foreign Periodicals	69857	90722	108727	134058	156750
出版科技著作（种）	Publication on Science and Technology(kind)	33064	34633	35733	37541	40919
专利申请数（件）	Number of Patent Applications(piece)	20094	24490	29860	40610	56641
#发明专利	Inventions	14673	18059	21864	29337	36241
专利授权数（件）	Number of Patent Granted(piece)	8843	12043	14111	19248	25570
#发明专利	Inventions	4715	6650	8251	10216	14408

科技活动情况
Science and technology Activities

2010	2011	2012	2013	2014	2015	2016	2017	2018	2019	2020	2021	2022
2358	2409	2442	2491	2529	2560	2596	2631	2663	2688	2738	2756	2760
970	975	1039	1070	1356	1713	2021	2162	2211	2294	2342	2381	2451
963	997	1090	1150	1540	1814	2199	2325	2346	2376	2447	2546	2590
7833	8630	9225	9842	10632	11732	13062	14971	16280	18379	19988	22859	24745
59.4	63.2	67.8	71.5	76.3	83.9	85.2	91.4	98.4	123.3	127.4	140.8	151.9
29.0	29.9	31.4	32.5	33.5	35.5	36.0	38.2	41.1	56.5	61.5	67.2	72.6
12.0	12.9	14.0	14.7	15.5	16.4	16.7	18.1	19.1	26.7	28.5	31.9	34.8
14.8	15.0	15.4	15.9	16.1	17.2	17.3	18.3	19.7	25.8	28.9	30.7	32.8
2.1	2.0	1.9	1.9	1.9	1.9	2.0	1.9	2.3	4.1	4.1	4.6	4.9
597.3	688.8	780.6	856.7	898.1	998.6	1072.2	1266.0	1457.9	1796.6	1882.5	2180.5	2412.4
179.9	226.7	275.7	307.6	328.6	391.0	432.5	531.1	589.9	722.2	724.8	904.5	997.0
337.0	372.4	402.7	441.3	476.4	516.3	528.4	623.1	711.5	879.3	964.2	1054.1	1177.1
80.3	89.8	102.2	107.8	93.1	91.3	111.4	111.8	156.5	195.1	193.5	221.9	238.3
358.8	405.1	474.1	516.9	536.5	637.3	687.8	804.5	972.3	1048.5	1128.0	1249.2	1384.2
198.5	242.9	260.5	289.3	302.7	301.5	310.5	360.4	387.2	471.0	666.0	710.4	779.7
547717	604107	657027	711010	766731	841520	894279	966780	1076903	1188769	1288633	1436251	1539845
28.9	29.9	31.3	32.4	33.5	35.4	36.0	38.2	41.1	56.5	61.5	67.2	72.6
467.0	535.3	607.3	662.7	701.8	765.6	777.2	877.0	988.8	1154.0	1202.2	1343.6	1441.3
1062512	1109965	1117742	1127210	1152147	1220467	1267881	1308110	1389912	1447336	1503531	1577932	1657992
182247	218301	226097	249673	278599	313698	355483	390235	459492	542557	595080	683991	797599
38101	37472	38760	37866	39326	43136	44518	45591	44794	43331	42970	44039	40646
72744	95592	113430	133865	149961	190351	236665	277524	320790	340685	340360	381565	354852
44132	54362	66755	81251	93415	109911	137755	157131	191964	210885	194612	220640	235572
37490	53055	74550	84930	85006	127329	149524	169679	193027	213163	278016	319514	300633
18055	25064	34441	35873	39468	55021	66419	78254	79773	92394	116633	145352	177413

4-2 各地区高等
R&D Personnel in Higher

地　区	Region	学校数（个）Number of Institutions (unit)	R&D人员合计（人）R&D Personnel (person)	#女性 Female	#博士毕业 Doctor
全　国	**National Total**	**2760**	**1518988**	**588725**	**597832**
东部地区	Eastern Region	1037	748906	280525	324166
中部地区	Middle Region	725	299497	120128	106095
西部地区	Western Region	740	329033	130504	110385
东北地区	Northeast Region	258	141552	57568	57186
北　京	Beijing	92	146363	42370	82390
天　津	Tianjin	56	34851	12601	15861
河　北	Hebei	124	48331	24660	11770
山　西	Shanxi	82	27830	13102	9546
内蒙古	Inner Mongolia	54	14283	7293	4538
辽　宁	Liaoning	114	50655	21212	20389
吉　林	Jilin	66	48352	21787	17214
黑龙江	Heilongjiang	78	42545	14569	19583
上　海	Shanghai	64	79498	26654	40591
江　苏	Jiangsu	168	104679	36409	48597
浙　江	Zhejiang	109	84726	34546	34251
安　徽	Anhui	121	57896	21079	20162
福　建	Fujian	89	50820	21163	15909
江　西	Jiangxi	106	30943	13020	8612
山　东	Shandong	153	87721	37142	32113
河　南	Henan	156	50209	24922	14100
湖　北	Hubei	130	67283	21854	30605
湖　南	Hunan	130	65336	26151	23070
广　东	Guangdong	161	104249	41356	40244
广　西	Guangxi	85	47429	21515	11185
海　南	Hainan	21	7668	3624	2440
重　庆	Chongqing	70	41711	15464	15106
四　川	Sichuan	134	73136	27894	24952
贵　州	Guizhou	75	22079	9465	6181
云　南	Yunnan	82	28641	13396	7543
西　藏	Tibet	7	1829	663	250
陕　西	Shaanxi	97	59947	18806	28288
甘　肃	Gansu	49	18103	6591	6814
青　海	Qinghai	12	1936	756	549
宁　夏	Ningxia	20	5241	2318	1297
新　疆	Xinjiang	55	14698	6343	3682

学校R&D人员(2022年)
Education by Region (2022)

#硕士毕业 Master	#本科毕业 Undergraduate	#全时人员 Full-time Personnel	R&D人员全时当量(人年) Full-time Equivalent of R&D Personnel (man-year)	#研究人员 Researchers	基础研究 Basic Research	应用研究 Applied Research	试验发展 Experimental Development
599763	**289610**	**648391**	**725882**	**647443**	**348320**	**328192**	**49370**
275303	132351	335480	368103	329448	174745	168458	24900
126482	60072	119737	137383	120681	66537	61725	9120
140115	72725	123115	144728	128474	72484	60643	11600
57863	24462	70059	75668	68840	34554	37366	3749
35078	23980	78998	83037	76118	34031	44034	4973
13194	5276	16876	18671	17153	8842	7896	1932
25706	10223	14493	18852	17249	8092	10082	678
12425	5367	12821	13280	11723	7469	5424	387
6579	2952	4998	6060	5618	3067	2628	366
19629	9399	24482	25831	23756	11191	12811	1830
23143	7512	20139	22892	20366	11693	10024	1175
15091	7551	25438	26945	24718	11670	14530	744
21975	14738	48915	48212	42105	26807	17470	3935
39363	15318	46728	51148	48459	28677	18487	3984
35459	13750	27698	34680	30585	14691	17495	2494
25769	9996	26147	29174	25570	15509	11419	2246
22597	11086	18717	21639	18831	5726	14412	1501
14398	6807	12099	13185	11054	7750	5105	330
37106	16534	38037	41472	36969	21631	17091	2749
25258	10227	12352	17027	14589	7478	8086	1464
22211	13892	30845	34676	30839	13294	18003	3379
26421	13783	25473	30043	26905	15038	13690	1315
41388	19738	42614	47441	39550	24738	20192	2511
23543	11545	16952	19606	16855	11005	8061	541
3437	1708	2404	2952	2430	1510	1298	144
16130	9790	12752	16261	13924	6465	8688	1109
29688	16377	28296	32861	28338	15072	15936	1853
9867	5636	6121	7878	6938	4097	3369	412
12922	7703	9759	12348	10408	8105	3941	302
873	676	351	543	410	467	50	26
22635	8628	30135	32221	30717	15167	10919	6134
6948	4216	6750	8296	7885	4378	3480	438
930	449	686	829	714	378	430	21
2333	1576	2084	2365	2015	1244	849	272
7667	3177	4231	5461	4653	3041	2293	127

4-3 各地区高等学校R&D
Intramural Expenditures on R&D in

单位：万元

地区	Region	R&D经费内部支出 Intramural Expenditures on R&D	基础研究 Basic Research	应用研究 Applied Research	试验发展 Experimental Development
全国	**National Total**	**24123987**	**9969529**	**11770967**	**2383491**
东部地区	Eastern Region	13652279	5697447	6668731	1286102
中部地区	Middle Region	4954039	2140579	2283409	530051
西部地区	Western Region	3706165	1541566	1760447	404153
东北地区	Northeast Region	1811505	589938	1058381	163186
北京	Beijing	3116342	1035284	1833435	247623
天津	Tianjin	482098	141703	257876	82519
河北	Hebei	551849	210819	280508	60523
山西	Shanxi	202591	90547	107794	4250
内蒙古	Inner Mongolia	86150	34653	45575	5922
辽宁	Liaoning	762177	254687	407682	99808
吉林	Jilin	277389	110429	139615	27346
黑龙江	Heilongjiang	771939	224823	511084	36032
上海	Shanghai	1705483	956628	623856	124999
江苏	Jiangsu	2025431	983949	825179	216303
浙江	Zhejiang	1332583	522569	681888	128127
安徽	Anhui	1198037	661427	418226	118384
福建	Fujian	790978	238838	461232	90908
江西	Jiangxi	384121	209191	144509	30422
山东	Shandong	1143033	462033	588801	92199
河南	Henan	701309	274706	326025	100578
湖北	Hubei	1177531	311597	667869	198065
湖南	Hunan	1290449	593110	618986	78353
广东	Guangdong	2384593	1077092	1079566	227935
广西	Guangxi	227882	124516	93988	9379
海南	Hainan	119890	68533	36390	14966
重庆	Chongqing	675483	262283	343643	69558
四川	Sichuan	1052181	418240	535511	98430
贵州	Guizhou	252690	115552	110215	26923
云南	Yunnan	287604	156137	119536	11931
西藏	Tibet	18023	15742	716	1566
陕西	Shaanxi	795790	275694	360640	159456
甘肃	Gansu	146720	67980	72331	6408
青海	Qinghai	30768	9879	19925	964
宁夏	Ningxia	70438	30178	28607	11653
新疆	Xinjiang	62437	30712	29761	1964

经费内部支出(2022年)
Higher Education by Region (2022)

(10 000 yuan)

日常性支出 Routine Expenditure	#人员劳务费 Labor Cost	资产性支出 Assets Expenditure	#仪器和设备支出 Equipment	政府资金 Government Funds	企业资金 Self-raised Funds by Enterprises	国外资金 Foreign Funds	其他资金 Other Funds
19202169	**6322814**	**4921818**	**3488529**	**13841975**	**7796993**	**68706**	**2416314**
10819526	3423949	2832753	2046515	7924290	4376215	58535	1293240
3778731	1524970	1175308	766084	2844108	1632971	4323	472637
3071375	894280	634790	447951	2043877	1192655	3210	466424
1532538	479616	278967	227979	1029701	595153	2638	184014
2731135	697238	385206	336989	1889977	844654	43655	338055
381772	96607	100327	63202	242382	207758	429	31530
291785	86772	260064	209674	279640	225014	4	47191
157210	48274	45382	26215	127768	55617	52	19155
70418	21579	15732	9675	61232	11587	5	13327
667034	239104	95143	77088	388108	324865	2294	46909
234415	78034	42974	36823	174712	81858	204	20615
631090	162478	140850	114069	466881	188429	140	116490
1276019	409246	429464	213968	1086998	516427	4286	97772
1640647	435712	384785	302560	1003651	848180	1337	172263
1118136	452367	214447	182474	736346	454658	3047	138533
868701	437472	329336	206357	786522	295657	755	115104
543540	216844	247438	154555	500823	213188	471	76497
272055	108062	112066	87126	245626	97105	163	41227
924493	293965	218540	170104	612722	427636	605	102070
529129	151255	172180	121311	347049	273876	54	80330
1012828	347038	164704	96585	569552	485943	2440	119596
938810	432869	351639	228491	767590	424773	861	97226
1855876	715731	528718	375657	1499306	630701	4702	249884
178553	69122	49329	41509	153195	44163	91	30434
56124	19467	63765	37333	72445	8000		39444
528647	160370	146836	87383	316751	250923	558	107251
898789	270744	153391	107193	470442	437626	899	143213
169273	56455	83417	50488	159366	51358		41966
237400	57613	50204	46040	231435	34774	9	21386
14531	1681	3492	3477	16130	1133		760
719733	177521	76057	68059	419148	299962	1367	75313
117354	39105	29366	17813	85400	45072	278	15969
21674	6601	9094	4142	26203	1371		3194
61692	14984	8747	7145	57384	8138		4917
53310	18507	9126	5028	47191	6548	3	8695

4-4 各地区高等学校R&D经费外部支出(2022年)
External Expenditure on R&D in Higher Education by Region (2022)

单位：万元 (10 000 yuan)

地区	Region	R&D经费外部支出 Total	对境内研究机构支出 to Domestic Research Institutions	对境内高等学校支出 to Domestic Higher Education	对境内企业支出 to Domestic Enterprises	对境外机构支出 to Foreign Institutions
全　国	**National Total**	**1807061**	**569488**	**599989**	**534291**	**91523**
东部地区	Eastern Region	1153568	356834	402357	343668	45337
中部地区	Middle Region	291274	81549	77906	91006	38021
西部地区	Western Region	231377	83631	76498	61969	7976
东北地区	Northeast Region	130842	47473	43228	37648	190
北　京	Beijing	326298	106546	127393	88975	1488
天　津	Tianjin	47260	16158	13553	15176	2352
河　北	Hebei	24585	3426	5927	15232	
山　西	Shanxi	12461	3300	3262	5830	46
内蒙古	Inner Mongolia	3000	847	1183	800	152
辽　宁	Liaoning	52003	18663	15142	15767	184
吉　林	Jilin	17867	5475	7613	4747	6
黑龙江	Heilongjiang	60973	23336	20474	17134	
上　海	Shanghai	178527	45303	64627	41450	26950
江　苏	Jiangsu	174949	47293	56777	62858	7269
浙　江	Zhejiang	120658	22824	51386	44309	866
安　徽	Anhui	36093	9352	13201	11454	1816
福　建	Fujian	28134	8096	10600	9158	
江　西	Jiangxi	13014	3757	2540	4028	2660
山　东	Shandong	63640	18996	16802	24690	2617
河　南	Henan	12565	3290	5239	3096	197
湖　北	Hubei	163309	39044	41261	51474	31381
湖　南	Hunan	53832	22807	12404	15124	1922
广　东	Guangdong	186502	86996	54466	40846	3795
广　西	Guangxi	7853	368	4874	2184	412
海　南	Hainan	3016	1196	827	975	
重　庆	Chongqing	22571	11494	5364	5569	1
四　川	Sichuan	73269	21676	21279	29600	302
贵　州	Guizhou	6300	613	1777	2873	858
云　南	Yunnan	14244	3993	4520	2568	3122
西　藏	Tibet	1621	250	1213	65	
陕　西	Shaanxi	81528	33878	28756	15782	2859
甘　肃	Gansu	7781	4351	2335	1080	5
青　海	Qinghai	1812	742	515	293	264
宁　夏	Ningxia	9521	4688	4027	789	
新　疆	Xinjiang	1878	732	656	365	

4-5 各地区高等学校R&D课题(2022年)
R&D Projects of Higher Education by Region (2022)

地 区	Region	R&D课题数 (项) R&D Projects (item)	投入人员 (人年) Input of Personnel (man-year)	投入经费 (万元) Input of Funds (10 000 yuan)
全 国	**National Total**	**1539845**	**725846**	**14412878**
东部地区	Eastern Region	755990	368088	8440347
中部地区	Middle Region	323637	137373	2299378
西部地区	Western Region	350322	144712	2425462
东北地区	Northeast Region	109896	75673	1247692
北 京	Beijing	133210	83030	2421296
天 津	Tianjin	30131	18673	320061
河 北	Hebei	38335	18847	228321
山 西	Shanxi	22673	13280	135632
内蒙古	Inner Mongolia	16563	6060	56796
辽 宁	Liaoning	42006	25831	417631
吉 林	Jilin	35460	22897	167957
黑龙江	Heilongjiang	32430	26945	662104
上 海	Shanghai	80765	48212	1108885
江 苏	Jiangsu	106994	51146	1287844
浙 江	Zhejiang	94787	34678	857895
安 徽	Anhui	65626	29174	418648
福 建	Fujian	56916	21639	333430
江 西	Jiangxi	40113	13188	177619
山 东	Shandong	85923	41475	755872
河 南	Henan	49214	17027	293652
湖 北	Hubei	73685	34657	789331
湖 南	Hunan	72326	30048	484496
广 东	Guangdong	118677	47436	1048032
广 西	Guangxi	39922	19606	113932
海 南	Hainan	10252	2952	78710
重 庆	Chongqing	40271	16260	341303
四 川	Sichuan	84796	32853	734865
贵 州	Guizhou	25062	7878	117461
云 南	Yunnan	24670	12345	146399
西 藏	Tibet	1960	543	5277
陕 西	Shaanxi	79294	32217	718233
甘 肃	Gansu	17372	8297	92764
青 海	Qinghai	1401	829	14501
宁 夏	Ningxia	6859	2365	37276
新 疆	Xinjiang	12152	5460	46656

4-6 按学科分高等学校R&D课题(2022年)
R&D Projects Taken by Higher Education by Discipline (2022)

学 科	Discipline	R&D课题数(项) R&D Projects (item)	投入人员(人年) Input of Personnel (man-year)	投入经费(万元) Input of Funds (10 000 yuan)
全 国	**National Total**	**1539845**	**725846**	**14412878**
数 学	Mathematics	17663	11142	158503
信息科学与系统科学	Information & System Science	19400	11805	343504
力 学	Mechanics	5788	4166	129657
物理学	Physics	22349	16328	478892
化 学	Chemistry	33392	23009	485547
天文学	Astronomy	832	771	17478
地球科学	Earth Science	25658	16578	344413
生物学	Biology	35701	25425	639392
心理学	Psychology	8352	2685	31570
农 学	Agriculture	27652	17224	375657
林 学	Forestry	6735	4468	76922
畜牧、兽医科学	Livestock, Veterinary Medicine	10633	7000	150615
水产学	Aquatic	3525	1948	52081
基础医学	Basic Medicine	45745	35467	461798
临床医学	Clinic Medicine	111226	88007	992944
预防医学与公共卫生学	Protective Medicine	6990	5636	77196
军事医学与特种医学	Military Medicine & Special Medicine	250	224	4518
药 学	Pharmacy	13878	8479	151843
中医学与中药学	Traditional Chinese Medicine	31329	23202	179274
工程与技术科学基础学科	Engineering & Basic Technology Science	12255	8107	280150
信息与系统科学相关工程与技术	Information and System Science-related Engineering and Technology	14441	8639	308315
自然科学相关工程与技术	Science and Technology-related Engineering and Technology	8361	5584	225424
测绘科学技术	Surveying & Mapping	4194	2738	61402
材料科学	Material Science	48934	30663	860598
矿山工程技术	Mining	11562	7025	187293
冶金工程技术	Metallurgy	3875	2594	81313
机械工程	Mechanical Engineering	48217	28530	844126
动力与电气工程	Power & Electrical Engineering	24356	17095	513199
能源科学技术	Energy Technology	11305	7562	241375
核科学技术	Nuclear Technology	2068	1792	86899
电子与通信技术	Electronics & Communication technology	38340	25471	885674
计算机科学技术	Computer Technology	51168	31867	809353
化学工程	Chemical Engineering	18154	10878	302620
产品应用相关工程与技术	Products Application-related Engineering and Technology	3535	1458	31501
纺织科学技术	Textile Technology	3215	1433	34737
食品科学技术	Food Technology	13116	7274	138761
土木建筑工程	Civil Construction	34547	19094	489562
水利工程	Water Conservancy	5587	4339	105208
交通运输工程	Transportaiton Engineering	15667	9304	288401
航空、航天科学技术	Aviation and Aerospace	10891	8727	465115
环境科学技术及资源科学技术	Environment & Resources	25042	15052	368415
安全科学技术	Security	3896	2647	81385

4-6 续表 continued

学 科	Discipline	R&D课题数 (项) R&D Projects (item)	投入人员 (人年) Input of Personnel (man-year)	投入经费 (万元) Input of Funds (10 000 yuan)
管理学	Management	149522	37432	496742
马克思主义	Marxism	43933	10339	52839
哲 学	Phylosophy	8251	1886	16188
宗教学	Religion	1220	319	3381
语言学	Linguistics	34678	8489	51759
文 学	Literature	27889	6484	47516
艺术学	Arts	66342	15651	184204
历史学	History	14675	3443	34790
考古学	Archaeology	5560	770	53502
经济学	Economics	74617	16659	164377
政治学	Politics	14151	3054	22296
法 学	Law	36239	7719	71192
军事学	Military			
社会学	Sociology	30801	6915	58414
民族学与文化学	Ethnography & Culture	10947	2782	18442
新闻学与传播学	Journalism	17736	3726	40564
图书馆、情报与文献学	Library and Information Literature	7924	1969	16701
教育学	Education	121873	28351	148141
体育科学	Physical Science	22132	5716	48262
统计学	Statistics	5116	1252	15813
其 他	Others	6415	1457	25129

4-7 按来源和合作形式分高等学校R&D课题(2022年)
R&D Projects of Higher Education by Sources and Cooperation Type(2022)

项　目	Item	R&D课题数 (项) R&D Projects (item)	投入人员 (人年) Input of Personnel (man-year)	投入经费 (万元) Input of Funds (10 000 yuan)
总　计	**Total**	**1539845**	**725846**	**14412878**
按课题来源分组	**By Sources of Topics**			
本单位自选项目	S&T Projects Chosen by Enterprise	474780	139352	997552
政府部门科技项目	GovernmentS&T Projects	644236	399488	8279801
其他企业(单位)委托项目	S&T Projects Entrusted by Enterprise	365672	153482	4330738
境外项目	Overseas S&T Projects	2154	1408	49042
其他项目	Others	53003	32116	755744
按合作形式分组	**By Cooperation Type**			
自主完成	Independent Implementation	1315091	584491	9980862
与境内研究机构合作	Cooperation with Independent Research Institutes	28869	22793	862078
与境内高等学校合作	Cooperation with Higher Education	49521	32961	1270487
与境内其他企业或单位合作	Cooperation with Other Enterprise	65320	33453	981381
与境外机构合作	Cooperation with Oversease Institutes	6076	4303	151459
委托其他企业或单位	Contract out	2175	1271	52102
其他形式	Others	72793	46572	1114508

4-8 各地区高等学校科技产出(2022年)
S&T Output of Higher Education by Region(2022)

地 区	Region	发表科技论文(篇) Scientific Papers Issued (piece)	#国外发表 Published in Foreign Periodicals	出版科技著作(种) Publication on S&T (kind)	专利申请数(件) Patent Applications (piece)	#发明专利 Invetions
全 国	**National Total**	**1657992**	**797599**	**40646**	**354852**	**235572**
东部地区	Eastern Region	848070	457686	18398	181055	129765
中部地区	Middle Region	332170	137169	9540	76292	46771
西部地区	Western Region	346359	137343	9591	70741	40415
东北地区	Northeast Region	131393	65401	3117	26764	18621
北 京	Beijing	140824	76330	4345	23874	20926
天 津	Tianjin	41282	23008	564	5067	4178
河 北	Hebei	35329	11951	1104	6395	3782
山 西	Shanxi	25865	8475	917	3898	2238
内蒙古	Inner Mongolia	12710	3546	868	2911	933
辽 宁	Liaoning	57011	30208	1475	10616	6566
吉 林	Jilin	34857	16799	728	6421	4367
黑龙江	Heilongjiang	39525	18394	914	9727	7688
上 海	Shanghai	125390	72318	2492	14659	10939
江 苏	Jiangsu	168682	91152	2418	48862	34530
浙 江	Zhejiang	72125	43671	2146	24470	17021
安 徽	Anhui	49957	22949	975	16849	10783
福 建	Fujian	34709	14627	712	8638	5016
江 西	Jiangxi	30354	10920	912	8186	3667
山 东	Shandong	92298	49869	2105	22000	14926
河 南	Henan	53607	15661	2342	14030	8157
湖 北	Hubei	96144	52268	2596	18821	13633
湖 南	Hunan	76243	26896	1798	14508	8293
广 东	Guangdong	131071	72270	2278	25992	17835
广 西	Guangxi	29000	8815	765	8010	2832
海 南	Hainan	6360	2490	234	1098	612
重 庆	Chongqing	44741	22967	1528	8202	6146
四 川	Sichuan	95081	42455	1857	16221	9949
贵 州	Guizhou	21232	6162	775	3718	1490
云 南	Yunnan	20339	5577	783	5237	2600
西 藏	Tibet	1348	160	50	104	49
陕 西	Shaanxi	74418	35436	1926	18923	14276
甘 肃	Gansu	19840	5396	508	3495	840
青 海	Qinghai	4024	1608	88	411	202
宁 夏	Ningxia	6799	2054	154	1102	436
新 疆	Xinjiang	16827	3167	289	2407	662

4-8 续表 continued

地 区	Region	有效发明专利(件) Patent in Force (piece)	专利所有权转让及许可数(件) Number of Transfer and Licensing of Patent Ownership (piece)	专利所有权转让及许可收入(万元) Revenue from Transfer and Licensing of Patent Ownership (10 000 yuan)	形成国家或行业标准数(项) Number of National and Industrial Standard (item)
全 国	**National Total**	**729348**	**21566**	**340014**	**1394**
东部地区	Eastern Region	422760	13386	209318	917
中部地区	Middle Region	123585	3861	53722	209
西部地区	Western Region	119368	3294	55315	213
东北地区	Northeast Region	63635	1025	21660	55
北 京	Beijing	89152	911	44796	300
天 津	Tianjin	15073	368	7503	1
河 北	Hebei	11068	818	3237	71
山 西	Shanxi	9188	516	3179	6
内蒙古	Inner Mongolia	2158	16	164	3
辽 宁	Liaoning	24352	499	13959	45
吉 林	Jilin	11797	196	4153	7
黑龙江	Heilongjiang	27486	330	3549	3
上 海	Shanghai	41841	642	27584	105
江 苏	Jiangsu	99734	5293	37711	131
浙 江	Zhejiang	56419	2350	16692	65
安 徽	Anhui	19460	693	4763	36
福 建	Fujian	16307	361	5321	26
江 西	Jiangxi	9414	232	8122	26
山 东	Shandong	46524	1282	39378	132
河 南	Henan	19589	649	5487	45
湖 北	Hubei	39468	1190	27677	34
湖 南	Hunan	26466	581	4494	62
广 东	Guangdong	45641	1341	26942	85
广 西	Guangxi	9184	519	3421	17
海 南	Hainan	1001	20	156	1
重 庆	Chongqing	16694	472	2717	22
四 川	Sichuan	31876	710	10603	31
贵 州	Guizhou	3125	77	679	11
云 南	Yunnan	7296	56	315	26
西 藏	Tibet	52	1	30	
陕 西	Shaanxi	43114	1287	35405	94
甘 肃	Gansu	3086	103	861	1
青 海	Qinghai	395	3	55	
宁 夏	Ningxia	677	38	966	
新 疆	Xinjiang	1711	12	100	8

五、高技术产业

High-tech Industry

5−1　高技术产业生产经营情况（2022年）
Statistics on Production and Management in High-tech Industry(2022)

单位：亿元　　(100 million yuan)

行　业	Industry	企业数(个) Number of Enterprises (unit)	营业收入 Business Revenue	利润总额 Profits
合　计	**Total**	**49674**	**216986.4**	**15963.9**
医药制造业	**Manufacture of Medicines**	**9212**	**28744.6**	**4458.3**
#化学药品制造	Manufacture of Chemical Medicine	2675	12996.5	1960.1
中成药生产	Manufacture of Finished Traditional Chinese Herbal Medicine	1607	5150.2	811.2
生物药品制品制造	Manufacture of Biopharmaceutical Products	1073	4015.7	900.0
电子及通信设备制造业	**Manufacture of Electronic Equipment and Communication Equipment**	**27194**	**145248.8**	**8609.6**
#电子工业专用设备制造	Manufacture of Special Equipment for Electronic Industry	2039	3437.2	351.6
光纤光缆及锂离子电池制造	Manufacture of Optical Fiber and Cable, and Lithium Ion Battery	1949	16453.9	995.9
#锂离子电池制造	Manufacture of Lithium Ion Batteries	1576	14954.6	885.4
通信设备、雷达及配套设备制造	Manufacture of Communication Equipment, Radar and Matching Equipment	2468	41651.5	2116.8
#通信系统设备制造	Manufacture of Communication System Equipment	1231	7532.8	506.1
通信终端设备制造	Manufacture of Communication Terminal Equipment	1109	33977.9	1599.1
雷达及配套设备制造	Manufacture of Radar and Related Equipment	128	140.8	11.6
广播电视设备制造	Manufacture of Broadcasting and TV Equipment	654	2041.0	90.5
非专业视听设备制造	Manufacture of Non-professional Audio-visual Equipment	1221	6704.9	207.2
电子器件制造	Manufacture of Electronic Appliances	6037	29109.7	1278.2
#电子真空器件制造	Manufacture of Electronic Vacuum Appliances	545	1192.3	98.6
半导体分立器件制造	Manufacture of Semiconductor Discreting Appliances	512	1503.9	140.4
集成电路制造	Manufacture of Integrate Circuit	1259	9558.7	671.9
光电子器件制造	Manufacture of Optoelectronic Devices	990	3748.5	124.4
电子元件及电子专用材料制造	Manufacture of Electronic Components and Electronic Specialized Materials	9604	34158.7	2963.8
#电阻电容电感元件制造	Manufacture of Resistance, Capacitance and Inductance Components	1331	2783.5	225.8
电子电路制造	Manufacture of Electronic Circuit	1916	6255.6	394.1
电子专用材料制造	Manufacture of Electronic Specialized Materials	2382	15903.8	1695.6
智能消费设备制造	Manufacturing of Intelligent Consumption Equipment	1619	7760.1	376.7
其他电子设备制造	Other Electronic Equipment	1603	3931.7	229.0
计算机及办公设备制造业	**Manufacture of Computers and Office Equipments**	**3181**	**26347.5**	**818.2**
#计算机整机制造	Manufacture of Entired Computer	396	16642.0	251.3
计算机零部件制造	Manufacture of Parts and Fixture for Computer	1071	3778.6	217.7
计算机外围设备制造	Manufacture of Computer Peripheral Equipment	864	3169.5	174.9
办公设备制造	Manufacture of Office Equipment	287	901.8	48.4
医疗仪器设备及仪器仪表制造业	**Manufacture of Medical Equipments and Meters**	**9175**	**14389.0**	**1920.8**
#医疗仪器设备及器械制造	Manufacture of Medical Equipment and Appliances	3021	5042.2	877.9
#医疗诊断、监护及治疗设备制造	Manufacture of Medical Diagnosis, Monitoring and Treatment Equipment	928	2226.3	466.2
医疗、外科及兽医用器械制造	Manufacture of Medical, Surgical and Veterinary Instruments	747	1209.8	175.8
通用仪器仪表制造	Manufacture of General Instruments	4169	6689.8	757.4
专用仪器仪表制造	Manufacture of Special Instruments	1173	1493.8	158.2
信息化学品制造业	**Manufacture of Electronic Chemicals**	**170**	**576.9**	**58.0**

注：表5−1至表5−4的数据口径为规模以上工业企业。
Note: Statistics from table 5-1 to table 5-4 cover industrial enterprises above designated size.

5-2 各地区高技术产业生产经营情况（2022年）
Statistics on Production and Management in High-tech Industry by Region(2022)

地区	Region	企业数（个）Number of Enterprises (unit)	营业收入（亿元）Business Revenue (100 million yuan)	利润总额（亿元）Profits (100 million yuan)
全国	**National Total**	**49674**	**216986**	**15964**
东部地区	Eastern Region	33031	143714	10907
中部地区	Middle Region	10110	39831	2281
西部地区	Western Region	5385	30630	2286
东北地区	Northeast Region	1148	2811	490
北京	Beijing	993	7642	788
天津	Tianjin	584	3221	245
河北	Hebei	928	2260	266
山西	Shanxi	277	1860	50
内蒙古	Inner Mongolia	131	668	61
辽宁	Liaoning	561	1630	283
吉林	Jilin	355	835	179
黑龙江	Heilongjiang	232	346	29
上海	Shanghai	1384	8857	599
江苏	Jiangsu	7631	34723	2541
浙江	Zhejiang	4617	14601	1475
安徽	Anhui	2170	6767	280
福建	Fujian	1449	9519	956
江西	Jiangxi	2536	9348	780
山东	Shandong	2251	9027	729
河南	Henan	1525	9282	377
湖北	Hubei	1622	6903	332
湖南	Hunan	1980	5671	463
广东	Guangdong	13121	53593	3271
广西	Guangxi	551	1711	108
海南	Hainan	73	271	37
重庆	Chongqing	910	7552	448
四川	Sichuan	1887	11064	594
贵州	Guizhou	408	1191	94
云南	Yunnan	311	2406	326
西藏	Tibet	18	28	13
陕西	Shaanxi	811	3759	358
甘肃	Gansu	171	401	50
青海	Qinghai	47	946	140
宁夏	Ningxia	60	667	69
新疆	Xinjiang	80	238	26

5-3 高技术产业R&D活动

Statistics on R&D Activities and

行 业	Industry	研发机构数（个） R&D Institutions (unit)
合 计	**Total**	**25084**
医药制造业	**Manufacture of Medicines**	**4581**
#化学药品制造	Manufacture of Chemical Medicine	1699
中成药生产	Manufacture of Finished Traditional Chinese Herbal Medicine	797
生物药品制品制造	Manufacture of Biopharmaceutical Products	632
电子及通信设备制造业	**Manufacture of Electronic Equipment and Communication Equipment**	**13909**
#电子工业专用设备制造	Manufacture of Special Equipment for Electronic Industry	958
光纤光缆及锂离子电池制造	Manufacture of Optical Fiber and Cable, and Lithium Ion Battery	1076
#锂离子电池制造	Manufacture of Lithium Ion Batteries	868
通信设备、雷达及配套设备制造	Manufacture of Communication Equipment, Radar and Matching Equipment	1417
#通信系统设备制造	Manufacture of Communication System Equipment	713
通信终端设备制造	Manufacture of Communication Terminal Equipment	623
雷达及配套设备制造	Manufacture of Radar and Related Equipment	81
广播电视设备制造	Manufacture of Broadcasting and TV Equipment	325
非专业视听设备制造	Manufacture of Non-professional Audio-visual Equipment	657
电子器件制造	Manufacture of Electronic Appliances	3168
#电子真空器件制造	Manufacture of Electronic Vacuum Appliances	233
半导体分立器件制造	Manufacture of Semiconductor Discreting Appliances	256
集成电路制造	Manufacture of Integrate Circuit	658
光电子器件制造	Manufacture of Optoelectronic Devices	611
电子元件及电子专用材料制造	Manufacture of Electronic Components and Electronic Specialized Materials	4610
#电阻电容电感元件制造	Manufacture of Resistance, Capacitance and Inductance Components	615
电子电路制造	Manufacture of Electronic Circuit	966
电子专用材料制造	Manufacture of Electronic Specialized Materials	1213
智能消费设备制造	Manufacturing of Intelligent Consumption Equipment	870
其他电子设备制造	Other Electronic Equipment	828
计算机及办公设备制造业	**Manufacture of Computers and Office Equipments**	**1632**
#计算机整机制造	Manufacture of Entired Computer	178
计算机零部件制造	Manufacture of Parts and Fixture for Computer	471
计算机外围设备制造	Manufacture of Computer Peripheral Equipment	494
办公设备制造	Manufacture of Office Equipment	141
医疗仪器设备及仪器仪表制造业	**Manufacture of Medical Equipments and Meters**	**4538**
#医疗仪器设备及器械制造	Manufacture of Medical Equipment and Appliances	1406
#医疗诊断、监护及治疗设备制造	Manufacture of Medical Diagnosis, Monitoring and Treatment Equipment	462
医疗、外科及兽医用器械制造	Manufacture of Medical, Surgical and Veterinary Instruments	351
通用仪器仪表制造	Manufacture of General Instruments	2119
专用仪器仪表制造	Manufacture of Special Instruments	630
信息化学品制造业	**Manufacture of Electronic Chemicals**	**85**

及相关情况（2022年）
Relatives in High-tech Industry(2022)

R&D人员折合全时当量（人年）Full-time Equivalent of R&D Personnel (man-year)	R&D经费内部支出（万元）Intramual Expenditure on R&D (10 000 yuan)	新产品开发项目数（项）New Products Development Projects (unit)	新产品开发经费支出（万元）Expenditure on New Produts Development (10 000 yuan)
1253952	**65077304**	**256482**	**85906282**
175288	**10488868**	**56123**	**12697698**
78272	4896363	24062	5443428
27948	1180412	9607	1387058
31687	3009140	9444	4124860
796975	**42457099**	**126721**	**56877598**
33786	1342272	9195	1962565
54326	3671063	8417	4467203
48667	3292695	6799	4025115
227532	13149507	14567	20081351
59052	2849801	7229	4904160
162584	9983685	6339	14802406
5897	316021	999	374784
12346	434913	2888	676256
29364	1314613	5175	1733258
182968	11006852	32064	13718579
7708	289806	1774	324254
9261	419442	2381	567804
54335	5270664	8805	6714961
22929	1048180	5450	1392079
182551	8486984	38107	10062262
18823	622582	4722	759958
49257	1587588	7891	2016983
40671	3646118	10373	4095470
44463	1856008	9103	2526164
29640	1194889	7205	1649960
86834	**3550692**	**15428**	**4833783**
20608	1197751	2288	1651300
24181	772397	3868	939179
15702	591409	4190	893888
5986	178215	1149	242566
147093	**5659022**	**51068**	**7973757**
49649	2201284	18914	3196469
22165	1115147	7185	1630990
12138	421800	4560	604043
64072	2262055	21662	3029522
20141	690425	6725	989307
2562	**95977**	**678**	**160819**

5-3 续表

行 业	Industry	新产品销售收入(万元) Sales Revenue of New Products (10 000 yuan)
合 计	**Total**	**875482574**
医药制造业	**Manufacture of Medicines**	**100493102**
#化学药品制造	Manufacture of Chemical Medicine	48172840
中成药生产	Manufacture of Finished Traditional Chinese Herbal Medicine	17083522
生物药品制品制造	Manufacture of Biopharmaceutical Products	14728689
电子及通信设备制造业	**Manufacture of Electronic Equipment and Communication Equipment**	**611768971**
#电子工业专用设备制造	Manufacture of Special Equipment for Electronic Industry	13970239
光纤光缆及锂离子电池制造	Manufacture of Optical Fiber and Cable, and Lithium Ion Battery	70305180
#锂离子电池制造	Manufacture of Lithium Ion Batteries	63546011
通信设备、雷达及配套设备制造	Manufacture of Communication Equipment, Radar and Matching Equipment	179215531
#通信系统设备制造	Manufacture of Communication System Equipment	40120293
通信终端设备制造	Manufacture of Communication Terminal Equipment	138144161
雷达及配套设备制造	Manufacture of Radar and Related Equipment	951078
广播电视设备制造	Manufacture of Broadcasting and TV Equipment	9383669
非专业视听设备制造	Manufacture of Non-professional Audio-visual Equipment	28524745
电子器件制造	Manufacture of Electronic Appliances	117345991
#电子真空器件制造	Manufacture of Electronic Vacuum Appliances	4309306
半导体分立器件制造	Manufacture of Semiconductor Discreting Appliances	4020817
集成电路制造	Manufacture of Integrate Circuit	43770401
光电子器件制造	Manufacture of Optoelectronic Devices	12897421
电子元件及电子专用材料制造	Manufacture of Electronic Components and Electronic Specialized Materials	141198075
#电阻电容电感元件制造	Manufacture of Resistance, Capacitance and Inductance Components	8689401
电子电路制造	Manufacture of Electronic Circuit	27211717
电子专用材料制造	Manufacture of Electronic Specialized Materials	66476768
智能消费设备制造	Manufacturing of Intelligent Consumption Equipment	38417049
其他电子设备制造	Other Electronic Equipment	13408492
计算机及办公设备制造业	**Manufacture of Computers and Office Equipments**	**86445856**
#计算机整机制造	Manufacture of Entired Computer	52215678
计算机零部件制造	Manufacture of Parts and Fixture for Computer	15047622
计算机外围设备制造	Manufacture of Computer Peripheral Equipment	10225856
办公设备制造	Manufacture of Office Equipment	1685975
医疗仪器设备及仪器仪表制造业	**Manufacture of Medical Equipments and Meters**	**50021838**
#医疗仪器设备及器械制造	Manufacture of Medical Equipment and Appliances	16464751
#医疗诊断、监护及治疗设备制造	Manufacture of Medical Diagnosis, Monitoring and Treatment Equipment	7501059
医疗、外科及兽医用器械制造	Manufacture of Medical, Surgical and Veterinary Instruments	4444345
通用仪器仪表制造	Manufacture of General Instruments	23915917
专用仪器仪表制造	Manufacture of Special Instruments	5795894
信息化学品制造业	**Manufacture of Electronic Chemicals**	**2369680**

continued

#出口 Export	专 利 申请数 (件) Patent Applications (piece)	#发明专利 Inventions	有效发明 专利数 (件) Number of Inventions in Force (piece)	技术改造 经费支出 (万元) Expenditure for Technical Renovation (10 000 yuan)	购买境内技 术经费支出 (万元) Expenditure for Purchase of Domestic Technology (10 000 yuan)	引进境外技术 经费支出 (万元) Expenditure for Acquisition of Foreign Technology (10 000 yuan)	引进境外技术消 化吸收经费支出 (万元) Expenditure for Assimilation of Foreign Technology (10 000 yuan)
279392077	**434039**	**223501**	**809824**	**8287488**	**2263101**	**666711**	**151193**
12364790	**33128**	**16058**	**74357**	**1334170**	**423738**	**114282**	**6201**
7199216	11287	6426	30823	803986	270609	76782	1589
184912	5079	2228	15436	146415	35873	153	
2312846	6706	4144	13154	125766	88557	16836	4612
204663707	**293667**	**164751**	**582865**	**5496097**	**1492689**	**411104**	**144398**
1462483	17193	6326	26318	73913	9402	3500	2162
13059945	29213	13394	20794	1098092	290837	29653	131781
12294524	26883	12514	17024	1067178	290168	27318	131781
76727709	78191	64268	281560	770275	1005874	183712	
8500419	21243	15657	94218	59823	3146	541	
68215630	55474	47689	184357	699398	1002692	183171	
11660	1474	922	2985	11053	37		
4661490	4615	1573	6210	51736	1168	2274	
11006381	10120	3909	15960	167398	18440	30184	1509
37696197	70590	43295	136190	1518275	70339	111891	8131
1871080	5548	3791	6039	28286	541		
801567	3016	1374	3761	108423	1267	83	
8017923	23238	17599	44871	467633	39161	87738	8098
4183715	9524	3737	12105	64092	2605	1254	15
37764458	48609	19236	61981	1601487	88378	41857	815
2411482	5298	1789	6829	252260	10172	950	0
13470033	7951	2763	9790	496093	52907	27183	121
5748255	14070	7161	19468	383075	12568	2379	
19108799	22211	8045	18267	156173	6324	3314	
3176246	12925	4705	15585	58749	1927	4719	
53361709	**23878**	**9392**	**45764**	**387596**	**21934**	**7458**	**8**
37816862	5961	3723	17362	249752	8830	668	
9620291	5869	1185	8495	54899	2337	3837	
4195144	6181	2079	8577	46861	2998	633	8
667555	1345	414	4088	4222	115	114	
8013124	**70699**	**25952**	**81686**	**336460**	**49575**	**30329**	**515**
3667140	26977	10045	32211	73415	8637	4480	500
1656464	11918	5505	15222	33319	1951	2360	500
870192	4898	1472	6730	17804	1710	1024	
2535340	29074	10175	33161	149097	25355	15898	
996936	8913	3442	9752	59117	4194		15
360614	**902**	**344**	**1288**	**15021**	**108**		

5-4 各地区高技术产业R&D活动
Statistics on R&D Activities and Relatives

单位：万元

地　区	Region	研　发 机构数 (个) R&D Institutions (unit)	R&D人员折 合全时当量 (人年) Full-time Equivalent of R&D Personnel (man-year)
全　国	**National Total**	**25084**	**1253952**
东部地区	Eastern Region	18330	901613
中部地区	Middle Region	4830	213672
西部地区	Western Region	1643	114587
东北地区	Northeast Region	281	24080
北　京	Beijing	261	30279
天　津	Tianjin	169	15758
河　北	Hebei	567	14015
山　西	Shanxi	174	6758
内 蒙 古	Inner Mongolia	49	2307
辽　宁	Liaoning	158	16386
吉　林	Jilin	59	3876
黑 龙 江	Heilongjiang	64	3818
上　海	Shanghai	231	31357
江　苏	Jiangsu	3539	190111
浙　江	Zhejiang	3120	118810
安　徽	Anhui	1228	41030
福　建	Fujian	428	51882
江　西	Jiangxi	1391	35133
山　东	Shandong	1365	72667
河　南	Henan	620	40348
湖　北	Hubei	825	48574
湖　南	Hunan	592	41830
广　东	Guangdong	8621	375218
广　西	Guangxi	109	6157
海　南	Hainan	29	1516
重　庆	Chongqing	443	21883
四　川	Sichuan	561	44250
贵　州	Guizhou	104	8054
云　南	Yunnan	94	3740
西　藏	Tibet	2	85
陕　西	Shaanxi	167	23067
甘　肃	Gansu	59	2619
青　海	Qinghai	6	407
宁　夏	Ningxia	37	1721
新　疆	Xinjiang	12	297

及相关情况（2022年）
in High-tech Industry by Region(2022)

(10 000 yuan)

R&D经费内部支出（万元） Intramual Expenditure on R&D (10 000 yuan)	新产品开发项目数（项） New Products (unit)	新产品开发经费支出（万元） Expenditure on New Produts Development (10 000 yuan)	新产品销售收入（万元） Sales Revenue of New Products (10 000 yuan)	#出口 Export
65077304	**256482**	**85906282**	**875482574**	**279392077**
47174299	181293	64944215	610126070	211827960
10202949	41443	12013690	177699308	49931284
6563450	27095	7498546	75806132	16358529
1136607	6651	1449831	11851065	1274304
2209862	8884	4359767	29261987	8370751
919945	4273	1036173	12893083	4454006
721132	4968	787771	7859602	1671380
141752	1739	272242	7372455	4004583
181319	1017	222866	2704359	143151
786574	3191	871682	6928678	385300
166837	1561	332065	2610263	745039
183196	1899	246085	2312124	143965
2799882	6809	3706536	18163158	6192572
10462767	33209	12162369	152413251	55807975
4927410	29583	7290772	84466308	24125073
2138739	8867	2827911	33638000	9215369
3072913	7466	3481493	29769000	10299285
1647505	9930	2130437	37265414	7179522
3635674	15683	3645609	54552867	19186977
1508818	5394	1280397	44999951	21360335
2932659	6519	3450149	28688541	4359680
1833476	8994	2052554	25734948	3811795
18354795	69351	28339999	220368327	81708410
180519	1787	234510	2511386	1128070
69919	1067	133727	378487	11532
1181175	5584	1256662	18656311	10162142
2233774	10177	2719934	24738904	3713909
473671	2079	492345	3435195	107267
411215	1047	341803	3594490	110676
3752	58	3329		
1463185	4354	1712261	12745383	608401
155732	371	189694	1577193	273812
60845	97	76435	1553844	2815
194349	321	216028	4163442	108287
23914	203	32681	125625	

5-4 续表

地　区	Region	专　利申请数（件）Patent Applications (piece)	#发明专利 Inventions
全　国	**National Total**	**434039**	**223501**
东部地区	Eastern Region	329616	173119
中部地区	Middle Region	65697	31432
西部地区	Western Region	32736	16034
东北地区	Northeast Region	5990	2916
北　京	Beijing	17170	12039
天　津	Tianjin	4705	2309
河　北	Hebei	3898	1765
山　西	Shanxi	1019	434
内蒙古	Inner Mongolia	608	272
辽　宁	Liaoning	3914	1923
吉　林	Jilin	1124	582
黑龙江	Heilongjiang	952	411
上　海	Shanghai	12616	7429
江　苏	Jiangsu	60474	27582
浙　江	Zhejiang	38929	16214
安　徽	Anhui	18646	10075
福　建	Fujian	18513	10627
江　西	Jiangxi	10518	3652
山　东	Shandong	18149	7722
河　南	Henan	8652	2709
湖　北	Hubei	18295	10644
湖　南	Hunan	8567	3918
广　东	Guangdong	154936	87274
广　西	Guangxi	1624	531
海　南	Hainan	226	158
重　庆	Chongqing	5477	2300
四　川	Sichuan	14612	7776
贵　州	Guizhou	2380	1226
云　南	Yunnan	882	250
西　藏	Tibet	12	12
陕　西	Shaanxi	5737	3070
甘　肃	Gansu	632	305
青　海	Qinghai	191	62
宁　夏	Ningxia	480	199
新　疆	Xinjiang	101	31

continued

有效发明专利数(件) Number of Inventions in Force (piece)	技术改造经费支出(万元) Expenditure for Technical Renovation (10 000 yuan)	购买境内技术经费支出(万元) Expenditure for Purchase of Domestic Technology (10 000 yuan)	引进境外技术经费支出(万元) Expenditure for Acquisition of Foreign Technology (10 000 yuan)	引进境外技术消化吸收经费支出(万元) Expenditure for Assimilation of Foreign Technology (10 000 yuan)
809824	**8287488**	**2263101**	**666711**	**151193**
650731	5519331	1947311	613974	146802
92203	1426944	82076	11118	3275
54148	1138192	198795	41305	1117
12742	203021	34919	313	
49331	8158	127692	1484	
8372	18409	5250	803	
6578	53575	101087		
1635	10027	620		
940	7787	857		
8675	142483	27969	313	
2161	8928	1921		
1906	51610	5028		
36251	52913	135732	100652	5120
97681	955959	107332	121148	2118
50919	688432	67251	73554	682
20273	460293	14780	3395	1098
21978	660607	185713	38440	138255
10962	245797	34986	1331	
27157	523269	123721	47409	
9215	108447	14702	58	1
36907	273230	6170	6281	2160
13211	329150	10818	53	16
351610	2550417	1093152	230484	628
2369	245172	154202		
854	7592	380		
8524	57625	20684	12960	
23894	396549	18195	5748	1027
3787	137738	356	712	
1784	55063	317		
104				
10713	158437	1959	21885	71
898	1841	48		19
354	9826	30		
508	61087	2117		
273	7067	31		

5-5 国家级高新区企业
Major Indicators of High-Technology

单位：万元

开发区	Development Area	企业数（个）Number of Enterprises (unit)	期末从业人员（人）Employed Persons (person)
合　　计	**Total**	**205796**	**26139647**
中关村国家自主创新示范区	Zhongguancun Science Park	24671	2790189
天津滨海高新技术产业开发区	Tianjin Binhai High-tech Industrial Development Zone	4496	235542
石家庄高新技术产业开发区	Shijiazhuang High-tech Industrial Development Zone	2530	213120
唐山高新技术产业开发区	Tangshan High-tech Industrial Development Zone	451	22904
保定国家高新技术产业开发区	Baoding High-tech Industrial Development Zone	941	146015
承德高新技术产业开发区	Chengde High-tech Industrial Development Zone	157	18901
燕郊高新技术产业开发区	Yanjiao High-tech Industrial Development Zone	281	29709
太原高新技术产业开发区	Taiyuan High-tech Industrial Development Zone	1691	145214
长治高新技术产业开发区	Changzhi High-tech Industrial Development Zone	219	44692
呼和浩特金山高新技术产业开发区	Hohhot Jinshan High-tech Industrial Development Zone	67	89928
包头稀土高新技术产业开发区	Baotou Rare Earth High-tech Industrial Development Zone	557	115282
鄂尔多斯高新技术产业开发区	Eerduosi High-tech Industrial Development Zone	101	10235
沈阳高新技术产业开发区	Shenyang High-tech Industrial Development Zone	2006	154257
大连高新技术产业园区	Dalian High-tech Industrial Development Zone	3553	266630
鞍山高新技术产业开发区	Anshan High-tech Industrial Development Zone	486	47461
本溪高新技术产业开发区	Benxi High-tech Industrial Development Zone	94	9083
锦州高新技术产业开发区	Jinzhou High-tech Industrial Development Zone	190	25308
营口高新技术产业开发区	Yingkou High-tech Industrial Development Zone	184	22144
阜新高新技术产业开发区	Fuxin High-tech Industrial Development Zone	209	24537
辽阳高新技术产业开发区	Liaoyang High-tech Industrial Development Zone	60	24603
长春高新技术产业开发区	Changchun High-tech Industrial Development Zone	952	140125
长春净月高新技术产业开发区	Changchun Jingyue High-tech Industrial Development Zone	616	36965
吉林高新技术产业开发区	Jilin High-tech Industrial Development Zone	282	55278
通化国家医药高新技术产业开发区	Tonghua Medicine High-tech Industrial Development Zone	107	12891
延吉高新技术产业开发区	Yanji High-tech Industrial Development Zone	133	9081
哈尔滨高新技术产业开发区	Haerbin High-tech Industrial Development Zone	1239	100541
齐齐哈尔高新技术产业开发区	Qiqihaer High-tech Industrial Development Zone	180	30463
大庆高新技术产业开发区	Daqing High-tech Industrial Development Zone	476	63888
上海张江高新技术产业开发区	Shanghai Zhangjiang Hi-Tech Park	16252	1977423
上海紫竹高新技术产业开发区	Shanghai Zizhu High-tech Industrial Development Zone	283	43829
南京高新技术产业开发区	Nanjing High-tech Industrial Development Zone	9874	727655
无锡国家高新技术产业开发区	Wuxi High-tech Industrial Development Zone	1825	301885
江阴高新技术产业开发区	Jiangyin High-tech Industrial Development Zone	661	109724
徐州高新技术产业开发区	Xuzhou High-tech Industrial Development Zone	649	79052
常州高新技术产业开发区	Changzhou High-tech Industrial Development Zone	2153	241978
武进国家高新技术产业开发区	Wujin High-tech Industrial Development Zone	905	171625
苏州国家高新技术产业开发区	Suzhou High-tech Industrial Development Zone	2306	236859
昆山高新技术产业开发区	Kunshan High-tech Industrial Development Zone	1477	200592
苏州工业园区	Suzhou Industrial Park	4061	333458
常熟高新技术产业开发区	Changshu High-tech Industrial Development Zone	697	86224
南通高新技术产业开发区	Nantong High-tech Industrial Development Zone	599	110837
连云港高新技术产业开发区	Lianyungang High-tech Industrial Development Zone	318	54943
淮安高新技术产业开发区	Huaian High-tech Industrial Development Zone	400	57014
盐城高新技术产业开发区	Yancheng High-tech Industrial Development Zone	1011	95882
扬州高新技术产业开发区	Yangzhou High-tech Industrial Development Zone	442	45124
镇江高新技术产业开发区	Zhenjiang High-tech Industrial Development Zone	554	61573
泰州医药高新技术产业开发区	Taizhou Medical High-tech Industrial Development Zone	683	104092
宿迁高新技术产业开发区	Suqian Medicine High-tech Industrial Development Zone	261	41514
杭州高新技术产业开发区	Hangzhou High-tech Industrial Development Zone	3541	461429
萧山临江高新技术产业开发区	Xiaoshan Linjiang High-tech Industrial Development Zone	1615	206228
宁波国家高新技术产业开发区	Ningbo High-tech Industrial Development Zone	2529	361157
温州高新技术产业开发区	Wenzhou High-tech Industrial Development Zone	970	192713

主要经济指标（2022年）
Industrial Development Zone (2022)

(10 000 yuan)

营业收入 Business Revenue	#技术收入 Tech-related	#销售收入 Sales Revenue	总产值 Gross Output Value	净利润 Profits after Taxes	实缴税费 Taxes	出口额 Exports
5335207838	**739377812**	**3673930927**	**3139200068**	**378268825**	**227275708**	**590249989**
874629423	225025784	206761214	131904297	62405017	32689712	32022635
57076049	7561691	27296096	16366433	2669937	2049738	3679660
34537240	7658090	23286204	21014883	4212346	2284243	1200479
2543839	156476	1239475	1295967	209735	264424	115609
28162018	1029675	25863894	20529120	1303101	1300747	2079035
2434118	146609	2180120	1871991	133884	91636	19499
6767845	254752	4344148	4531297	442995	406078	69390
38584774	1592690	35504937	23996270	1053011	944202	205341
5901590	60983	5576895	4093602	1028497	664642	70993
21838811	65383	21160917	10848828	1446747	1503361	112127
38711422	2116716	35461596	30440346	2431143	1195805	1079583
1808311	42190	1675104	1633728	427948	72618	320924
20771587	5963117	13839684	13415617	1193937	685092	1062764
46249636	3200101	39362467	35994970	2744921	2385398	6738075
10160494	1529741	8259156	8765936	1528730	781836	438871
674560	19179	644754	528351	7548	43716	37701
3532886	33147	3285000	2840098	228006	111655	510827
5812578	112124	5462825	5460539	91187	178341	824460
2924916	97255	2686338	2518710	298036	96589	194637
6997648	7365	6714777	6638690	-67560	1379699	453588
46123533	571469	43048932	43795982	5062604	4938139	289714
3923512	224212	3103712	1674624	429318	208490	101909
8100448	293365	7566498	7407585	603890	1283420	79366
1556086	16970	1102885	1279176	284190	105420	60295
1952003	19413	1884388	1884621	-83188	1092664	23640
27724911	2507495	20721277	10417829	563692	1746209	310451
5411391	32107	4758802	4718346	765844	346530	331336
17707324	574681	16723192	15233706	-97665	2193099	491827
453054166	98163103	282969683	159622363	28472175	18360221	52566288
10644087	2348554	7456330	2833000	2610822	595760	755585
125098668	23961939	92192681	78525400	6271297	4431254	13635767
57582244	1782999	54127915	49640598	4142766	2072130	17557027
24702534	413890	22506372	23047671	1270420	799108	3315842
20401003	168193	17312224	16610427	1902262	794141	996612
40961641	2167013	36132133	32614761	2831048	1401948	6585298
32849935	712917	19835842	19557953	1210430	1555847	3144406
46010246	4000190	38969681	35992817	2318946	1359015	19081035
26035515	324551	24307586	23713399	1163323	839926	7226120
74880070	8820438	63310849	62418711	7031236	3291921	24629702
17408482	197232	16530062	15983677	506277	524458	3326727
27562964	665889	26351310	16028351	2831463	1111756	3395279
8427211	228538	7970391	9119679	1515972	591677	366872
6887476	14902	6562392	6937388	398051	308818	573979
12846480	594635	8157039	5221283	604432	424394	1195504
6017805	223931	5592456	5783618	355340	201798	864057
10352700	191815	9348714	9224374	474427	261198	795504
18455010	93436	17505368	17543348	1382797	1176626	2089243
6066550	786649	5018698	5784714	260307	246144	460054
97524225	25577151	63915520	55212969	9013176	5103642	7619935
38038549	956338	33078735	30252202	1848897	1261885	4966807
70232469	5572408	54084171	52328044	6208955	4325899	12932998
20054046	398643	18956093	19433490	1593604	740193	2877886

5-5 续表 1

单位：万元

开发区	Development Area	企业数（个）Number of Enterprises (unit)	期末从业人员（人）Employed Persons (person)
嘉兴秀洲高新技术产业开发区	Jiaxing Xiuzhou High-tech Industrial Development Zone	214	69191
莫干山高新技术产业开发区	Moganshan High-tech Industrial Development Zone	422	63495
绍兴国家高新技术产业开发区	Shaoxing High-tech Industrial Development Zone	769	88650
衢州高新技术开发区	Quzhou High-tech Industrial Development Zone	814	127420
合肥高新技术产业开发区	Hefei High-tech Industrial Development Zone	3308	371811
芜湖国家高新技术产业开发区	Wuhu High-tech Industrial Development Zone	471	107921
蚌埠国家高新技术产业开发区	Bengbu High-tech Industrial Development Zone	219	50766
淮南高新技术产业开发区	Huainan High-tech Industrial Development Zone	192	18142
马鞍山慈湖高新技术产业开发区	Maanshan Cihu High-tech Industrial Development Zone	348	44561
铜陵狮子山高新技术产业开发区	Tongling Shizishan High-tech Industrial Development Zone	161	16933
安庆高新技术产业开发区	Anqing High-tech Industrial Development Zone	188	26857
滁州高新技术产业开发区	Chuzhou High-tech Industrial Development Zone	551	78628
福州高新技术产业开发区	Fuzhou High-tech Industrial Development Zone	1205	147128
厦门火炬高技术产业开发区	Xiamen Torch High-tech Industrial Development Zone	2520	301445
莆田高新技术产业开发区	Putian High-tech Industrial Development Zone	290	72351
三明高新技术产业开发区	Sanming High-tech Industrial Development Zone	129	20466
泉州高新技术产业开发区	Quanzhou High-tech Industrial Development Zone	751	116819
漳州高新技术产业开发区	Zhangzhou High-tech Industrial Development Zone	783	91859
龙岩高新技术产业开发区	Longyan High-tech Industrial Development Zone	210	24672
南昌高新技术产业开发区	Nanchang High-tech Industrial Development Zone	855	175031
景德镇高新技术产业开发区	Jingdezhen High-tech Industrial Development Zone	323	58686
九江共青城高新技术产业开发区	Jiujiang Gongqingcheng High-tech Industrial Development Zone	268	27829
新余高新技术企业开发区	Xinyu High-tech Industrial Development Zone	308	82539
鹰潭国家高新技术产业开发区	Yingtan High-tech Industrial Development Zone	232	26319
赣州高新技术产业开发区	Ganzhou High-tech Industrial Development Zone	511	57025
吉安高新技术产业开发区	Jian High-tech Industrial Development Zone	197	45880
宜春丰城高新技术产业开发区	Yichun Fengcheng High-tech Industrial Development Zone	252	30203
抚州高新技术产业开发区	Fuzhou High-tech Industrial Development Zone	237	42398
济南高新技术产业开发区	Jinan High-tech Industrial Development Zone	2415	345449
青岛高新技术产业开发区	Qingdao High-tech Industrial Development Zone	2321	238430
淄博高新技术产业开发区	Zibo High-tech Industrial Development Zone	788	175432
枣庄高新技术产业开发区	Zaozhuang High-tech Industrial Development Zone	197	20452
黄河三角洲农业高新技术产业示范区	Huanghesanjiaozhou Agricultural High-tech Industrial Development Zone	56	4245
烟台高新技术产业开发区	Yantai High-tech Industrial Development Zone	490	55108
潍坊高新技术产业开发区	Weifang High-tech Industrial Development Zone	733	251705
济宁高新技术产业开发区	Jining High-tech Industrial Development Zone	632	159550
泰安高新技术产业开发区	Taian High-tech Industrial Development Zone	490	59758
威海火炬高技术产业开发区	Weihai Torch High-tech Industrial Development Zone	483	131619
莱芜高新技术产业开发区	Laiwu High-tech Industrial Development Zone	311	34402
临沂高新技术产业开发区	Linyi High-tech Industrial Development Zone	449	65045
德州高新技术产业开发区	Dezhou High-tech Industrial Development Zone	263	22452
郑州高新技术产业开发区	Zhengzhou High-tech Industrial Development Zone	3360	288803
洛阳高新技术产业开发区	Luoyang High-tech Industrial Development Zone	1407	213947
平顶山高新技术产业开发区	Pingdingshan High-tech Industrial Development Zone	212	31048
安阳高新技术产业开发区	Anyang High-tech Industrial Development Zone	401	84212
新乡高新技术产业开发区	Xinxiang High-tech Industrial Development Zone	405	58331
焦作高新技术产业开发区	Jiaozuo High-tech Industrial Development Zone	295	33613
许昌高新技术产业开发区	Xuchang High-tech Industrial Development Zone	64	5450
南阳高新技术产业开发区	Nanyang High-tech Industrial Development Zone	441	84902
信阳高新技术产业开发区	Xinyang High-tech Industrial Development Zone	118	22885
武汉东湖新技术开发区	Wuhan Donghu New Technology Development Zone	5715	628182
黄石大冶湖高新技术产业开发区	Huangshi Dazhi High-tech Industrial Development Zone	546	76928
宜昌高新技术产业开发区	Yichang High-tech Industrial Development Zone	819	149556
襄阳高新技术产业开发区	Xiangyang High-tech Industrial Development Zone	1123	220887
荆门高新技术产业开发区	Jingmen High-tech Industrial Development Zone	607	111515
孝感高新技术产业开发区	Xiaogan High-tech Industrial Development Zone	700	119324
荆州高新技术产业开发区	Jingzhou High-tech Industrial Development Zone	130	17439
黄冈高新技术产业开发区	Huanggang High-tech Industrial Development Zone	1042	102799
咸宁高新技术产业开发区	Xianning High-tech Industrial Development Zone	578	82754
随州高新技术产业开发区	Suizhou High-tech Industrial Development Zone	381	52892
仙桃高新技术产业开发区	Xiantao High-tech Industrial Development Zone	434	78731
潜江高新技术产业开发区	Qianjiang High-tech Industrial Development Zone	207	33586

continued

(10 000 yuan)

营业收入 Business Revenue	#技术收入 Tech-related	#销售收入 Sales Revenue	总产值 Gross Output Value	净利润 Profits after Taxes	实缴税费 Taxes	出口额 Exports
12397909	116970	10944865	10497797	1154397	436800	2628557
9452283	213780	8414519	8222320	701135	370414	1832532
13043800	820645	10060101	10596303	547752	445732	1927137
23471384	158368	21721261	20688543	1282419	675311	2032998
88035344	21086984	60098121	59347633	9041003	4943485	15488559
24548248	222865	22957088	22713630	1102977	726835	3988312
13009860	71859	11823088	4281341	387012	542740	294211
2870327	123330	2413545	1182164	249831	74919	27549
19248376	3046259	13653697	13724501	683056	528962	526250
6148287	81310	5833405	5298492	199707	169502	380926
4086096	95001	3773648	4103068	196431	215655	278913
13822357	15877	13432158	14447458	1095119	352858	883390
21300026	2677751	17134396	13157055	1211599	654907	1813273
47867799	3981300	36420732	36439496	3118438	1356748	11146201
13212929	96473	9820960	9538256	884922	317041	674107
4336389	3564	4283964	4650013	161233	49145	165084
8987055	101366	8498210	10467609	515269	314262	926093
13189217	76591	12831204	13174196	949753	341843	1010414
3711392	558173	3065258	3699584	180234	88816	67977
49125339	2394594	43997254	45337951	1454423	2988261	5059759
9704799	455897	9050943	9637989	410083	216377	1078601
4098413	249264	3722660	3657298	382851	95708	188006
16982857	487184	16369064	17537131	2740597	685682	2716119
11065015	131304	10427690	10385933	828157	350815	473030
11223576	152001	10493367	10032295	605188	341744	652198
6806583	45322	6639307	6519360	638858	159353	4028518
8104143	22794	7873594	7958086	614320	527024	163209
8800841	88174	8617659	8237201	781060	374910	230097
77622239	6328846	68678554	47098379	7019669	1645938	6062895
58065446	5812526	46888382	38647311	4038920	2102167	9392170
32599743	1213862	30008392	31929444	2581048	2490038	3111136
3470520	398557	2235601	1250579	198356	115268	318570
3506572	2195	2930946	2066920	49015	260012	12122
9050190	508502	6908903	5924134	596430	346580	872390
51762003	639362	46998362	37880208	1178871	1480473	9692891
31557908	112005	26292878	23762574	1758858	1407730	1681965
9546988	709173	8383116	7747145	700037	349525	356357
18946393	524461	17392337	14234347	2028435	773620	3686845
8334528	30360	7638087	5498940	125680	147826	428907
9671884	69798	9543449	9834979	819645	343882	428947
2806942	18275	2609560	2752581	86411	75077	273681
44529105	4222103	36756628	22562784	2462078	1136149	3965773
33319618	591776	31702195	30930098	2023004	1226886	1541740
7383822	912956	5091544	4393064	630611	228255	506918
14050763	367779	13136045	12488576	834096	803250	229262
8223712	89971	7255086	7175948	1172295	293368	545053
6082355	117428	5316525	5527179	769978	247667	634469
718447	32865	674543	639510	59389	34484	4839
7410342	589629	6210403	6348849	766946	284133	656727
4917034	1901	4827985	4730085	95540	46062	108681
130947363	37100139	81165928	46295551	10036644	3522613	9309014
12855061	340953	11435261	11839719	855181	589359	366260
30084641	1021365	27324928	23734043	2762959	1151451	2161446
40312830	3565929	34908666	38213971	3781236	1119618	1328803
21124265	350242	18905400	19551058	1531885	571524	1180444
18892409	545874	17302175	15202462	1264090	658090	428146
2405264	152675	2169303	2312873	136062	46707	174723
15466779	577610	13950740	14683555	1005777	591076	465012
17013919	878970	15312675	17277912	1418512	633614	828604
8549102	210318	8082170	9022041	587210	205390	797906
8360268	162593	8088999	8109741	502641	209574	866028
6716579	188866	6448138	5329303	251824	205174	154817

5-5 续表 2

单位：万元

开发区	Development Area	企业数（个）Number of Enterprises (unit)	期末从业人员（人）Employed Persons (person)
长沙高新技术产业开发区	Changsha High-tech Industrial Development Zone	2973	374238
宁乡高新技术产业开发区	Ningxiang High-tech Industrial Development Zone	155	30119
株洲高新技术产业开发区	Zhuzhou High-tech Industrial Development Zone	688	179702
湘潭高新技术产业开发区	Xiangtan High-tech Industrial Development Zone	485	94938
衡阳高新技术产业开发区	Hengyang High-tech Industrial Development Zone	437	57352
常德高新技术产业开发区	Changde High-tech Industrial Development Zone	535	50819
益阳高新技术产业开发区	Yiyang High-tech Industrial Development Zone	478	60227
郴州高新技术产业开发区	Chenzhou High-tech Industrial Development Zone	221	23713
怀化高新技术产业开发区	Huaihua High-tech Industrial Development Zone	206	13422
广州高新技术产业开发区	Guangzhou High-tech Industrial Development Zone	6136	807712
深圳高新技术产业开发区	Shenzhen High-tech Industrial Development Zone	8729	1350703
珠海高新技术产业开发区	Zhuhai High-tech Industrial Development Zone	2075	292857
汕头高新技术产业开发区	Shantou High-tech Industrial Development Zone	301	27254
佛山高新技术产业开发区	Foshan High-tech Industrial Development Zone	2307	359904
江门高新技术产业开发区	Jiangmen High-tech Industrial Development Zone	990	123653
湛江高新技术产业开发区	Zhanjiang High-tech Industrial Development Zone	223	35138
茂名高新技术产业开发区	Maoming High-tech Industrial Development Zone	187	25801
肇庆高新技术产业开发区	Zhaoqing High-tech Industrial Development Zone	411	70556
惠州仲恺高新技术产业开发区	Huizhou Zhongkai High-tech Industrial Development Zone	1111	239702
源城高新技术产业开发区	Yuancheng High-tech Industrial Development Zone	193	54258
清远高新技术产业开发区	Qingyuan High-tech Industrial Development Zone	254	65317
东莞松山湖高新技术产业开发区	Dongguan Songshanhu High-tech Industrial Development Zone	1062	157106
中山国家高新技术产业开发区	Zhongshan High-tech Industrial Development Zone	895	147922
南宁高新技术产业开发区	Nanning High-tech Industrial Development Zone	1231	181833
柳州高新技术产业开发区	Liuzhou High-tech Industrial Development Zone	753	118222
桂林国家高新技术产业开发区	Guilin High-tech Industrial Development Zone	891	116596
北海高新技术产业开发区	Beihai High-tech Industrial Development Zone	174	49714
海口国家高新技术产业开发区	Haikou High-tech Industrial Development Zone	487	47082
重庆高新技术产业开发区	Chongqing High-tech Industrial Development Zone	2126	283239
璧山高新技术产业开发区	Bishan High-tech Industrial Development Zone	479	88779
荣昌高新技术产业开发区	Rongchang High-tech Industrial Development Zone	374	59754
永川高新技术产业开发区	Yongchuan High-tech Industrial Development Zone	364	85105
成都高新技术产业开发区	Chengdu High-tech Industrial Development Zone	4854	512469
自贡高新技术产业开发区	Zigong High-tech Industrial Development Zone	499	65264
攀枝花高新技术产业开发区	Panzhihua High-tech Industrial Development Zone	230	42900
泸州高新技术产业开发区	Luzhou High-tech Industrial Development Zone	444	60326
德阳高新技术产业开发区	Deyang High-tech Industrial Development Zone	295	49616
绵阳国家高新技术产业开发区	Mianyang High-tech Industrial Development Zone	489	121820
内江高新技术产业开发区	Neijiang High-tech Industrial Development Zone	206	29644
乐山高新技术产业开发区	Leshan High-tech Industrial Development Zone	341	64267
贵阳国家高新技术产业开发区	Guiyang High-tech Industrial Development Zone	1103	196423
遵义高新技术产业开发区	Zunyi High-tech Industrial Development Zone	153	25305
安顺高新技术产业开发区	Anshun High-tech Industrial Development Zone	225	27973
昆明国家高新技术产业开发区	Kunming High-tech Industrial Development Zone	656	103547
玉溪高新技术产业开发区	Yuxi High-tech Industrial Development Zone	140	28838
楚雄高新技术产业开发区	Chuxiong High-tech Industrial Development Zone	104	13818
拉萨高新技术产业开发区	Lhasa High-tech Industrial Development Zone		
西安高新技术产业开发区	Xi'an High-tech Industrial Development Zone	6966	646541
宝鸡高新技术产业开发区	Baoji High-tech Industrial Development Zone	937	164785
杨凌农业高新技术产业示范区	Yangling Agricultural High-tech Industries Demonstration Zone	238	24025
咸阳高新技术产业开发区	Xianyang High-tech Industrial Development Zone	208	40613
渭南国家高新技术产业开发区	Weinan High-tech Industrial Development Zone	232	26593
榆林高新科技产业园区	Yulin High-tech Industrial Development Zone	395	46133
安康高新技术产业开发区	Ankang High-tech Industrial Development Zone	282	37230
兰州高新技术产业开发区	Lanzhou High-tech Industrial Development Zone	770	129755
白银高新技术产业开发区	Baiyin High-tech Industrial Development Zone	306	69994
青海高新技术产业开发区	Qinghai High-tech Industrial Development Zone	109	11953
银川高产业开发区	Yinchuan High-tech Industrial Development Zone	185	13019
宁夏石嘴山高新技术产业开发区	Ningxia Shizuishan High-tech Industrial Development Zone	133	17142
乌鲁木齐高新技术产业开发区	Wulumuqi High-tech Industrial Development Zone	515	199336
克拉玛依高新技术产业开发区	Karamay High-tech Industrial Development Zone	159	22571
昌吉高新技术产业开发区	Changji High-tech Industrial Development Zone	254	12156
石河子高新技术产业开发区	Shihezi High-tech Industrial Development Zone	101	28602

continued

(10 000 yuan)

营业收入 Business Revenue	#技术收入 Tech-related	#销售收入 Sales Revenue	总产值 Gross Output Value	净利润 Profits after Taxes	实缴税费 Taxes	出口额 Exports
60688557	14959563	37975098	24631606	3192981	2061828	4154286
7995112	7581	7559423	6377316	432079	200015	434997
33736696	280319	29682949	26342172	1641460	1417254	1075168
17478529	1699813	15004231	15273738	1306817	650859	876288
9553052	846031	8571431	5978805	454992	244359	1412104
7831784	75409	7245452	7516680	475376	209235	108065
10231004	850326	9223241	9795813	547458	390767	595713
6142412	111306	5892692	3354027	726189	97290	372604
1338052	101446	1146154	1129177	107358	48367	19957
150456884	31086316	106482194	82541389	10520773	6166453	14928693
246128380	53347293	172133185	165167897	20435322	8642874	65753690
39317646	1759402	35774823	30032795	3927112	1701517	8992389
2997793	192948	2644557	2431054	251697	81160	377519
57064469	3798379	49799477	45964890	3982524	1950558	11532000
15796134	149631	14663215	16087138	1027496	639459	4673064
24006524	640381	22684512	22872306	1416383	3935818	1890802
6957368	772330	5505055	5133745	60965	199218	221378
13571401	71794	11736086	11818193	254370	252901	814026
32157526	1960303	28336796	27624227	2921270	654625	11345271
5760516	284596	5113974	5418974	340271	134693	935715
10975900	230083	10032714	9040799	622118	232077	888235
42446261	2502512	35962280	34060750	2519528	916411	6461969
19788963	310336	18046033	18783076	778863	630546	6714068
31756826	6625490	22037473	12495852	1301338	743293	5152395
23917435	226443	20805378	20616833	383341	628053	2057486
12032622	1833251	8921716	10507003	902024	568868	1119998
12127943	528206	11496670	7830709	1226671	226708	1344826
11746617	1009309	5190027	4410240	495687	695014	352884
48165443	4023872	39734493	39031685	1962915	1217900	11259095
9963466	251364	9426857	8718066	711755	262019	940504
7804320	97827	7502225	7733308	753731	379962	306480
14447973	545427	13561055	13814468	1367158	586443	468106
92314467	18549257	61818342	53068024	10821597	4159946	38042913
7747493	57913	7055481	7392278	530145	229748	265544
10172501	1529655	7592217	7802581	818204	322515	83104
11922428	329038	10846660	9683902	1595157	1368021	238886
8672604	139506	8326937	7533638	609422	239890	110557
18993143	280413	15003895	11837501	134546	547641	3596990
3872761	137063	3575836	3853545	330591	110590	128870
15931458	55070	15212068	16411500	4037289	1081901	925903
28244009	4476904	17993231	14363520	963634	1058553	803038
4073338	17735	3943674	4129049	103527	118112	104198
2566612	70030	2398624	2737333	20250	101686	55447
31359627	1334853	21552577	20200581	1406250	1008954	587592
10570462	41187	9408707	10640229	972729	5877704	36261
3202195	72318	3068209	2949060	119190	45155	18475
112805096	27385582	73320346	70588871	11037288	6562752	7474578
22854759	225839	21485167	21210967	863360	1475982	713329
3441897	488830	2426367	1928393	233448	120833	55371
10192523	1396974	8467404	9267086	181169	1277774	981784
5737742	85518	4103247	4875456	575443	159257	374788
18865922	157839	14175208	10244949	3368188	2300103	24207
6562118	1316907	3410815	3057063	1204356	233113	133914
22156016	1830608	10092662	8395900	1250364	2023236	206976
15124390	130353	14282638	9093980	303468	524228	45569
685408	72254	515146	449306	12770	44933	4367
2348985	155614	1734718	1504629	20444	71387	43846
2459295	38710	2247354	2240462	175268	79083	169367
52606901	1888412	8031642	4509415	2964441	1763466	63108
1654900	410717	884545	922086	23359	62263	128
3708190	265862	2549892	1982825	277411	98005	206749
10308287	14567	9862659	8730865	2484065	930649	35531

六、企业创新活动

Innovation Activities of Enterprises

6-1 规模(限额)以上企业创新活动总体情况(2022年)
Enterprises above Designated Size with Innovation(2022)

项目	Item	开展创新活动企业数(个) Number of Innovation-active Enterprises (unit)	#实现创新企业 Innovators	#同时实现四种创新企业 Enterprises with All 4 Kinds of Innovation	在全部企业中占比(%) As Percentage of Total(%) 开展创新活动企业 Innovation-active Enterprises	实现创新企业 Innovators	同时实现四种创新企业 Enterprises with All 4 Kinds of Innovation
总计	**Total**	**450042**	**422127**	**68652**	**42.2**	**39.6**	**6.4**
一、按规模分	**by Size of Enterprises**						
大型企业	Large-sized Industrial Enterprises	17178	16370	4086	73.6	70.2	17.5
中型企业	Medium-sized Industrial Enterprises	71297	67730	12410	49.9	47.4	8.7
小型企业	Small -sized Industrial Enterprises	313897	293096	48452	47.4	44.2	7.3
微型企业	Micro-sized Industrial Enterprises	47670	44931	3704	20.0	18.9	1.6
二、按登记注册类型分	**by Status of Registration**						
内资企业	Domestic Funded	416129	390682	63510	41.6	39.0	6.3
国有企业	State-owned Enterprises	4506	4265	476	38.7	36.6	4.1
集体企业	Collective-owned Enterprises	620	574	64	20.1	18.6	2.1
股份合作企业	Cooperative Enterprises	575	529	68	34.5	31.8	4.1
联营企业	Joint Ownership Enterprises	133	125	9	34.6	32.6	2.3
有限责任公司	Limited Liability Corporations	78326	73349	11543	45.2	42.3	6.7
股份有限公司	Share-holding Corporations Ltd.	11036	10508	2870	71.8	68.3	18.7
私营企业	Private Enterprises	320832	301240	48469	40.4	37.9	6.1
其他企业	Other Enterprises	101	92	11	34.0	31.0	3.7
港、澳、台商投资企业	Enterprises with Funds from Hong Kong, Macau and Taiwan	15567	14433	2545	51.3	47.5	8.4
外商投资企业	Foreign Funded Enterprises	18346	17012	2597	51.1	47.3	7.2
三、按行业分	**by Industrial Sector**						
采矿业	Mining	3867	3440	177	32.3	28.7	1.5
制造业	Manufacturing	283104	264383	52375	64.4	60.1	11.9
电力、热力、燃气及水生产和供应业	Production and Supply of Electricity,Heat, Gas and Water	6304	5639	134	33.1	29.6	0.7
建筑业	Construction	20169	19278	1822	29.5	28.2	2.7
批发和零售业	Wholesale and Retail Trades	75739	74565	5892	20.7	20.4	1.6
交通运输、仓储和邮政业	Transport,Storage and Post	8156	7809	509	18.6	17.8	1.2
信息传输、软件和信息技术服务业	Information Transmission,Software and Information Technology	21441	18772	4368	75.0	65.7	15.3
租赁和商务服务业	Leasing and Business Services	12405	11639	952	23.0	21.5	1.8
科学研究和技术服务业	Scientific Research and Technical Services	16768	14723	2259	57.3	50.3	7.7
水利、环境和公共设施管理业	Management of Water Conservancy, Environment and Public Facilities	2089	1879	164	34.6	31.1	2.7
四、按地区分	**by Region**						
东部地区	Eastern Region	283506	265315	44639	44.0	41.2	6.9
中部地区	Middle Region	96863	89672	15448	43.6	40.4	7.0
西部地区	Western Region	57456	55624	7193	35.8	34.7	4.5
东北地区	Northeast Region	12217	11516	1372	30.7	28.9	3.4

注：按规模分小型企业和微型企业仅包括规模(限额)以上小型企业和微型企业。6-1至6-7各表同。

Note: The classification of small enterprises and micro enterprises by size only includes small enterprises and micro enterprises above size. The tables 6-1 to 6-7 are the same.

6-1 续表 continued

项 目	Item	开展创新活动企业数（个） Number of Innovation-active Enterprises (unit)	#实现创新企业 Innovators	#同时实现四种创新企业 Enterprises with All 4 Kinds of Innovation	在全部企业中占比(%) As Percentage of Total(%) 开展创新活动企业 Innovation-active Enterprises	实现创新企业 Innovators	同时实现四种创新企业 Enterprises with All 4 Kinds of Innovation
北 京	Beijing	12933	10480	1287	43.4	35.2	4.3
天 津	Tianjin	6029	5662	770	28.3	26.6	3.6
河 北	Hebei	12185	11667	1797	38.7	37.0	5.7
山 西	Shanxi	5166	4790	443	27.9	25.8	2.4
内蒙古	Inner Mongolia	2404	2303	173	28.6	27.4	2.1
辽 宁	Liaoning	6624	6171	767	31.1	28.9	3.6
吉 林	Jilin	2297	2183	248	29.1	27.6	3.1
黑龙江	Heilongjiang	3296	3162	357	31.1	29.8	3.4
上 海	Shanghai	15493	14599	2146	37.4	35.3	5.2
江 苏	Jiangsu	58938	55363	8013	45.6	42.8	6.2
浙 江	Zhejiang	54376	50655	8980	51.9	48.4	8.6
安 徽	Anhui	20374	19453	3737	51.5	49.2	9.4
福 建	Fujian	18936	17788	2728	37.0	34.8	5.3
江 西	Jiangxi	13218	13083	2643	38.5	38.1	7.7
山 东	Shandong	35844	35237	6661	44.9	44.1	8.3
河 南	Henan	19490	18856	2428	37.5	36.3	4.7
湖 北	Hubei	18428	17223	2997	46.3	43.3	7.5
湖 南	Hunan	20187	16267	3200	53.4	43.0	8.5
广 东	Guangdong	67774	62942	12172	44.5	41.4	8.0
广 西	Guangxi	5826	5700	654	30.0	29.3	3.4
海 南	Hainan	998	922	85	28.7	26.5	2.4
重 庆	Chongqing	8215	7892	1478	42.0	40.4	7.6
四 川	Sichuan	16275	15816	2120	40.0	38.9	5.2
贵 州	Guizhou	4680	4528	475	36.3	35.1	3.7
云 南	Yunnan	4892	4662	615	36.1	34.4	4.5
西 藏	Tibet	254	232	20	30.5	27.9	2.4
陕 西	Shaanxi	7864	7610	1065	37.0	35.8	5.0
甘 肃	Gansu	2369	2314	253	35.9	35.0	3.8
青 海	Qinghai	527	520	45	31.7	31.3	2.7
宁 夏	Ningxia	1374	1336	148	45.1	43.9	4.9
新 疆	Xinjiang	2776	2711	147	22.4	21.9	1.2

6-2 规模(限额)以上企业产品和
Enterprises above Designated Size

项　目	Item	开展产品或工艺创新活动企业数（个）Number of Product or Process Innovationactive Enterprises (unit)	#实现产品或工艺创新企业 Product or Process Innovators
总　计	**Total**	**351248**	**308101**
一、按规模分	**by Size of Enterprises**		
大型企业	Large-sized Industrial Enterprises	15294	13943
中型企业	Medium-sized Industrial Enterprises	54312	48265
小型企业	Small-sized Industrial Enterprises	256647	225179
微型企业	Micro-sized Industrial Enterprises	24995	20714
二、按登记注册类型分	**by Status of Registration**		
内资企业	Domestic Funded	321766	282176
国有企业	State-owned Enterprises	3094	2662
集体企业	Collective-owned Enterprises	361	299
股份合作企业	Cooperative Enterprises	465	399
联营企业	Joint Ownership Enterprises	100	82
有限责任公司	Limited Liability Corporations	60164	52173
股份有限公司	Share-holding Corporations Ltd.	9976	9038
私营企业	Private Enterprises	247536	217466
其他企业	Other Enterprises	70	57
港、澳、台商投资企业	Enterprises with Funds from Hong Kong, Macau and Taiwan	13523	11898
外商投资企业	Foreign Funded Enterprises	15959	14027
三、按行业分	**by Industrial Sector**		
采矿业	Mining	3038	2507
制造业	Manufacturing	261392	234690
电力、热力、燃气及水生产和供应业	Production and Supply of Electricity,Heat, Gas and Water	4571	3708
建筑业	Construction	11480	9782
批发和零售业	Wholesale and Retail Trades	25132	21829
交通运输、仓储和邮政业	Transport,Storage and Post	3772	3157
信息传输、软件和信息技术服务业	Information Transmission,Software and Information Technology	19998	15554
租赁和商务服务业	Leasing and Business Services	5753	4337
科学研究和技术服务业	Scientific Research and Technical Services	14764	11517
水利、环境和公共设施管理业	Management of Water Conservancy, Environment and Public Facilities	1348	1020
四、按地区分	**by Region**		
东部地区	Eastern Region	229698	201536
中部地区	Middle Region	74895	64532
西部地区	Western Region	38156	34701
东北地区	Northeast Region	8499	7332

工艺创新分布情况(2022年)
with Product or Process Innovation(2022)

#实现产品创新企业 Product Innovators	#实现工艺创新企业 Process Innovators	在全部企业中占比(%) As Percentage of Total(%) 开展产品或工艺创新活动企业 Product or Process Innovation-active Enterprises	#实现产品或工艺创新企业 Product or Process Innovators	#实现产品创新企业 Product Innovators	#实现工艺创新企业 Process Innovators
207310	**249638**	**32.9**	**28.9**	**19.4**	**23.4**
9610	12383	65.5	59.8	41.2	53.1
32868	40463	38.0	33.8	23.0	28.3
153428	180021	38.7	34.0	23.2	27.2
11404	16771	10.5	8.7	4.8	7.0
189507	228742	32.2	28.2	18.9	22.9
1411	2272	26.6	22.9	12.1	19.5
166	266	11.7	9.7	5.4	8.6
296	282	27.9	24.0	17.8	16.9
43	62	26.0	21.4	11.2	16.1
32813	43407	34.7	30.1	18.9	25.0
6904	7409	64.9	58.8	44.9	48.2
147842	175000	31.1	27.4	18.6	22.0
32	44	23.6	19.2	10.8	14.8
8248	9699	44.5	39.2	27.2	31.9
9555	11197	44.4	39.0	26.6	31.2
730	2327	25.4	20.9	6.1	19.4
165923	189147	59.4	53.4	37.7	43.0
702	3527	24.0	19.5	3.7	18.5
4557	9040	16.8	14.3	6.7	13.2
11848	17943	6.9	6.0	3.2	4.9
1232	2818	8.6	7.2	2.8	6.4
11948	11370	70.0	54.4	41.8	39.8
2495	3418	10.6	8.0	4.6	6.3
7384	9178	50.5	39.4	25.3	31.4
491	870	22.3	16.9	8.1	14.4
139779	161122	35.6	31.3	21.7	25.0
43587	52819	33.7	29.1	19.6	23.8
19700	29612	23.8	21.6	12.3	18.5
4244	6085	21.3	18.4	10.7	15.3

6-2 续表

项　目	Item	开展产品或工艺创新活动企业数(个) Number of Product or Process Innovationactive Enterprises (unit)	#实现产品或工艺创新企业 Product or Process Innovators
北　京	Beijing	10524	6972
天　津	Tianjin	4502	3904
河　北	Hebei	9330	8535
山　西	Shanxi	3410	2835
内蒙古	Inner Mongolia	1538	1373
辽　宁	Liaoning	5050	4342
吉　林	Jilin	1522	1332
黑龙江	Heilongjiang	1927	1658
上　海	Shanghai	12036	10364
江　苏	Jiangsu	48116	42405
浙　江	Zhejiang	47732	42834
安　徽	Anhui	16166	14667
福　建	Fujian	13205	11411
江　西	Jiangxi	9914	9608
山　东	Shandong	27865	26785
河　南	Henan	13400	12340
湖　北	Hubei	14340	12472
湖　南	Hunan	17665	12610
广　东	Guangdong	55805	47880
广　西	Guangxi	3865	3655
海　南	Hainan	583	446
重　庆	Chongqing	6231	5678
四　川	Sichuan	10795	9884
贵　州	Guizhou	3041	2697
云　南	Yunnan	3074	2667
西　藏	Tibet	128	86
陕　西	Shaanxi	5094	4595
甘　肃	Gansu	1493	1382
青　海	Qinghai	314	294
宁　夏	Ningxia	1049	989
新　疆	Xinjiang	1534	1401

continued

		在全部企业中占比(%) As Percentage of Total(%)			
#实现产品创新企业 Product Innovators	#实现工艺创新企业 Process Innovators	开展产品或工艺创新活动企业 Product or Process Innovation-active Enterprises	#实现产品或工艺创新企业 Product or Process Innovators	#实现产品创新企业 Product Innovators	#实现工艺创新企业 Process Innovators
4739	5177	35.3	23.4	15.9	17.4
2382	3214	21.1	18.3	11.2	15.1
5545	7018	29.6	27.1	17.6	22.3
1329	2464	18.4	15.3	7.2	13.3
548	1236	18.3	16.3	6.5	14.7
2446	3653	23.7	20.4	11.5	17.1
830	1040	19.3	16.9	10.5	13.2
968	1392	18.2	15.6	9.1	13.1
6615	8166	29.1	25.0	16.0	19.7
26358	34713	37.2	32.8	20.4	26.9
33288	32617	45.6	40.9	31.8	31.1
9662	12134	40.9	37.1	24.4	30.7
7262	9562	25.8	22.3	14.2	18.7
7979	7580	28.9	28.0	23.2	22.1
20209	21854	34.9	33.5	25.3	27.4
6513	10692	25.8	23.7	12.5	20.6
8801	9988	36.0	31.3	22.1	25.1
9303	9961	46.7	33.3	24.6	26.3
33127	38439	36.7	31.5	21.8	25.3
1907	3185	19.9	18.8	9.8	16.4
254	362	16.8	12.8	7.3	10.4
4181	4635	31.9	29.1	21.4	23.7
5798	8335	26.6	24.3	14.3	20.5
1239	2396	23.6	20.9	9.6	18.6
1440	2354	22.7	19.7	10.6	17.4
42	72	15.4	10.3	5.0	8.7
2762	3874	23.9	21.6	13.0	18.2
709	1162	22.6	20.9	10.7	17.6
142	248	18.9	17.7	8.6	14.9
419	884	34.4	32.5	13.8	29.0
513	1231	12.4	11.3	4.1	9.9

6-3 规模(限额)以上企业产品或
Innovation Activities for Product or Process Innovation

项　目	Item	开展产品或工艺创新活动企业数（个） Number of Product or Process Innovation-active Enterprises (unit)	内部研发 In-house R&D
总　计	**Total**	**351248**	**59.3**
一、按规模分	**by Size of Enterprises**		
大型企业	Large-sized Industrial Enterprises	15294	69.8
中型企业	Medium-sized Industrial Enterprises	54312	63.5
小型企业	Small-sized Industrial Enterprises	256647	59.7
微型企业	Micro-sized Industrial Enterprises	24995	40.2
二、按登记注册类型分	**by Status of Registration**		
内资企业	Domestic Funded	321766	59.1
国有企业	State-owned Enterprises	3094	53.1
集体企业	Collective-owned Enterprises	361	47.1
股份合作企业	Cooperative Enterprises	465	52.7
联营企业	Joint Ownership Enterprises	100	52.0
有限责任公司	Limited Liability Corporations	60164	57.0
股份有限公司	Share-holding Corporations Ltd.	9976	71.1
私营企业	Private Enterprises	247536	59.3
其他企业	Other Enterprises	70	57.1
港、澳、台商投资企业	Enterprises with Funds from Hong Kong, Macau and Taiwan	13523	62.2
外商投资企业	Foreign Funded Enterprises	15959	61.2
三、按行业分	**by Industrial Sector**		
采矿业	Mining	3038	58.7
制造业	Manufacturing	261392	65.6
电力、热力、燃气及水生产和供应业	Production and Supply of Electricity,Heat, Gas and Water	4571	49.9
建筑业	Construction	11480	46.5
批发和零售业	Wholesale and Retail Trades	25132	44.9
交通运输、仓储和邮政业	Transport,Storage and Post	3772	16.6
信息传输、软件和信息技术服务业	Information Transmission,Software and Information Technology	19998	30.4
租赁和商务服务业	Leasing and Business Services	5753	17.1
科学研究和技术服务业	Scientific Research and Technical Services	14764	53.7
水利、环境和公共设施管理业	Management of Water Conservancy, Environment and Public Facilities	1348	40.4
四、按地区分	**by Region**		
东部地区	Eastern Region	229698	59.6
中部地区	Middle Region	74895	62.2
西部地区	Western Region	38156	53.9
东北地区	Northeast Region	8499	50.1

注：内部研发和外部研发数据不包括批发和零售业。
Note: Statistics on In-house R&D and External R&D do not cover the sector of wholesale and Retail Trades.

工艺创新活动类型(2022年)
in Enterprises above Designated Size(2022)

在开展产品或工艺创新活动企业中，有下列活动形式的企业占比(%) As Percentage of Product or Process Innovation-active Enterprises(%)						
外部研发 External R&D	获得机器设备和软件 Acquisition of Machinery, Equipment and Software	从外部获取相关技术 Acquisition of Other External Knowledge	相关培训 Training for Innovative Activities	市场推介 Market Introduction of Innovations	相关设计 Design	其他创新活动 Other Innovation Activities
8.2	**60.5**	**3.2**	**34.6**	**15.3**	**16.5**	**22.1**
25.4	56.6	10.3	52.5	23.9	17.8	34.3
14.1	52.0	6.0	41.9	19.2	17.1	26.3
6.2	63.7	2.1	32.8	14.2	16.7	20.9
5.5	48.5	3.1	27.1	13.2	12.6	17.8
8.1	60.4	3.1	34.2	15.2	16.3	21.5
16.8	45.5	7.2	42.2	14.6	10.0	27.5
5.8	48.8	3.0	28.3	10.0	11.1	21.3
4.9	67.5	1.3	26.7	9.2	14.6	14.6
9.0	48.0	4.0	40.0	14.0	10.0	24.0
12.9	54.9	5.2	40.1	17.2	14.9	26.5
22.3	65.0	6.5	47.5	26.2	22.2	31.6
6.2	61.8	2.5	32.2	14.3	16.5	19.8
18.6	55.7	2.9	37.1	14.3	11.4	21.4
8.9	64.3	2.7	38.2	16.7	20.0	26.4
10.3	58.7	3.8	39.4	16.9	18.6	29.9
12.7	53.8	1.2	28.2	5.0	3.5	16.9
6.9	72.2	1.1	33.8	14.9	18.7	21.9
8.6	55.8	0.6	25.2	2.8	1.2	20.0
11.6	30.2	11.7	43.2	19.1	5.6	27.2
17.1	23.0	9.5	40.4	24.3	19.5	23.1
4.3	28.7	8.4	33.5	10.9	4.6	20.1
9.7	20.7	9.3	34.2	16.8	8.5	21.9
3.8	18.6	7.4	34.2	15.9	7.6	19.0
13.0	26.1	11.2	37.6	10.8	6.6	23.8
8.1	24.5	10.3	31.1	9.1	5.4	20.7
8.1	62.1	3.2	34.1	15.5	17.4	22.6
7.7	61.6	2.5	33.4	13.7	14.4	18.9
9.4	51.1	3.9	39.8	17.5	16.2	24.4
10.2	50.0	3.2	36.1	15.9	13.7	25.6

6-3 续表

项　目	Item	开展产品或工艺创新活动企业数(个) Number of Product or Process Innovation-active Enterprises (unit)	内部研发 In-house R&D
北　京	Beijing	10524	39.5
天　津	Tianjin	4502	52.4
河　北	Hebei	9330	57.2
山　西	Shanxi	3410	41.2
内蒙古	Inner Mongolia	1538	54.3
辽　宁	Liaoning	5050	55.3
吉　林	Jilin	1522	38.3
黑龙江	Heilongjiang	1927	45.6
上　海	Shanghai	12036	43.9
江　苏	Jiangsu	48116	72.5
浙　江	Zhejiang	47732	57.0
安　徽	Anhui	16166	62.4
福　建	Fujian	13205	66.1
江　西	Jiangxi	9914	58.4
山　东	Shandong	27865	72.5
河　南	Henan	13400	70.4
湖　北	Hubei	14340	57.1
湖　南	Hunan	17665	66.1
广　东	Guangdong	55805	51.2
广　西	Guangxi	3865	55.2
海　南	Hainan	583	40.8
重　庆	Chongqing	6231	61.1
四　川	Sichuan	10795	54.5
贵　州	Guizhou	3041	52.7
云　南	Yunnan	3074	52.8
西　藏	Tibet	128	26.6
陕　西	Shaanxi	5094	50.3
甘　肃	Gansu	1493	49.6
青　海	Qinghai	314	37.3
宁　夏	Ningxia	1049	67.3
新　疆	Xinjiang	1534	34.4

continued

在开展产品或工艺创新活动企业中，有下列活动形式的企业占比(%) As Percentage of Product or Process Innovation-active Enterprises(%)						
外部研发 External R&D	获得机器设备和软件 Acquisition of Machinery, Equipment and Software	从外部获取相关技术 Acquisition of Other External Knowledge	相关培训 Training for Innovative Activities	市场推介 Market Introduction of Innovations	相关设计 Design	其他创新活动 Other Innovation Activities
13.5	36.1	6.8	34.6	17.1	12.4	25.0
9.3	40.3	3.8	40.3	17.4	16.2	27.7
6.2	67.8	1.5	33.2	12.3	12.2	18.5
8.6	59.0	3.5	37.4	15.2	10.9	25.3
11.4	52.8	4.1	34.8	11.0	9.8	21.1
9.8	41.0	2.9	37.5	15.3	12.9	27.7
11.5	65.4	3.4	34.4	14.9	14.2	22.8
10.4	61.2	3.7	33.7	18.1	15.5	22.4
10.3	42.4	6.6	40.6	19.6	17.4	28.6
9.2	60.5	2.7	34.2	13.4	14.5	21.6
7.1	79.1	2.0	25.4	11.6	16.2	17.9
9.3	63.7	2.9	41.9	16.7	18.2	22.7
8.5	33.1	2.8	30.9	14.4	17.0	19.8
5.2	75.7	2.1	35.9	14.2	16.5	18.6
7.4	50.1	2.6	32.4	14.3	15.0	19.1
6.6	25.0	2.3	31.7	13.2	13.4	19.2
8.7	67.4	3.0	33.5	13.6	14.4	19.3
7.7	75.3	2.0	24.5	10.7	11.2	13.9
6.7	71.9	3.9	41.4	20.5	24.0	28.4
7.6	63.3	4.4	41.7	17.3	16.2	28.6
15.4	54.0	4.3	36.5	19.2	13.2	21.4
7.3	55.0	3.9	39.3	16.4	17.1	22.7
10.1	49.8	3.6	38.9	17.9	17.1	23.1
7.8	31.9	3.1	36.0	16.1	15.7	22.9
10.8	48.9	3.7	44.5	20.8	18.0	26.9
18.0	30.5	8.6	30.5	18.0	10.2	20.3
11.7	45.7	4.7	43.2	20.2	18.1	26.3
9.8	48.8	4.3	39.1	18.3	13.5	23.0
10.8	55.1	4.8	38.2	16.2	14.0	25.5
8.3	72.9	3.7	37.0	14.9	10.9	24.5
7.9	59.6	4.1	38.1	14.9	10.8	25.6

6-4 规模以上工业企业创

Innovation Expenditure of Industrial

项　目	Item	创新费用支出合计(亿元) Total Core Innovation Expenditure (100 Million Yuan)	1.内部研发经费支出 In-house R&D
总　计	**Total**	**31543.7**	**19361.8**
一、按规模分	**by Size of Enterprises**		
大型企业	Large-sized Industrial Enterprises	15957.7	9081.7
中型企业	Medium-sized Industrial Enterprises	6955.0	4486.9
小型企业	Small -sized Industrial Enterprises	8321.8	5613.2
微型企业	Micro-sized Industrial Enterprises	309.1	180.0
二、按登记注册类型分	**by Status of Registration**		
内资企业	Domestic Funded	25674.3	15689.6
国有企业	State-owned Enterprises	516.2	268.2
集体企业	Collective-owned Enterprises	9.2	7.1
股份合作企业	Cooperative Enterprises	16.9	12.2
联营企业	Joint Ownership Enterprises	12.7	4.4
有限责任公司	Limited Liability Corporations	9619.0	5498.8
股份有限公司	Share-holding Corporations Ltd.	4366.3	2505.4
私营企业	Private Enterprises	11110.0	7375.9
其他企业	Other Enterprises	24.5	17.6
港、澳、台商投资企业	Enterprises with Funds from Hong Kong, Macau and Taiwan	2488.6	1603.8
外商投资企业	Foreign Funded Enterprises	3380.9	2068.4
三、按行业分	**by Industrial Sector**		
采矿业	Mining	779.1	466.0
煤炭开采和洗选业	Mining and Washing of Coal	381.9	182.6
石油和天然气开采业	Extraction of Petroleum and Natural Gas	175.3	121.8
黑色金属矿采选业	Mining of Ferrous Metal Ores	57.5	44.1
有色金属矿采选业	Mining of Non-ferrous Metal Ores	56.1	35.6
非金属矿采选业	Mining and Processing of Nonmetal Ores	47.0	32.2
开采专业及辅助性活动	Mining Support Service Activities	61.4	49.5
制造业	Manufacturing	30066.9	18619.6
农副食品加工业	Processing of Food from Agricultural Products	481.2	346.0
食品制造业	Manufacture of Foods	306.3	164.8
酒、饮料和精制茶制造业	Manufacture of Liquor, Beverages and Refined Tea	198.6	67.7
烟草制品业	Manufacture of Tobacco	158.8	25.8
纺织业	Manufacture of Textile	413.6	246.3
纺织服装、服饰业	Manufacture of Textile, Apparel and Accessories	154.6	117.8
皮革、毛皮、羽毛及其制品和制鞋业	Manufacture of Leather, Fur, Feather and Related Products and Shoes	140.3	117.0

新费用支出情况(2022年)
Enterprises above Designated Size(2022)

所占比重 (%) As Percentage of Total (%)	2.外部研发经费支出 External R&D	所占比重 (%) As Percentage of Total (%)	3.获得机器设备和软件经费支出 Acquisition of Machinery, Equipment and Software	所占比重 (%) As Percentage of Total (%)	4.从外部获取相关技术经费支出 Acquisition of Other External Knowledge	所占比重 (%) As Percentage of Total (%)
61.4	**1393.9**	**4.4**	**9831.7**	**31.2**	**956.3**	**3.0**
56.9	989.0	6.2	5209.2	32.6	677.8	4.2
64.5	219.2	3.2	2012.4	28.9	236.5	3.4
67.5	168.0	2.0	2500.3	30.0	40.3	0.5
58.2	17.8	5.8	109.7	35.5	1.6	0.5
61.1	1125.5	4.4	8201.2	31.9	658.0	2.6
52.0	38.7	7.5	180.0	34.9	29.3	5.7
77.2			2.1	22.8		
72.2	0.3	1.8	4.4	26.0		
34.6	0.1	0.8	8.2	64.6		
57.2	538.8	5.6	3268.9	34.0	312.5	3.2
57.4	206.9	4.7	1545.1	35.4	108.9	2.5
66.4	335.8	3.0	3191.5	28.7	206.8	1.9
71.8	5.0	20.4	1.4	5.7	0.5	2.0
64.4	77.7	3.1	768.6	30.9	38.5	1.5
61.2	190.7	5.6	862.0	25.5	259.8	7.7
59.8	45.5	5.8	266.4	34.2	1.2	0.2
47.8	18.3	4.8	180.2	47.2	0.8	0.2
69.5	20.0	11.4	33.5	19.1		
76.7	1.6	2.8	11.7	20.3	0.1	0.2
63.5	1.8	3.2	18.6	33.2	0.1	0.2
68.5	0.6	1.3	14.0	29.8	0.2	0.4
80.6	3.2	5.2	8.6	14.0	0.1	0.2
61.9	1283.5	4.3	9234.1	30.7	929.7	3.1
71.9	3.8	0.8	130.4	27.1	1.0	0.2
53.8	6.4	2.1	126.4	41.3	8.7	2.8
34.1	2.9	1.5	124.7	62.8	3.3	1.7
16.2	4.2	2.6	107.7	67.8	21.1	13.3
59.6	2.8	0.7	161.3	39.0	3.2	0.8
76.2	1.0	0.6	35.6	23.0	0.2	0.1
83.4	1.3	0.9	21.9	15.6	0.1	0.1

6-4 续表 1

项 目	Item	创新费用支出合计(亿元) Total Core Innovation Expenditure (100 Million Yuan)	1.内部研发经费支出 In-house R&D
木材加工和木、竹、藤、棕、草制品业	Processing of Timbers and Manufacture of Wood,Bamboo, Rattan, Palm and Straw	118.8	96.0
家具制造业	Manufacture of Furniture	143.6	101.8
造纸和纸制品业	Manufacture of Paper and Paper Products	256.2	138.4
印刷和记录媒介复制业	Printing,Reproduction of Recording Media	168.3	111.7
文教、工美、体育和娱乐用品制造业	Manufacture of Artworks, and Articles for Culture, Education, Sports and Recreation	176.3	105.9
石油、煤炭及其他燃料加工业	Processing of Petroleum ,Coking and Processing of Nucleus Fuel	463.0	170.6
化学原料和化学制品制造业	Manufacture of Chemical Raw Material and Chemical Products	1875.9	1004.9
医药制造业	Manufacture of Medicines	1587.9	1048.9
化学纤维制造业	Manufacture of Chemical Fiber	224.2	171.0
橡胶和塑料制品业	Manufacture of Rubber and Plastic	767.4	535.5
非金属矿物制品业	Manufacture of Non-metallic Mineral Products	1078.3	628.7
黑色金属冶炼和压延加工业	Manufacture and Processing of Ferrous Metals	2221.9	816.4
有色金属冶炼和压延加工业	Manufacture and Processing of Non-ferrous Metals	942.7	505.1
金属制品业	Manufacture of Metal Products	1039.5	757.5
通用设备制造业	Manufacture of General Purpose Machinery	1687.5	1190.6
专用设备制造业	Manufacture of Special Purpose Machinery	1550.0	1150.1
汽车制造业	Manufacture of Motor Vehicles	2772.1	1651.7
铁路、船舶、航空航天和其他运输设备制造业	Manufacture of Railway, Ships, Aerospace and Other Transport Equipment	977.8	633.2
电气机械和器材制造业	Manufacture of Electrical Machinery and Equipment	3130.9	2098.5
计算机、通信和其他电子设备制造业	Manufacture of Computer, Communication and Other Electronic Equipment	6301.8	4099.9
仪器仪表制造业	Manufacture of Measuring Instrument and Meter	497.0	354.1
其他制造业	Other Manufacturing	93.8	70.5
废弃资源综合利用业	Waste Recycling and Recovery	98.4	70.2
金属制品、机械和设备修理业	Repaire Service of Metal Products, Machinery and Equipment	40.9	22.9
电力、热力、燃气及水生产和供应业	Production and Distribution of Electricity, Gas and Water	697.9	276.2
电力、热力生产和供应业	Production and Supply of Electric Power and Heat Power	609.2	217.9
燃气生产和供应业	Production and Distribution of Gas	55.7	37.6
水的生产和供应业	Production and Distribution of Water	32.9	20.7
四、按地区分	**by Region**		
东部地区	Eastern Region	20326.5	12607.1
中部地区	Middle Region	6224.0	3960.2
西部地区	Western Region	3950.1	2228.1
东北地区	Northeast Region	1043.2	566.3

continued

所占比重 (%) As Percentage of Total (%)	2.外部研发经费支出 External R&D	所占比重 (%) As Percentage of Total (%)	3.获得机器设备和软件经费支出 Acquisition of Machinery, Equipment and Software	所占比重 (%) As Percentage of Total (%)	4.从外部获取相关技术经费支出 Acquisition of Other External Knowledge	所占比重 (%) As Percentage of Total (%)
80.8	0.6	0.5	22.0	18.5	0.2	0.2
70.9	1.2	0.8	40.0	27.9	0.6	0.4
54.0	2.8	1.1	113.7	44.4	1.3	0.5
66.4	1.0	0.6	52.9	31.4	2.7	1.6
60.1	1.7	1.0	68.1	38.6	0.6	0.3
36.8	7.0	1.5	282.5	61.0	2.9	0.6
53.6	35.9	1.9	816.0	43.5	19.1	1.0
66.1	164.5	10.4	320.7	20.2	53.8	3.4
76.3	2.9	1.3	48.5	21.6	1.8	0.8
69.8	15.1	2.0	209.4	27.3	7.4	1.0
58.3	7.4	0.7	437.8	40.6	4.4	0.4
36.7	12.5	0.6	1310.7	59.0	82.3	3.7
53.6	9.6	1.0	426.4	45.2	1.6	0.2
72.9	7.0	0.7	267.8	25.8	7.2	0.7
70.6	39.5	2.3	431.6	25.6	25.8	1.5
74.2	32.9	2.1	359.4	23.2	7.6	0.5
59.6	246.4	8.9	655.0	23.6	219.0	7.9
64.8	73.9	7.6	208.5	21.3	62.2	6.4
67.0	61.7	2.0	750.8	24.0	219.9	7.0
65.1	514.1	8.2	1527.8	24.2	160.0	2.5
71.2	15.9	3.2	120.3	24.2	6.7	1.3
75.2	4.7	5.0	18.5	19.7	0.1	0.1
71.3	1.5	1.5	26.6	27.0	0.1	0.1
56.0	1.2	2.9	12.1	29.6	4.7	11.5
39.6	65.0	9.3	331.3	47.5	25.4	3.6
35.8	62.8	10.3	303.3	49.8	25.2	4.1
67.5	1.6	2.9	16.4	29.4	0.1	0.2
62.9	0.6	1.8	11.6	35.3		
62.0	952.7	4.7	5989.2	29.5	777.5	3.8
63.6	206.1	3.3	2019.0	32.4	38.7	0.6
56.4	162.9	4.1	1454.7	36.8	104.4	2.6
54.3	72.2	6.9	368.9	35.4	35.8	3.4

6-4 续表 2

项 目	Item	创新费用支出合计(亿元) Total Core Innovation Expenditure (100 Million Yuan)	1.内部研发经费支出 In-house R&D
北 京	Beijing	621.0	349.0
天 津	Tianjin	400.2	284.6
河 北	Hebei	1011.4	635.9
山 西	Shanxi	401.7	202.3
内蒙古	Inner Mongolia	349.7	170.9
辽 宁	Liaoning	618.6	375.7
吉 林	Jilin	260.0	92.6
黑龙江	Heilongjiang	164.6	98.0
上 海	Shanghai	1465.5	766.0
江 苏	Jiangsu	4484.6	2993.7
浙 江	Zhejiang	2879.4	1768.1
安 徽	Anhui	1418.7	820.6
福 建	Fujian	1110.4	848.6
江 西	Jiangxi	729.6	439.7
山 东	Shandong	2548.2	1728.7
河 南	Henan	1028.0	845.5
湖 北	Hubei	1345.5	793.2
湖 南	Hunan	1300.4	858.9
广 东	Guangdong	5759.8	3217.8
广 西	Guangxi	379.3	150.6
海 南	Hainan	46.3	14.9
重 庆	Chongqing	683.9	479.3
四 川	Sichuan	874.6	530.1
贵 州	Guizhou	243.9	131.8
云 南	Yunnan	315.4	198.7
西 藏	Tibet	3.5	1.7
陕 西	Shaanxi	531.4	354.4
甘 肃	Gansu	179.7	72.0
青 海	Qinghai	32.9	14.9
宁 夏	Ningxia	152.4	59.7
新 疆	Xinjiang	203.6	64.1

continued

所占比重 (%) As Percentage of Total (%)	2.外部研发经费支出 External R&D	所占比重 (%) As Percentage of Total (%)	3.获得机器设备和软件经费支出 Acquisition of Machinery, Equipment and Software	所占比重 (%) As Percentage of Total (%)	4.从外部获取相关技术经费支出 Acquisition of Other External Knowledge	所占比重 (%) As Percentage of Total (%)
56.2	40.2	6.5	213.0	34.3	18.8	3.0
71.1	21.7	5.4	88.8	22.2	5.1	1.3
62.9	22.6	2.2	340.5	33.7	12.4	1.2
50.4	13.7	3.4	184.6	46.0	1.1	0.3
48.9	13.0	3.7	141.5	40.5	24.3	6.9
60.7	26.6	4.3	206.9	33.4	9.4	1.5
35.6	39.0	15.0	104.3	40.1	24.1	9.3
59.5	6.6	4.0	57.8	35.1	2.2	1.3
52.3	65.9	4.5	465.8	31.8	167.8	11.5
66.8	156.4	3.5	1115.1	24.9	219.4	4.9
61.4	121.7	4.2	950.2	33.0	39.4	1.4
57.8	50.1	3.5	539.5	38.0	8.5	0.6
76.4	18.5	1.7	217.4	19.6	25.9	2.3
60.3	18.0	2.5	260.9	35.8	11.0	1.5
67.8	77.6	3.0	708.2	27.8	33.7	1.3
82.2	24.1	2.3	154.2	15.0	4.2	0.4
59.0	42.2	3.1	504.9	37.5	5.2	0.4
66.0	58.0	4.5	374.9	28.8	8.6	0.7
55.9	421.0	7.3	1866.2	32.4	254.8	4.4
39.7	9.9	2.6	196.3	51.8	22.5	5.9
32.2	7.2	15.6	24.0	51.8	0.2	0.4
70.1	27.2	4.0	155.4	22.7	22.0	3.2
60.6	31.4	3.6	303.7	34.7	9.4	1.1
54.0	9.8	4.0	101.6	41.7	0.7	0.3
63.0	15.3	4.9	88.4	28.0	13.0	4.1
48.6	0.3	8.6	1.5	42.9		
66.7	40.8	7.7	127.0	23.9	9.2	1.7
40.1	4.0	2.2	103.2	57.4	0.5	0.3
45.3	1.2	3.6	16.8	51.1		
39.2	1.8	1.2	89.6	58.8	1.3	0.9
31.5	8.2	4.0	129.9	63.8	1.4	0.7

6-5 规模(限额)以上企业
Cooperation for Product or Process Innovation

项　目	Item	开展创新合作的企业数(个) Enterprises with Cooperation for Product or Process Innovation (unit)	创新合作企业占全部企业的比重(%) As Percentage of Total (%)	集团内其他企业 Other Enterprises within the Enterprise Group	高等学校 Universities
总　计	**Total**	**279154**	**26.2**	**32.7**	**26.0**
一、按规模分	**by Size of Enterprises**				
大型企业	Large-sized Industrial Enterprises	13793	59.1	66.5	50.0
中型企业	Medium-sized Industrial Enterprises	48197	33.7	46.0	31.6
小型企业	Small-sized Industrial Enterprises	190642	28.8	27.8	24.8
微型企业	Micro-sized Industrial Enterprises	26522	11.1	25.4	12.3
二、按登记注册类型分	**by Status of Registration**				
内资企业	Domestic Funded	257153	25.7	31.0	26.1
国有企业	State-owned Enterprises	3053	26.2	60.2	37.3
集体企业	Collective-owned Enterprises	325	10.6	26.2	20.3
股份合作企业	Cooperative Enterprises	307	18.4	21.5	23.1
联营企业	Joint Ownership Enterprises	97	25.3	56.7	25.8
有限责任公司	Limited Liability Corporations	51719	29.8	51.8	32.1
股份有限公司	Share-holding Corporations Ltd.	8520	55.4	47.5	51.0
私营企业	Private Enterprises	193076	24.3	24.3	23.2
其他企业	Other Enterprises	56	18.9	37.5	39.3
港、澳、台商投资企业	Enterprises with Funds from Hong Kong, Macau and Taiwan	9975	32.9	46.9	26.3
外商投资企业	Foreign Funded Enterprises	12026	33.5	55.6	25.1
三、按行业分	**by Industrial Sector**				
采矿业	Mining	2179	18.2	39.1	34.3
制造业	Manufacturing	178875	40.7	30.7	29.2
电力、热力、燃气及水生产和供应业	Production and Supply of Electricity,Heat, Gas and Water	3457	18.2	56.4	23.0
建筑业	Construction	12574	18.4	37.9	26.1
批发和零售业	Wholesale and Retail Trades	43140	11.8	26.8	9.6
交通运输、仓储和邮政业	Transport,Storage and Post	4644	10.6	40.2	12.2
信息传输、软件和信息技术服务业	Information Transmission,Software and Information Technology	14718	51.5	47.7	30.7
租赁和商务服务业	Leasing and Business Services	7107	13.2	39.1	16.9
科学研究和技术服务业	Scientific Research and Technical Services	11196	38.3	43.9	43.9
水利、环境和公共设施管理业	Management of Water Conservancy, Environment and Public Facilities	1264	20.9	43.7	29.5
四、按地区分	**by Region**				
东部地区	Eastern Region	173354	26.9	32.3	25.4
中部地区	Middle Region	60440	27.2	32.1	27.7
西部地区	Western Region	38034	23.7	34.5	25.4
东北地区	Northeast Region	7326	18.4	35.0	30.8

创新合作开展情况(2022年)
in Enterprises above Designated Size(2022)

在创新合作企业中，与下列伙伴开展合作的企业占比(%) Share of Enterprises Cooperate with These Partners in Enterprises with Cooperation for Innovation(%)						
研究机构 Public Research institutes	政府部门或行业协会 Government Departments or Industry Associations	供应商 Suppliers	客户或消费者 Customer or Consumer	竞争对手或同行业企业 Competitors or Other Enterprises in this Sector	咨询顾问、市场分析及中介机构 Consultants, market analysis and intermediaries	其他合作对象 Others
14.4	**20.9**	**38.6**	**47.2**	**19.8**	**17.4**	**16.1**
30.0	28.0	32.9	29.7	14.4	16.5	10.4
17.2	23.7	34.8	39.9	17.3	18.0	13.9
13.5	19.6	40.2	49.6	20.2	17.5	16.2
8.0	21.6	36.3	52.8	24.3	16.5	22.4
14.5	21.4	38.4	47.4	20.2	17.5	16.5
22.8	30.7	28.1	27.1	16.0	14.0	15.1
15.4	32.0	32.0	42.5	16.0	11.4	22.2
11.4	21.5	29.0	50.2	18.2	14.7	18.6
12.4	23.7	29.9	32.0	13.4	11.3	13.4
18.8	23.6	33.5	37.2	17.0	15.7	14.8
30.1	28.2	32.4	37.9	16.0	16.6	11.4
12.6	20.3	40.2	50.9	21.3	18.1	17.1
25.0	21.4	21.4	50.0	16.1	12.5	19.6
13.8	16.4	40.7	46.8	16.4	18.5	13.4
12.4	13.7	40.6	44.3	13.9	15.7	11.2
26.8	16.6	36.9	22.1	12.4	13.1	14.5
16.2	17.4	42.2	48.4	17.7	16.3	13.5
19.3	21.8	39.5	12.2	8.8	12.5	15.0
13.5	35.1	39.2	27.7	20.9	21.3	22.0
5.9	21.5	36.7	59.4	26.9	19.3	23.7
7.5	25.0	26.3	42.2	26.1	17.5	21.9
13.8	30.9	25.5	43.2	23.6	17.0	16.0
7.3	34.0	18.8	45.6	24.7	25.9	22.5
24.3	33.8	23.1	31.6	19.0	20.9	15.9
17.3	36.8	23.5	23.3	16.2	20.0	15.8
13.8	19.4	39.9	49.3	20.0	18.6	15.7
15.3	22.6	36.6	43.7	19.0	15.4	16.1
15.4	24.8	36.7	44.4	21.0	16.0	18.0
17.6	21.6	33.0	41.5	15.2	14.2	15.9

6-5 续表

项　目	Item	开展创新合作的企业数 (个) Enterprises with Cooperation for Product or Process Innovation (unit)	创新合作企业占全部企业的比重 (%) As Percentage of Total (%)		
				集团内其他企业 Other Enterprises within the Enterprise Group	高等学校 Universities
北　京	Beijing	7360	24.7	45.1	29.6
天　津	Tianjin	3566	16.7	40.0	25.7
河　北	Hebei	6522	20.7	29.1	26.0
山　西	Shanxi	3089	16.7	31.0	30.5
内蒙古	Inner Mongolia	1513	18.0	39.8	28.0
辽　宁	Liaoning	3990	18.7	36.3	33.5
吉　林	Jilin	1490	18.9	35.0	30.9
黑龙江	Heilongjiang	1846	17.4	32.2	24.8
上　海	Shanghai	9859	23.8	46.7	26.0
江　苏	Jiangsu	34743	26.9	32.1	34.2
浙　江	Zhejiang	34850	33.3	25.6	19.8
安　徽	Anhui	13178	33.3	29.7	33.9
福　建	Fujian	11863	23.2	32.0	20.1
江　西	Jiangxi	8563	24.9	33.3	20.4
山　东	Shandong	22081	27.6	33.4	27.3
河　南	Henan	12153	23.4	29.5	25.3
湖　北	Hubei	11834	29.7	31.9	28.8
湖　南	Hunan	11623	30.7	37.4	26.5
广　东	Guangdong	41890	27.5	31.6	22.4
广　西	Guangxi	3670	18.9	36.6	25.9
海　南	Hainan	620	17.8	47.1	20.0
重　庆	Chongqing	5776	29.6	37.8	20.4
四　川	Sichuan	10626	26.1	32.8	25.8
贵　州	Guizhou	3154	24.4	34.3	23.3
云　南	Yunnan	3250	24.0	34.7	24.7
西　藏	Tibet	166	20.0	42.8	23.5
陕　西	Shaanxi	5336	25.1	30.1	28.6
甘　肃	Gansu	1570	23.8	34.5	26.6
青　海	Qinghai	353	21.3	39.9	30.6
宁　夏	Ningxia	916	30.1	36.4	36.4
新　疆	Xinjiang	1704	13.7	35.8	23.8

continued

在创新合作企业中，与下列伙伴开展合作的企业占比(%) Share of Enterprises Cooperate with These Partners in Enterprises with Cooperation for Innovation(%)						
研究机构 Public Research institutes	政府部门或行业协会 Government Departments or Industry Associations	供应商 Suppliers	客户或消费者 Customer or Consumer	竞争对手或同行业企业 Competitors or Other Enterprises in this Sector	咨询顾问、市场分析及中介机构 Consultants, market analysis and intermediaries	其他合作对象 Others
19.0	24.7	31.3	41.9	17.6	17.3	14.4
14.0	18.5	38.3	45.4	16.8	17.0	14.9
14.3	19.4	34.6	42.6	17.5	14.0	16.1
16.8	19.8	33.6	38.7	17.6	15.6	18.6
21.0	21.0	29.5	33.0	15.7	13.3	14.1
17.7	19.1	34.2	41.5	14.6	14.7	15.2
18.7	22.7	31.7	39.5	14.8	12.9	15.9
16.6	26.3	31.5	43.3	16.9	14.1	17.6
13.9	20.7	38.8	46.9	18.1	20.9	15.2
16.6	19.4	39.8	47.6	18.3	16.8	14.2
10.3	17.7	38.2	52.7	20.2	19.3	14.7
16.8	23.6	39.9	47.5	19.5	19.6	16.7
11.1	20.0	37.2	47.3	20.8	16.7	17.5
13.3	22.8	37.9	47.0	20.6	16.2	17.1
15.3	20.2	35.2	44.7	16.8	14.5	13.9
13.9	19.0	33.9	40.0	17.7	14.3	15.4
15.0	24.0	36.8	44.1	20.0	13.8	16.4
16.3	24.1	35.5	41.8	18.0	12.8	14.5
13.2	19.0	47.4	54.6	24.3	22.8	18.6
14.9	25.2	37.0	42.3	23.6	17.5	22.1
16.6	24.2	30.6	37.1	20.0	18.2	25.0
13.5	23.1	40.9	48.7	20.6	15.8	14.5
14.6	24.2	36.3	46.2	21.4	15.9	16.7
14.9	26.4	35.5	43.1	20.3	17.7	22.3
16.6	26.0	40.1	46.7	21.9	17.2	18.6
16.9	32.5	31.3	43.4	19.9	18.1	19.3
15.2	24.3	35.2	46.9	21.6	14.4	18.6
18.3	29.1	36.2	41.6	22.0	14.7	20.0
20.7	29.2	29.7	35.1	16.4	15.3	18.4
18.8	29.9	31.2	30.1	16.9	18.8	15.1
17.5	25.2	35.9	36.3	19.3	15.5	20.7

6–6 规模(限额)以上企业组织和

Enterprises above Designated Size with

项　目	Item	实现组织或营销创新企业数(个) Number of Organizational or Marketing Innovators (unit)
总　计	**Total**	**300377**
一、按规模分	**by Size of Enterprises**	
大型企业	Large-sized Industrial Enterprises	12275
中型企业	Medium-sized Industrial Enterprises	51526
小型企业	Small -sized Industrial Enterprises	200350
微型企业	Micro-sized Industrial Enterprises	36226
二、按登记注册类型分	**by Status of Registration**	
内资企业	Domestic Funded	280388
国有企业	State-owned Enterprises	3311
集体企业	Collective-owned Enterprises	448
股份合作企业	Cooperative Enterprises	322
联营企业	Joint Ownership Enterprises	87
有限责任公司	Limited Liability Corporations	54706
股份有限公司	Share-holding Corporations Ltd.	7954
私营企业	Private Enterprises	213490
其他企业	Other Enterprises	70
港、澳、台商投资企业	Enterprises with Funds from Hong Kong, Macau and Taiwan	9373
外商投资企业	Foreign Funded Enterprises	10616
三、按行业分	**by Industrial Sector**	
采矿业	Mining	2100
制造业	Manufacturing	166384
电力、热力、燃气及水生产和供应业	Production and Supply of Electricity,Heat, Gas and Water	3478
建筑业	Construction	15887
批发和零售业	Wholesale and Retail Trades	69833
交通运输、仓储和邮政业	Transport,Storage and Post	6664
信息传输、软件和信息技术服务业	Information Transmission,Software and Information Technology	14002
租赁和商务服务业	Leasing and Business Services	10283
科学研究和技术服务业	Scientific Research and Technical Services	10266
水利、环境和公共设施管理业	Management of Water Conservancy, Environment and Public Facilities	1480
四、按地区分	**by Region**	
东部地区	Eastern Region	182631
中部地区	Middle Region	65689
西部地区	Western Region	43380
东北地区	Northeast Region	8677

营销创新情况(2022年)
Organizational or Marketing Innovation(2022)

		在全部企业中占比(%) As Percentage of Total(%)		
#实现组织创新企业 Organizational Innovators	#实现营销创新企业 Marketing Innovators	实现组织或营销创新企业 Organizational or Marketing Innovators	#实现组织创新企业 Organizational Innovators	#实现营销创新企业 Marketing Innovators
232604	**210416**	**28.2**	**21.8**	**19.7**
10429	8022	52.6	44.7	34.4
41345	34318	36.1	28.9	24.0
153377	143980	30.2	23.1	21.7
27453	24096	15.2	11.5	10.1
217835	196342	28.0	21.8	19.6
2844	1687	28.4	24.4	14.5
362	248	14.6	11.8	8.1
224	243	19.3	13.4	14.6
70	53	22.7	18.2	13.8
44692	34109	31.5	25.8	19.7
6494	5856	51.7	42.2	38.1
163092	154105	26.9	20.5	19.4
57	41	23.6	19.2	13.8
6857	6846	30.9	22.6	22.5
7912	7228	29.5	22.0	20.1
1900	884	17.5	15.9	7.4
126189	126977	37.8	28.7	28.9
3160	1108	18.3	16.6	5.8
14995	5831	23.2	21.9	8.5
49777	51111	19.1	13.6	14.0
5900	2940	15.2	13.4	6.7
11923	9540	49.0	41.7	33.4
8323	5952	19.0	15.4	11.0
9166	5333	35.1	31.3	18.2
1271	740	24.5	21.0	12.2
139594	129499	28.3	21.7	20.1
51753	47232	29.6	23.3	21.3
34625	28124	27.1	21.6	17.5
6632	5561	21.8	16.7	14.0

6-6 续表

项 目	Item	实现组织或营销创新企业数（个） Number of Organizational or Marketing Innovators (unit)
北 京	Beijing	7815
天 津	Tianjin	4149
河 北	Hebei	8166
山 西	Shanxi	3623
内蒙古	Inner Mongolia	1657
辽 宁	Liaoning	4376
吉 林	Jilin	1697
黑龙江	Heilongjiang	2604
上 海	Shanghai	10600
江 苏	Jiangsu	36171
浙 江	Zhejiang	30887
安 徽	Anhui	14575
福 建	Fujian	13386
江 西	Jiangxi	9357
山 东	Shandong	24081
河 南	Henan	14114
湖 北	Hubei	12395
湖 南	Hunan	11625
广 东	Guangdong	46599
广 西	Guangxi	4247
海 南	Hainan	777
重 庆	Chongqing	5874
四 川	Sichuan	12362
贵 州	Guizhou	3558
云 南	Yunnan	3913
西 藏	Tibet	215
陕 西	Shaanxi	6213
甘 肃	Gansu	1857
青 海	Qinghai	413
宁 夏	Ningxia	973
新 疆	Xinjiang	2098

continued

		在全部企业中占比(%) As Percentage of Total(%)		
#实现组织创新企业 Organizational Innovators	#实现营销创新企业 Marketing Innovators	实现组织或营销创新企业 Organizational or Marketing Innovators	#实现组织创新企业 Organizational Innovators	#实现营销创新企业 Marketing Innovators
5955	4834	26.2	20.0	16.2
3281	2592	19.5	15.4	12.2
6211	5866	25.9	19.7	18.6
2938	2112	19.5	15.8	11.4
1263	977	19.7	15.0	11.6
3376	2798	20.5	15.8	13.1
1312	1048	21.5	16.6	13.3
1944	1715	24.6	18.3	16.2
8110	7055	25.6	19.6	17.0
28576	24691	28.0	22.1	19.1
22650	22704	29.5	21.6	21.7
11642	10559	36.8	29.4	26.7
10133	9579	26.2	19.8	18.7
7152	6994	27.2	20.8	20.4
18961	16979	30.2	23.7	21.3
11098	10001	27.1	21.3	19.2
9856	8788	31.1	24.8	22.1
9067	8778	30.7	24.0	23.2
35115	34725	30.6	23.1	22.8
3275	2773	21.9	16.9	14.3
602	474	22.4	17.3	13.6
4717	4139	30.1	24.1	21.2
9869	8039	30.4	24.3	19.8
2890	2294	27.6	22.4	17.8
3134	2599	28.9	23.1	19.2
178	126	25.8	21.4	15.1
4982	4039	29.2	23.4	19.0
1502	1177	28.1	22.7	17.8
349	236	24.9	21.0	14.2
785	605	31.9	25.8	19.9
1681	1120	16.9	13.6	9.0

6-7 规模(限额)以上企业创新
Innovation Strategic Objectives in

项　目	Item	制定创新战略目标的企业数(个) Number of Enterprises with Innovation Strategic Objectives (unit)	制定创新战略目标企业占全部企业的比重(%) As Percentage of Total (%)
总　计	**Total**	**440393**	**41.3**
一、按规模分	**by Size of Enterprises**		
大型企业	Large-sized Industrial Enterprises	16998	72.8
中型企业	Medium-sized Industrial Enterprises	73444	51.4
小型企业	Small-sized Industrial Enterprises	295049	44.5
微型企业	Micro-sized Industrial Enterprises	54902	23.1
二、按登记注册类型分	**by Status of Registration**		
内资企业	Domestic Funded	407888	40.8
国有企业	State-owned Enterprises	5270	45.3
集体企业	Collective-owned Enterprises	737	23.9
股份合作企业	Cooperative Enterprises	530	31.8
联营企业	Joint Ownership Enterprises	140	36.5
有限责任公司	Limited Liability Corporations	82058	47.3
股份有限公司	Share-holding Corporations Ltd.	10776	70.1
私营企业	Private Enterprises	308268	38.8
其他企业	Other Enterprises	109	36.7
港、澳、台商投资企业	Enterprises with Funds from Hong Kong, Macau and Taiwan	14635	48.2
外商投资企业	Foreign Funded Enterprises	17870	49.7
三、按行业分	**by Industrial Sector**		
采矿业	Mining	3507	29.3
制造业	Manufacturing	242857	55.2
电力、热力、燃气及水生产和供应业	Production and Supply of Electricity,Heat, Gas and Water	6641	34.9
建筑业	Construction	24840	36.3
批发和零售业	Wholesale and Retail Trades	96043	26.3
交通运输、仓储和邮政业	Transport,Storage and Post	11898	27.1
信息传输、软件和信息技术服务业	Information Transmission,Software and Information Technology	19428	68.0
租赁和商务服务业	Leasing and Business Services	16508	30.6
科学研究和技术服务业	Scientific Research and Technical Services	16364	56.0
水利、环境和公共设施管理业	Management of Water Conservancy, Environment and Public Facilities	2307	38.2

战略目标制定情况(2022年)
Enterprises above Designated Size(2022)

在制定创新战略目标企业中，制定下列目标的企业占比(%) Share of Enterprises with these Objectives(%)					
保持本领域的国际领先地位 Maintain International Leading Level	赶超同行业国际领先企业 Try to Catch up with International Leading Level	赶超同行业国内领先企业 Try to Catch up with National Leading Level	增加创新投入，提升企业竞争力 Increase Input and Improve Competitiveness	保持现有的技术水平和生产经营状况 Maintain the Current Level	其他目标 Other Objectives
3.9	**4.4**	**18.7**	**49.2**	**19.9**	**3.9**
9.7	8.6	22.6	48.6	8.7	1.7
5.4	5.5	20.9	48.2	16.4	3.6
3.4	4.2	18.5	50.9	19.5	3.5
2.7	2.9	15.2	41.6	30.2	7.5
3.2	4.2	18.8	49.6	20.2	4.0
3.6	3.9	16.7	52.2	18.2	5.5
1.2	2.3	9.6	45.2	34.2	7.5
2.3	1.9	16.0	46.8	28.5	4.5
2.9	6.4	22.9	35.7	26.4	5.7
3.8	4.6	20.8	49.2	17.3	4.4
6.6	7.9	23.3	51.1	9.2	1.9
3.0	3.9	18.2	49.6	21.3	4.0
4.6	3.7	17.4	49.5	20.2	4.6
9.2	7.2	17.7	46.3	16.9	2.7
14.7	8.2	15.9	41.7	17.1	2.4
1.9	2.6	12.1	49.6	29.4	4.5
4.5	5.3	19.5	53.6	15.3	1.8
3.9	3.8	18.8	43.0	25.7	4.8
1.4	1.9	12.1	49.8	29.7	5.1
3.2	3.2	17.8	38.6	28.4	8.8
3.1	3.5	20.7	37.7	28.3	6.7
4.7	4.8	20.2	55.7	12.6	1.9
3.8	3.2	18.5	42.6	25.1	7.0
4.3	4.1	18.8	53.6	16.7	2.5
2.0	2.8	18.1	51.1	21.1	4.9

6-7 续表

项　目	Item	制定创新战略目标的企业数(个) Number of Enterprises with Innovation Strategic Objectives (unit)	制定创新战略目标企业占全部企业的比重(%) As Percentage of Total (%)
四、按地区分	**by Region**		
东部地区	Eastern Region	269949	41.9
中部地区	Middle Region	94622	42.6
西部地区	Western Region	61753	38.5
东北地区	Northeast Region	14069	35.3
北　京	Beijing	13062	43.9
天　津	Tianjin	7209	33.8
河　北	Hebei	12967	41.1
山　西	Shanxi	6403	34.5
内蒙古	Inner Mongolia	2854	33.9
辽　宁	Liaoning	7520	35.3
吉　林	Jilin	2925	37.0
黑龙江	Heilongjiang	3624	34.2
上　海	Shanghai	16740	40.5
江　苏	Jiangsu	53294	41.2
浙　江	Zhejiang	47187	45.1
安　徽	Anhui	20201	51.1
福　建	Fujian	16963	33.2
江　西	Jiangxi	13151	38.3
山　东	Shandong	35372	44.3
河　南	Henan	20205	38.9
湖　北	Hubei	18300	46.0
湖　南	Hunan	16362	43.3
广　东	Guangdong	65965	43.4
广　西	Guangxi	6776	34.9
海　南	Hainan	1190	34.2
重　庆	Chongqing	7904	40.4
四　川	Sichuan	16500	40.6
贵　州	Guizhou	4654	36.1
云　南	Yunnan	5496	40.5
西　藏	Tibet	309	37.1
陕　西	Shaanxi	8692	40.9
甘　肃	Gansu	2741	41.5
青　海	Qinghai	630	38.0
宁　夏	Ningxia	1380	45.3
新　疆	Xinjiang	3817	30.8

continued

在制定创新战略目标企业中，制定下列目标的企业占比(%) Share of Enterprises with these Objectives(%)					
保持本领域的国际领先地位 Maintain International Leading Level	赶超同行业国际领先企业 Try to Catch up with International Leading Level	赶超同行业国内领先企业 Try to Catch up with National Leading Level	增加创新投入，提升企业竞争力 Increase Input and Improve Competitiveness	保持现有的技术水平和生产经营状况 Maintain the Current Level	其他目标 Other Objectives
4.4	4.9	19.0	48.7	19.3	3.6
3.1	3.7	18.6	50.7	19.8	4.2
2.8	3.4	17.1	50.0	21.9	4.7
4.6	4.4	18.4	43.1	24.4	5.1
5.3	4.8	19.6	45.7	22.3	2.4
4.9	4.8	19.4	41.8	24.5	4.6
3.6	4.2	18.9	49.8	19.6	3.9
2.7	2.4	16.3	45.9	26.8	5.9
3.6	4.4	17.7	45.2	25.4	3.6
5.6	5.0	18.6	42.6	23.5	4.8
3.9	3.9	18.2	44.3	24.1	5.6
3.3	3.6	18.3	43.0	26.5	5.2
7.9	6.7	20.3	42.4	19.0	3.7
4.7	4.9	19.6	47.9	19.4	3.4
3.5	4.8	18.4	52.1	18.5	2.6
2.8	3.6	19.8	53.4	16.1	4.4
4.0	4.5	17.2	49.6	20.5	4.2
3.5	4.1	19.6	49.4	18.8	4.6
3.8	4.6	19.5	49.2	18.9	4.0
2.6	3.3	17.6	48.9	23.6	3.9
3.1	3.9	18.9	49.5	20.5	4.0
3.8	3.9	17.9	53.9	16.9	3.7
4.3	5.0	18.8	49.4	18.4	4.0
2.9	3.1	15.4	49.3	23.0	6.2
4.2	4.5	18.7	43.8	21.5	7.3
3.4	3.8	18.0	51.7	19.6	3.6
2.8	3.4	18.1	50.2	21.5	4.1
2.5	3.4	15.7	52.1	21.2	5.1
3.0	3.1	14.7	52.8	21.6	4.8
4.5	3.2	14.6	45.6	26.5	5.5
2.5	3.7	18.6	49.2	21.4	4.7
2.2	3.1	16.1	49.7	23.3	5.5
1.9	2.2	17.0	47.3	25.7	5.9
2.7	4.1	17.3	55.7	16.4	3.8
2.7	2.9	16.4	44.2	27.2	6.6

七、国家科技计划

National Program for Science and Technology Development

7-1　国家主要科技计划基本情况
Appropriation for S&T by Central Government in the Main Programs of S&T

单位：万元

项　目	Item	2016	2017	2018	2019	2020	2021	2022
国家自然科学基金	National Natural Science Fund	2680331	2986659	3070270	2808086	2830251	3116846	3282330
国家重点研发计划	National Key R&D Program of China	1035418	1987692	2429937	2954185	2898108	2143838	3597685
中央引导地方科技发展基金	Central Guidance Science and Technology Development Fund	142000	127840	127840	20000	200000	260000	
国家(重点)实验室引导专项	National (Key) Laboratory Guidance Project	20000	30000	70000	70000	50000	50000	42000
国家重点实验室	National Key Laboratory	417000	465900	569000	559000	455200	357001	

注：表中各项国家主要科技计划及相关内容依据“十四五”国家科技计划体系。
Note: In the table, the main program plans of S&T and its related contents base on "the Fourteen Five" National S&T Programs.

7-2 国家自然科学基金资助项目经费

Project Funding Approved by the National Natural Science Foundation of China

单位：万元 (10 000 yuan)

项　目	Item	2016	2017	2018	2019	2020	2021	2022
总　计	**Total**	**2680331**	**2986659**	**3070270**	**2808086**	**2830251**	**3116846**	**3282330**
面上项目	General Programs	1212115	1272818	1329327	1112699	1112994	1108703	1087845
重点项目	Key Programs	203864	236141	244122	221840	216527	215213	205282
重大项目	Major Program	41665	77678	81182	88596	79139	76233	80127
重大研究计划项目	Major Research Plan	83989	99292	103684	100150	87400	75468	80259
联合基金项目	Program of Joint Funds with other Institutions	133213	146034	165976	185090	238750	228521	299576
国家杰出青年科学基金	Projects of National Distinguished Young Scientists	77640	77640	78040	116120	116920	123320	162880
优秀青年科学基金	Excellent Young Scientists Fund	60000	59850	60000	77990	75000	129000	131000
青年科学基金项目*	Young Scientists Fund	370892	476326	497600	420795	435608	628250	662800
地区科学基金项目*	Regional Fund	130101	130694	131722	110486	110738	115040	115080
海外及港澳学者合作研究基金项目	Programs of Joint Research for Oversea Scientists	6300	6800	5980	3920			
创新研究群体项目	Programs of Innovation Research Teams	67560	49920	50265	44580	36010	41400	42400
国家重大科研仪器设备研制项目	Special Fund for Research on National Major Research Instruments and Facilities	93933	104531	95951	78341	94495	94643	105326
应急管理项目	Management Program for Emergency	34566	39510	27710	41063	47710		
数学天元基金	Tianyuan Fund of Mathematics	2500	2500	3500	3500	4500	4500	6000
国际(地区)合作研究项目	International Cooperation Research Projects	93826	112447	99243	25000	82620	66557	59784
外国学者研究基金项目	Research Foundation Projects for Foreign Scholars	3543	5313	5319	4500	4500	15650	22150
国际(地区)合作与交流项目	International Cooperation and Exchange	7580	7246	7112	71416	10340	4466	9402
基础科学中心项目	Programs of Basic Science Centres	57043	81919	83537	102000	77000	101000	111000

注："青年科学基金项目"和"地区科学基金项目"自2007年开始从原"面上项目"中分出。
Note: Date of "Youth Scientists Fund" and "Regional Fund" seperated from "General Programs" in 2007.

7-3 分部门国家自然科学基金资助项目经费(2022年)
Project Funding Approved by the National Natural Science Foundation of China by Performer(2022)

单位：万元 (10 000 yuan)

项目	Item	合计 Total	高等学校 Higher Education	#教育部所属院校 Subordinated Directly to Ministry of Education	科研机构 Research Institution	#中国科学院 China Academy of Sciences	其他 Others
总计	**Total**	**3282330**	**2679428**	**1452322**	**562732**	**356966**	**40171**
面上项目	General Programs	1087845	934378	498135	142075	87112	11393
重点项目	Key Programs	205282	164488	112170	39737	30534	1057
重大项目	Major Program	80127	58980	41643	20270	16151	877
重大研究计划项目	Major Research Plan	80259	56618	38382	23202	19202	439
国际(地区)合作研究项目	International Cooperation Research Projects	9402	59784	47879	29382	11905	8568
青年科学基金项目	Young Scientists Fund	662800	561750	240610	93890	43730	7160
地区科学基金项目	Regional Fund	115080	105095		6281	99	3704
优秀青年科学基金项目	Excellent Young Scientists Fund	131000	104000	64600	26000	21000	1000
国家杰出青年科学基金项目	Projects of National Distinguished Young Scientists	162880	127520	90120	34960	28560	400
创新研究群体项目	Programs of Innovation Research Teams	42400	32600	22600	9800	7800	
国家重大科研仪器研制项目	Special Fund for Research on National Major Research Instruments and Facilities	105326	79233	51081	25230	16612	862
联合基金项目	Program of Joint Funds with other Institutions	299576	219746	124387	74172	32459	5658
国际(地区)合作交流项目	International Cooperation and Exchange	9402	2954	1643	487	419	5962
应急管理项目	Management Program for Emergency						
外国学者研究基金项目	Research Foundation Projects for Foreign Scholars	22150	17645	9701	4345	3505	
数学天元基金	Tianyuan Fund of Mathematics	6000	5290	4165	710	670	
基础科学中心项目	Programs of Basic Science Centres	111000	88000	76000	23000	23000	
专项项目	Speicial Programs	101421	73255	47705	26667	17545	1499

7-4 全国创业风险投资基本情况
Basic Statistics on National VC Capital

项　目	Item	2016	2017	2018	2019	2020	2021	2022
一、机构数（个）	**No. of VC Firms (unit)**	**2045**	**2296**	**2800**	**2994**	**3290**	**3568**	**4071**
二、管理资本总额（亿元）	**VC Capital under Management (100 million yuan)**	**8277.1**	**8872.5**	**9179.0**	**9989.1**	**11157.5**	**13035.3**	**14525.5**
三、投资强度（万元/项）	**Avg. VC Deals Size (10 000 yuan/unit)**	**1842.0**	**3145.8**	**1924.0**	**1232.3**	**2326.3**	**2625.8**	**1454.2**
四、累计投资	**Cumulative Investment**							
1.累计投资项目数（项）	No. of Cumulative Deals(unit)	19296	20674	22396	25411	28145	31996	35145
#累计投资高新技术企业(项目)数	In Hi-tech Deals	8490	8851	9279	10200	11235	12937	14427
2.累计投资金额（亿元）	Cumulative Capital (100 million yuan)	3765.2	4110.2	4769.0	5635.8	6271.8	7283	8027.7
#累计投资高新技术企业(项目)额	In Hi-tech Deals	1566.8	1627.3	1757.2	1944.1	2160.7	2585.8	2927.3
五、投资轮次（%）	**Investment Rounds (%)**							
首轮投资	First	69.0	72.7	70.9	70.3	64.2	61.3	64.1
后续投资	Follows-on	31.0	27.3	29.1	29.7	35.8	38.7	35.9
六、投资阶段	**Investment Stages**							
1.按投资项目分（%）	By Investment Deal (%)							
种子期	Seed	19.6	17.8	24.1	22.2	18.5	23.6	20.2
起步期	Startup	38.9	39.5	40.3	39.5	32.0	32.5	35.3
成长(扩张)期	Expansion	35.0	36.2	29.4	32.0	42.4	37.8	39.4
成熟(过渡)期	Maturity	5.7	5.9	5.4	6.0	6.7	5.7	4.3
重建期	Turn Around	0.8	0.6	0.8	0.3	0.4	0.4	0.3
2.按投资金额分（%）	By Investment Amt. (%)							
种子期	Seed	4.3	4.5	10.9	15.6	9.2	13.2	8.8
起步期	Startup	30.3	20.8	33.0	34.8	24.2	28.0	33.1
成长(扩张)期	Expansion	38.5	44.7	44.6	35.7	55.0	43.5	48.0
成熟(过渡)期	Maturity	26.3	29.8	10.4	13.7	11.4	14.6	9.8
重建期	Turn Around	0.6	0.2	1.1	0.2	0.2	0.7	0.3
七、退出方式（%）	**Exit (%)**							
上市	IPO	15.5	13.7	16.2	16.8	19.2	19.5	23.9
收购	Acquisition	31.0	32.7	33.0	27.4	25.8	15.0	11.0
回购	Buyback	37.5	34.8	39.2	42.3	39.8	51.3	51.1
清算	Liquidation	6.5	8.9	9.9	11.0	11.0	12.2	12.0
其他	Others	9.5	9.9	1.7	2.5	4.2	2.0	2.0

八、科技活动成果

Results of Science and Technology Activities

8-1 国内专利申请数
Domestic Patent Applications

单位：件 (piece)

地 区	Region	1995	2000	2005	2010	2015	2016	2017	2018	2019	2020	2021	2022
全 国	**National Total**	**69535**	**140339**	**383157**	**1109428**	**2639446**	**3305225**	**3536333**	**4146772**	**4195104**	**5016030**	**5060312**	**5186407**
北 京	Beijing	6362	10344	22572	57296	156312	189129	185928	211212	226113	254165	283134	307175
天 津	Tianjin	1648	2789	11657	25973	79963	106514	86996	99038	96045	111514	90471	84335
河 北	Hebei	2707	3848	6401	12295	44060	54838	61288	83785	101274	125608	130705	137437
山 西	Shanxi	917	1475	1985	7927	14948	20031	20697	27106	31705	40302	40460	40421
内蒙古	Inner Mongolia	647	1138	1455	2912	8876	10672	11701	16426	21069	26224	29462	32921
辽 宁	Liaoning	4449	7151	15672	34216	42153	52603	49871	65686	69732	86527	88504	97292
吉 林	Jilin	1389	2501	4101	6445	14800	18922	20450	27034	31052	34438	38807	42522
黑龙江	Heilongjiang	2569	3106	6050	10269	34611	35293	30958	34582	37313	43252	47577	49027
上 海	Shanghai	2456	11337	32741	71196	100006	119937	131740	150233	173586	210293	232918	224409
江 苏	Jiangsu	4078	8211	34811	235873	428337	512429	514402	600306	594249	719452	696693	662509
浙 江	Zhejiang	4042	10316	43221	120742	307264	393147	377115	455590	435883	507050	503197	513830
安 徽	Anhui	1026	1877	3516	47128	127709	172552	175872	207428	166871	202298	196427	221063
福 建	Fujian	1979	4211	9460	21994	83146	130376	128079	166610	153133	174867	160703	163032
江 西	Jiangxi	1008	1557	2815	6307	36936	60494	70591	86001	91474	109738	100930	91815
山 东	Shandong	4624	10019	28835	80856	193220	212911	204859	231585	263211	337280	369470	408136
河 南	Henan	2386	3823	8981	25149	74373	94669	119240	154381	144010	178585	167550	169106
湖 北	Hubei	2004	3486	11534	31311	74240	95157	110234	124535	141321	163613	175312	202118
湖 南	Hunan	2628	4117	8763	22381	54501	67779	77934	94503	106113	128573	114167	114087
广 东	Guangdong	7729	21123	72220	152907	355939	505667	627834	793819	807700	967204	980634	993480
广 西	Guangxi	1231	1762	2379	5117	43696	59239	56988	44224	41900	51712	55987	56283
海 南	Hainan	183	502	498	1019	3127	3658	4564	6451	9302	14360	17679	17273
重 庆	Chongqing	318	1780	6260	22825	82791	59518	64648	72121	67271	83826	83555	86751
四 川	Sichuan	2868	4496	10567	40230	110746	142522	167484	152987	131529	160036	163664	165499
贵 州	Guizhou	562	986	2226	4414	18295	25315	34610	44508	44328	49200	41733	40555
云 南	Yunnan	959	1710	2556	5645	17603	23709	28695	36515	35212	45153	47997	52999
西 藏	Tibet	11	28	102	162	309	712	1097	1469	2304	2296	2644	3135
陕 西	Shaanxi	1721	2080	4166	22949	74904	69611	98935	76512	92087	99236	105652	108096
甘 肃	Gansu	546	798	1759	3558	14584	20276	24448	27882	27637	30732	30165	32512
青 海	Qinghai	100	174	216	602	2590	3284	3181	4439	5017	6736	7448	7590
宁 夏	Ningxia	169	341	516	739	4394	6149	8575	9860	9275	12172	14579	16233
新 疆	Xinjiang	609	1088	1851	3560	12250	14105	14260	14647	14771	18843	22221	25795
香 港	Hong Kong	655	1374	2645	2980	3319	4552	3907	5122	3748	3275	3010	2930
澳 门	Macao		13	27	32	213	221	206	298	363	150	246	240
台 湾	Taiwan	4955	10778	20599	22419	19231	19234	18946	19877	18506	17320	16611	15801

注：本年鉴中有关专利申请受理与授权的数据口径为由我国专利机构受理与授权的专利，不包括我国在外国申请专利及被授权的数据。

Note: The data in this year book about the acceptance and authorization of patent applications are the patents accepted and authorized by china's patent institutions, excluding the data of china's patent applications and authorization in foreign countries.

8-2 国内专利授权数
Domestic Patent Granted

单位：件 (piece)

地　区	Region	1995	2000	2005	2010	2015	2016	2017	2018	2019	2020	2021	2022
全　国	**National Total**	**41881**	**95236**	**171619**	**740620**	**1596977**	**1628881**	**1720828**	**2335411**	**2474406**	**3520901**	**4467165**	**4201203**
北　京	Beijing	4025	5905	10100	33511	94031	100578	106948	123496	131716	162824	198778	202722
天　津	Tianjin	1034	1611	3045	11006	37342	39734	41675	54680	57799	75434	97910	71545
河　北	Hebei	1580	2812	3585	10061	30130	31826	35348	51894	57809	92196	120034	115314
山　西	Shanxi	569	968	1220	4752	10020	10062	11311	15060	16598	27296	37379	33068
内蒙古	Inner Mongolia	415	775	845	2096	5522	5846	6271	9625	11059	17958	24362	24640
辽　宁	Liaoning	2745	4842	6195	17093	25182	25104	26495	35149	40037	60185	80191	77434
吉　林	Jilin	824	1650	2023	4343	8878	9995	11090	13885	15579	23951	29879	29534
黑龙江	Heilongjiang	1403	2252	2906	6780	18943	18046	18221	19435	19989	28475	38884	36551
上　海	Shanghai	1436	4050	12603	48215	60623	64230	72806	92460	100587	139780	179317	178323
江　苏	Jiangsu	2413	6432	13580	138382	250290	231033	227187	306996	314395	499167	640917	560127
浙　江	Zhejiang	2131	7495	19056	114643	234983	221456	213805	284621	285342	391700	465468	443985
安　徽	Anhui	574	1482	1939	16012	59039	60983	58213	79747	82524	119696	153475	156584
福　建	Fujian	933	3003	5147	18063	61621	67142	68304	102622	98955	145928	153814	141536
江　西	Jiangxi	509	1072	1361	4349	24161	31472	33029	52819	59140	80239	97372	75830
山　东	Shandong	2861	6962	10743	51490	98101	98093	100522	132382	146481	238778	329838	342290
河　南	Henan	1145	2766	3748	16539	47766	49145	55407	82318	86247	122809	158038	135990
湖　北	Hubei	1017	2198	3860	17362	38781	41822	46369	64106	73940	110102	155169	160849
湖　南	Hunan	1515	2555	3659	13873	34075	34050	37916	48957	54685	78723	98936	92916
广　东	Guangdong	4611	15799	36894	119343	241176	259032	332652	478082	527390	709725	872209	837276
广　西	Guangxi	665	1191	1225	3647	13573	14858	15270	20551	22687	34470	46804	44691
海　南	Hainan	108	320	200	714	2061	1939	2133	3292	4423	8578	13632	13148
重　庆	Chongqing	305	1158	3591	12080	38914	42738	34780	45688	43872	55377	76206	66467
四　川	Sichuan	1714	3218	4606	32212	64953	62445	64006	87372	82066	108386	146936	135507
贵　州	Guizhou	274	710	925	3086	14115	10425	12559	19456	24729	34971	39267	29382
云　南	Yunnan	569	1217	1381	3823	11658	12032	14230	20340	22324	28943	41167	39497
西　藏	Tibet	2	17	44	124	198	245	420	755	1020	1702	1929	2127
陕　西	Shaanxi	1085	1462	1894	10034	33350	48455	34554	41479	44101	60524	86272	79375
甘　肃	Gansu	257	493	547	1868	6912	7975	9672	13958	14894	20991	26056	22490
青　海	Qinghai	65	117	79	264	1217	1357	1580	2668	3046	4693	6591	5276
宁　夏	Ningxia	111	224	214	1081	1865	2677	4244	5658	5555	7710	12885	12452
新　疆	Xinjiang	312	717	921	2562	8761	7116	8094	9658	8652	12763	21178	20528
香　港	Hong Kong	633	1285	1669	2601	2940	2970	2888	3142	3437	3147	3072	2405
澳　门	Macao		13	3	34	142	179	139	125	234	173	181	127
台　湾	Taiwan	4041	8465	11811	18577	15654	13821	12690	12935	13094	13507	13019	11217

8-3 国内有效专利数
Domestic Patent in Force

单位：件 (piece)

地区	Region	2013	2014	2015	2016	2017	2018	2019	2020	2021	2022
全国	**National Total**	**3635929**	**4032362**	**4792356**	**5527183**	**6324215**	**7517791**	**8812070**	**11236868**	**14417426**	**16840692**
北京	Beijing	219243	274667	344916	417666	494941	569929	653053	768090	913616	1046715
天津	Tianjin	68540	83628	103775	124443	144706	168879	198946	245540	308263	332539
河北	Hebei	54781	66529	86360	105490	128291	159964	195377	266025	355909	424084
山西	Shanxi	25037	29077	34009	38702	44848	52849	61654	80997	109091	128202
内蒙古	Inner Mongolia	11421	13734	16799	20007	23846	29496	36257	49902	68588	83798
辽宁	Liaoning	74134	80089	90970	101657	113693	130112	152424	196225	256908	303038
吉林	Jilin	21926	24668	29046	34101	39892	46224	54066	70382	91913	108853
黑龙江	Heilongjiang	55316	56451	58789	61245	65756	68588	74739	90310	118272	136909
上海	Shanghai	194496	218156	251157	285877	329442	383928	443510	542526	676697	801115
江苏	Jiangsu	616779	594186	674053	740215	809379	954415	1103925	1483781	1973116	2313015
浙江	Zhejiang	552681	597051	668889	732438	785190	901447	1023110	1276423	1592452	1850260
安徽	Anhui	119704	135785	162177	188240	212785	256482	302010	385211	498202	596203
福建	Fujian	107246	126232	162451	197393	226325	278470	321070	417745	517568	578898
江西	Jiangxi	26037	34458	51824	73745	94531	119286	148851	199256	257228	280192
山东	Shandong	206983	226424	270920	312937	351351	410240	485852	662211	912727	1138854
河南	Henan	84420	99590	126381	148862	174998	215598	255966	336969	448242	516925
湖北	Hubei	82392	96682	119345	143802	169585	202961	244552	322443	442481	550760
湖南	Hunan	75530	88779	107088	122584	142224	165460	194971	249721	317087	366908
广东	Guangdong	586592	670131	802493	940138	1165677	1473835	1803875	2296261	2895945	3359312
广西	Guangxi	22038	28303	37215	45928	54582	65627	78250	102867	136587	160030
海南	Hainan	3948	5059	6416	7366	8442	10277	13403	21275	32901	42094
重庆	Chongqing	66208	73780	94975	116201	121604	140064	158176	187340	239004	274706
四川	Sichuan	119531	135209	169203	193737	215601	259008	292273	358830	462124	540924
贵州	Guizhou	21835	27965	34909	37562	43048	55444	70498	94160	118367	125971
云南	Yunnan	21837	26736	34045	40583	50223	62470	74896	93374	122471	145404
西藏	Tibet	527	588	724	989	1474	2027	2779	4090	5623	6613
陕西	Shaanxi	55310	66573	86053	116270	119892	127921	146699	184056	248526	298361
甘肃	Gansu	12459	15077	18580	22593	28222	34903	40976	53774	70295	77975
青海	Qinghai	1588	1946	2975	3962	5107	6958	8947	12420	17207	19728
宁夏	Ningxia	3277	4221	5317	7220	10288	14032	16941	21889	31836	40447
新疆	Xinjiang	13594	16466	21681	24531	28064	31853	33473	40942	56252	70159
香港	Hong Kong	11825	13578	14608	15815	16426	16262	16898	16955	17502	17815
澳门	Macao	176	236	360	511	563	636	789	838	840	847
台湾	Taiwan	98518	100308	103853	104373	103219	102146	102864	104040	103586	103038

8-4 国内、外三种专利申请数
Three Kinds of Patent Applications

单位：件 (piece)

项 目	Item	2000	2005	2010	2015	2016	2017	2018	2019	2020	2021	2022
合 计	**Total**	**170682**	**476264**	**1222286**	**2798500**	**3464824**	**3697845**	**4323112**	**4380468**	**5194154**	**5243592**	**5364639**
1.发 明	**Inventions**	**51747**	**173327**	**391177**	**1101864**	**1338503**	**1381594**	**1542002**	**1400661**	**1497159**	**1585663**	**1619268**
国 内	Domestic	25346	93485	293066	968251	1204981	1245709	1393815	1243568	1344817	1427845	1464605
职 务	Official	12609	62270	223754	776117	982971	1043770	1202100	1136072	1214004	1313532	1410074
高等院校	Universities and Colleges	1942	14643	48294	133645	173049	179879	226628	244673	226090	260696	265072
科研单位	Research Institutions	2228	6726	18254	44545	55076	53308	57959	63043	69564	76826	68258
企 业	Industrial and Mineral Enterprises	8316	40196	154581	582512	735533	788194	896648	807813	898925	953645	1042541
机关团体	Government Agencies and Organizations	123	705	2625	15415	19313	22389	20865	20543	19425	22365	34203
非职务	Non-official	12737	31215	69312	192134	222010	201939	191715	107496	130813	114313	54531
国 外	Foreign	26401	79842	98111	133613	133522	135885	148187	157093	152342	157818	154663
职 务	Official	25334	77575	95517	130838	130699	132883	145359	154192	149672	155300	152567
非职务	Non-official	1067	2267	2594	2775	2823	3002	2828	2901	2670	2518	2096
2.实用新型	**Utility Models**	**68815**	**139566**	**409836**	**1127577**	**1475977**	**1687593**	**2072311**	**2268190**	**2926633**	**2852219**	**2950653**
国 内	Domestic	68461	138085	407238	1119714	1468295	1679807	2063860	2259765	2918874	2845318	2944139
职 务	Official	17792	46879	242479	858743	1135997	1348590	1699015	1884452	2391961	2419367	2603825
高等院校	Universities and Colleges	965	3843	18223	89077	124155	135481	153193	156505	169208	175275	112471
科研单位	Research Institutions	1616	2661	7474	18830	21535	22089	23676	24621	27789	27286	21907
企 业	Industrial and Mineral Enterprises	14912	39649	212081	730865	964644	1158372	1476090	1646655	2133461	2145167	2377721
机关团体	Government Agencies and Organizations	299	726	4701	19971	25663	32648	46056	56671	61503	71639	91726
非职务	Non-official	50669	91206	164759	260971	332298	331217	364845	375313	526913	425951	340314
国 外	Foreign	354	1481	2598	7863	7682	7786	8451	8425	7759	6901	6514
职 务	Official	259	1171	2248	7323	7013	7198	7909	7856	7280	6527	6207
非职务	Non-official	95	310	350	540	669	588	542	569	479	374	307
3.外观设计	**Designs**	**50120**	**163371**	**421273**	**569059**	**650344**	**628658**	**708799**	**711617**	**770362**	**805710**	**794718**
国 内	Domestic	46532	151587	409124	551481	631949	610817	689097	691771	752339	787149	777663
职 务	Official	22974	49733	192337	268214	325655	339869	403909	400106	441339	492035	502902
高等院校	Universities and Colleges	17	1435	12815	12440	17310	20825	27507	29349	24144	20989	17730
科研单位	Research Institutions	278	359	1234	1101	1663	1183	1390	1401	1618	1458	1543
企 业	Industrial and Mineral Enterprises	22634	47552	173338	252374	304160	315201	372217	366197	413128	467359	480352
机关团体	Government Agencies and Organizations	45	387	4950	2299	2522	2660	2795	3159	2449	2229	3277
非职务	Non-official	23558	101854	216787	283267	306294	270948	285188	291665	311000	295114	274761
国 外	Foreign	3588	11784	12149	17578	18395	17841	19702	19846	18023	18561	17055
职 务	Official	3432	11230	11535	16637	17248	16899	18682	18756	17059	17593	16383
非职务	Non-official	156	554	614	941	1147	942	1020	1090	964	968	672

8-5 国内、外三种专利授权数
Three Kinds of Patent Granted

单位：件 (piece)

项 目	Item	1995	2000	2005	2010	2015	2020	2021	2022
合 计	**Total**	**45064**	**105345**	**214003**	**814825**	**1718192**	**3639268**	**4601457**	**4323409**
1.发 明	**Inventions**	**3393**	**12683**	**53305**	**135110**	**359316**	**530127**	**695946**	**798347**
国 内	Domestic	1530	6177	20705	79767	263436	440691	585910	695591
职 务	Official	932	2824	14761	66149	238818	423767	565087	682618
高等院校	Universities and Colleges	258	652	4453	19036	57196	118675	146439	171779
科研单位	Research Institutions	304	910	2423	6557	19243	31349	40587	39917
企 业	Industrial and Mineral Enterprises	205	1016	7712	40049	158620	268366	370946	457968
机关团体	Government Agencies and Organizations	165	246	173	507	3759	5377	7115	12954
非职务	Non-official	598	3353	5944	13618	24618	16924	20823	12973
国 外	Foreign	1863	6506	32600	55343	95880	89436	110036	102756
职 务	Official	1748	6222	31555	54169	94325	88230	108436	101388
非职务	Non-official	115	284	1045	1174	1555	1206	1600	1368
2.实用新型	**Utility Models**	**30471**	**54743**	**79349**	**344472**	**876217**	**2377223**	**3119990**	**2804155**
国 内	Domestic	30195	54407	78137	342256	868734	2368651	3112795	2796049
职 务	Official	6766	15519	29191	209275	687372	2061438	2743662	2582572
高等院校	Universities and Colleges	623	868	2391	16002	68827	162615	189420	98971
科研单位	Research Institutions	1025	1529	1599	7074	13680	26134	30772	21581
企 业	Industrial and Mineral Enterprises	2627	12821	24743	183289	592771	1822840	2446252	2384678
机关团体	Government Agencies and Organizations	2491	301	458	2910	12094	49849	77218	77342
非职务	Non-official	23429	38888	48946	132981	181362	307213	369133	213477
国 外	Foreign	276	336	1212	2216	7483	8572	7195	8106
职 务	Official	154	261	1011	1903	7030	7979	6756	7727
非职务	Non-official	122	75	201	313	453	593	439	379
3.外观设计	**Designs**	**11200**	**37919**	**81349**	**335243**	**482659**	**731918**	**785521**	**720907**
国 内	Domestic	9523	34652	72777	318597	464807	711559	768460	709563
职 务	Official	5344	17789	27566	146407	249538	422394	468370	456445
高等院校	Universities and Colleges	10	28	555	8115	10311	22381	20945	16506
科研单位	Research Institutions	156	248	170	637	728	1493	1543	1367
企 业	Industrial and Mineral Enterprises	2554	17482	26658	135680	237326	395975	443551	435817
机关团体	Government Agencies and Organizations	2624	31	183	1975	1173	2545	2331	2755
非职务	Non-official	4179	16863	45211	172190	215269	289165	300090	253118
国 外	Foreign	1677	3267	8572	16646	17852	20359	17061	11344
职 务	Official	1402	3108	8254	15851	16878	19337	16144	10716
非职务	Non-official	275	159	318	795	974	1022	917	628

8-6 国内、外三种专利有效数
Three Kinds of Patent in Force

单位：件　　(piece)

项　目	Item	2014	2015	2016	2017	2018	2019	2020	2021	2022
合　计	**Total**	**4642506**	**5477625**	**6285238**	**7147608**	**8380588**	**9722494**	**12192897**	**15420876**	**17878961**
1.发　明	**Inventions**	**1196497**	**1472374**	**1772203**	**2085367**	**2366314**	**2670784**	**3057844**	**3596901**	**4212188**
国　内	Domestic	708690	921757	1158203	1413911	1662269	1926122	2279123	2773287	3351453
职　务	Official	638148	839551	1066375	1313439	1559116	1829918	2183807	2671403	3253853
高等院校	Universities and Colleges	136613	173683	210553	258399	297879	348254	442523	544110	656138
科研单位	Research Institutions	56274	70403	84411	100274	112263	127268	165253	193664	189033
企　业	Industrial and Mineral Enterprises	438221	585404	758354	938336	1129594	1332170	1556937	1908286	2366635
机关团体	Government Agencies and Organizations	7040	10061	13057	16430	19380	22226	19094	25343	42047
非职务	Non-official	70542	82206	91828	100472	103153	96204	95316	101884	97600
国　外	Foreign	487807	550617	614000	671456	704045	744662	778721	823614	860735
职　务	Official	479685	541889	604689	661755	694501	735607	769353	813925	850581
非职务	Non-official	8122	8728	9311	9701	9544	9055	9368	9689	10154
2.实用新型	**Utility Models**	**2291326**	**2732554**	**3154485**	**3603187**	**4403658**	**5262039**	**6947697**	**9243443**	**10835261**
国　内	Domestic	2265224	2700833	3118410	3563389	4359926	5214362	6895886	9190633	10781169
职　务	Official	1828413	2238950	2640791	3110502	3889415	4738230	6252689	8342094	9974902
高等院校	Universities and Colleges	103344	135785	170863	194581	214377	240671	360477	464753	378065
科研单位	Research Institutions	39225	44899	51130	56795	63782	71012	99097	117364	96106
企　业	Industrial and Mineral Enterprises	1669822	2034725	2388230	2823828	3569078	4360694	5701368	7606931	9257952
机关团体	Government Agencies and Organizations	16022	23541	30568	35298	42178	65853	91747	153046	242779
非职务	Non-official	436811	461883	477619	452887	470511	476132	643197	848539	806267
国　外	Foreign	26102	31721	36075	39798	43732	47677	51811	52810	54092
职　务	Official	24378	29881	34176	37836	41708	45602	49477	50461	51821
非职务	Non-official	1724	1840	1899	1962	2024	2075	2334	2349	2271
3.外观设计	**Designs**	**1154683**	**1272697**	**1358550**	**1459054**	**1610616**	**1789671**	**2187356**	**2580532**	**2831512**
国　内	Domestic	1058448	1169766	1250570	1346915	1495596	1671586	2061859	2453506	2708070
职　务	Official	626252	680400	729868	806344	933255	1071335	1324970	1600984	1834903
高等院校	Universities and Colleges	16284	18486	21003	23347	25697	33203	44321	45844	41157
科研单位	Research Institutions	2744	2532	2821	2953	3362	3800	5058	5754	5195
企　业	Industrial and Mineral Enterprises	605410	657156	703506	777397	901112	1030038	1270163	1543244	1780326
机关团体	Government Agencies and Organizations	1814	2226	2538	2647	3084	4294	5428	6142	8225
非职务	Non-official	432196	489366	520702	540571	562341	600251	736889	852522	873167
国　外	Foreign	96235	102931	107980	112139	115020	118085	125497	127026	123442
职　务	Official	93063	99292	104117	107952	110785	113781	120869	122383	118899
非职务	Non-official	3172	3639	3863	4187	4235	4304	4628	4643	4543

8-7 国内三种专利申请数按地区分布(2022年)
Three Kinds of Domestic Patent Applications by Region (2022)

单位：件 (piece)

地区	Region	合计 Total	发明 Invention	实用新型 Utility Model	外观设计 Design
全国	**National Total**	**5186407**	**1464605**	**2944139**	**777663**
北京	Beijing	307175	189198	92902	25075
天津	Tianjin	84335	21466	58221	4648
河北	Hebei	137437	24182	93903	19352
山西	Shanxi	40421	9891	27312	3218
内蒙古	Inner Mongolia	32921	6676	24037	2208
辽宁	Liaoning	97292	23080	68893	5319
吉林	Jilin	42522	15518	23803	3201
黑龙江	Heilongjiang	49027	14770	30478	3779
上海	Shanghai	224409	89448	109312	25649
江苏	Jiangsu	662509	194983	420425	47101
浙江	Zhejiang	513830	122807	271002	120021
安徽	Anhui	221063	65368	138935	16760
福建	Fujian	163032	30581	97271	35180
江西	Jiangxi	91815	20625	46704	24486
山东	Shandong	408136	88744	285199	34193
河南	Henan	169106	33183	117915	18008
湖北	Hubei	202118	55207	131786	15125
湖南	Hunan	114087	35851	58342	19894
广东	Guangdong	993480	236957	465463	291060
广西	Guangxi	56283	13611	33020	9652
海南	Hainan	17273	4402	11043	1828
重庆	Chongqing	86751	28907	49597	8247
四川	Sichuan	165499	48283	96313	20903
贵州	Guizhou	40555	10732	24096	5727
云南	Yunnan	52999	12036	36981	3982
西藏	Tibet	3135	585	2303	247
陕西	Shaanxi	108096	38569	63030	6497
甘肃	Gansu	32512	7005	23725	1782
青海	Qinghai	7590	1459	5865	266
宁夏	Ningxia	16233	3358	12385	490
新疆	Xinjiang	25795	4951	19324	1520
香港	Hong Kong	2930	1076	701	1153
澳门	Macao	240	155	66	19
台湾	Taiwan	15801	10941	3787	1073

8-8 国内三种专利授权数按地区分布(2022年)
Three Kinds of Domestic Patent Granted by Region (2022)

单位：件 (piece)

地区	Region	合计 Total	发明 Invention	实用新型 Utility Model	外观设计 Design
全国	**National Total**	**4201203**	**695591**	**2796049**	**709563**
北京	Beijing	202722	88127	91947	22648
天津	Tianjin	71545	11745	55357	4443
河北	Hebei	115314	12022	85735	17557
山西	Shanxi	33068	5026	25238	2804
内蒙古	Inner Mongolia	24640	2054	20642	1944
辽宁	Liaoning	77434	10892	61846	4696
吉林	Jilin	29534	6483	20212	2839
黑龙江	Heilongjiang	36551	8519	24902	3130
上海	Shanghai	178323	36797	118460	23066
江苏	Jiangsu	560127	89248	427156	43723
浙江	Zhejiang	443985	61286	271100	111599
安徽	Anhui	156584	26180	115757	14647
福建	Fujian	141536	16213	93033	32290
江西	Jiangxi	75830	8655	43817	23358
山东	Shandong	342290	48696	263518	30076
河南	Henan	135990	14574	104713	16703
湖北	Hubei	160849	29212	117765	13872
湖南	Hunan	92916	20423	54686	17807
广东	Guangdong	837276	115080	457716	264480
广西	Guangxi	44691	5472	30962	8257
海南	Hainan	13148	1602	10062	1484
重庆	Chongqing	66467	12207	46556	7704
四川	Sichuan	135507	25458	89368	20681
贵州	Guizhou	29382	3645	20720	5017
云南	Yunnan	39497	4091	32089	3317
西藏	Tibet	2127	149	1750	228
陕西	Shaanxi	79375	18963	54496	5916
甘肃	Gansu	22490	2472	18234	1784
青海	Qinghai	5276	458	4570	248
宁夏	Ningxia	12452	1204	10797	451
新疆	Xinjiang	20528	1711	17535	1282
香港	Hong Kong	2405	711	802	892
澳门	Macao	127	45	61	21
台湾	Taiwan	11217	6171	4447	599

8-9 国内三种专利有效数按地区分布(2022年)
Three Kinds of Domestic Patent in Force by Region (2022)

单位：件 (piece)

地 区	Region	合 计 Total	发 明 Invention	实用新型 Utility Model	外观设计 Design
全 国	**National Total**	**16840692**	**3351453**	**10781169**	**2708070**
北 京	Beijing	1046715	477790	451923	117002
天 津	Tianjin	332539	51162	260469	20908
河 北	Hebei	424084	51959	307760	64365
山 西	Shanxi	128202	23235	95159	9808
内 蒙 古	Inner Mongolia	83798	9664	66317	7817
辽 宁	Liaoning	303038	64049	219846	19143
吉 林	Jilin	108853	26420	71755	10678
黑 龙 江	Heilongjiang	136909	39256	85886	11767
上 海	Shanghai	801115	201950	493714	105451
江 苏	Jiangsu	2313015	428589	1707243	177183
浙 江	Zhejiang	1850260	305598	1096110	448552
安 徽	Anhui	596203	144704	396545	54954
福 建	Fujian	578898	75064	379390	124444
江 西	Jiangxi	280192	31312	180498	68382
山 东	Shandong	1138854	189383	835389	114082
河 南	Henan	516925	67164	389520	60241
湖 北	Hubei	550760	117557	383741	49462
湖 南	Hunan	366908	87133	218625	61150
广 东	Guangdong	3359312	539237	1854144	965931
广 西	Guangxi	160030	31855	103158	25017
海 南	Hainan	42094	6161	31898	4035
重 庆	Chongqing	274706	51856	189430	33420
四 川	Sichuan	540924	108672	358863	73389
贵 州	Guizhou	125971	17804	92007	16160
云 南	Yunnan	145404	22009	110469	12926
西 藏	Tibet	6613	1024	4568	1021
陕 西	Shaanxi	298361	82069	195106	21186
甘 肃	Gansu	77975	12000	60115	5860
青 海	Qinghai	19728	2547	15913	1268
宁 夏	Ningxia	40447	5195	33326	1926
新 疆	Xinjiang	70159	7429	56694	6036
香 港	Hong Kong	17815	6161	4698	6956
澳 门	Macao	847	246	292	309
台 湾	Taiwan	103038	65199	30598	7241

8-10 按国别(地区)分国外三种专利申请数
Three Kinds of Foreign Patent Applications Accepted by Country (Area)

单位：件 (piece)

国家(地区)	Country (Area)	合计 Total	发明 Invention	实用新型 Utility Model	外观设计 Design
总计	**Total**	**178232**	**154663**	**6514**	**17055**
安道尔	Andorra				
阿根廷	Argentina	7	5		2
奥地利	Austria	1071	996	34	41
澳大利亚	Australia	992	651	43	298
巴哈马	Bahamas	4	4		
巴巴多斯	Barbados	377	301	13	63
比利时	Belgium	894	787	31	76
伯利兹	Belize				
百慕大群岛	Bermuda	32	32		
巴西	Brazil	310	270	10	30
保加利亚	Bulgaria	13	10		3
加拿大	Canada	1240	1084	45	111
开曼群岛	Cayman Islands	500	404	33	63
智利	Chile	25	24	1	
哥伦比亚	Colombia	16	11		5
克罗地亚	Croatia	9	8	1	
古巴	Cuba	9	8	1	
塞浦路斯	Cyprus	25	23	1	1
捷克	Czech Republic	93	53	12	28
朝鲜	Korea DPR	7	1	3	3
丹麦	Denmark	1357	1158	21	178
埃及	Egypt	4	2		2
芬兰	Finland	1040	906	41	93
法国	France	5993	4969	334	690
德国	Germany	17438	15218	647	1573
直布罗陀	Gibraltar				
希腊	Greece	21	19		2
匈牙利	Hungary	31	30	1	
冰岛	Iceland	20	15		5
印度	India	342	317	13	12
印度尼西亚	Indonesia	9	1		8
伊朗	Iran	3	3		
爱尔兰	Ireland	531	496	8	27
以色列	Israel	1394	1281	36	77
意大利	Italy	2602	1844	146	612
日本	Japan	50194	45259	1464	3471
哈萨克斯坦	Kazakhstan	4	2		2
吉尔吉斯斯坦	kyrgyzstan				
拉脱维亚	Latvia	12	8	1	3

8-10 续表 continued

单位：件 (piece)

国 家（地区）	Country (Area)	合 计 Total	发 明 Invention	实用新型 Utility Model	外观设计 Design
列支敦士登	Liechtenstein	201	198	2	1
卢森堡	Luxembourg	321	232	6	83
马来西亚	Malaysia	126	84	26	16
马耳他	Malta	51	30	2	19
毛里求斯	Mauritius	19	15	1	3
墨西哥	Mexico	46	41		5
摩纳哥	Monaco	41	13		28
荷 兰	Netherlands	3749	3224	208	317
新西兰	New Zealand	321	226	31	64
挪 威	Norway	320	275	3	42
巴拿马	Panama	17	12	1	4
菲律宾	Philippines	4	2	2	
波 兰	Poland	122	92	5	25
葡萄牙	Portugal	70	66		4
韩 国	Korea, Rep.	21318	18262	1035	2021
罗马尼亚	Romania	11	5		6
俄罗斯联邦	Russian Federation	210	169	14	27
萨摩亚	Samoa	13	7	3	3
沙特阿拉伯	Saudi Arabia	109	106	1	2
塞舌尔	Seychelles	28	5	5	18
新加坡	Singapore	1774	1382	164	228
斯洛伐克	Slovakia	10	8		2
斯洛文尼亚	Slovenia	42	29		13
南 非	South Africa	37	30	3	4
西班牙	Spain	666	480	22	164
瑞 典	Sweden	3066	2670	83	313
瑞 士	Switzerland	5323	4491	143	689
泰 国	Thailand	121	80	13	28
突尼斯	Tunis				
土耳其	Türkiye	102	79	7	16
乌克兰	Ukraine	12	8	1	3
越 南	Viet Nam	26	10	2	14
爱沙尼亚	Estonia	15	9	1	5
英 国	United Kingdom	3373	2779	81	513
美 国	United States of America	49500	43090	1575	4835
维尔京群岛	Virgin Islands, British	199	102	82	15
其 他	Others	250	152	52	46

8-11 按国别(地区)分国外三种专利授权数
Three Kinds of Foreign Patent Granted by Country (Area)

单位：件 (piece)

国家(地区)	Country (Area)	合计 Total	发明 Invention	实用新型 Utility Model	外观设计 Design
总　计	**Total**	**122206**	**102756**	**8106**	**11344**
安道尔	Andorra	2	2		
阿根廷	Argentina	8	5	2	1
奥地利	Austria	833	711	54	68
澳大利亚	Australia	721	406	86	229
巴哈马	Bahamas	3	3		
巴巴多斯	Barbados	148	119	21	8
比利时	Belgium	634	534	50	50
伯利兹	Belize	2	2		
百慕大群岛	Bermuda	39	39		
巴　西	Brazil	108	62	13	33
保加利亚	Bulgaria	10	6		4
加拿大	Canada	772	642	60	70
开曼群岛	Cayman Islands	1882	1822	13	47
智　利	Chile	14	14		
哥伦比亚	Colombia	2	1		1
克罗地亚	Croatia	5	4	1	
古　巴	Cuba	2	2		
塞浦路斯	Cyprus	25	20	2	3
捷　克	Czech Republic	88	42	9	37
朝　鲜	Korea DPR	5		3	2
丹　麦	Denmark	852	637	42	173
埃　及	Egypt	2			2
芬　兰	Finland	818	668	80	70
法　国	France	4392	3348	359	685
德　国	Germany	13415	11248	926	1241
直布罗陀	Gibraltar	2	2		
希　腊	Greece	24	23		1
匈牙利	Hungary	21	18	3	
冰　岛	Iceland	10	10		
印　度	India	214	179	12	23
印度尼西亚	Indonesia	9	2	1	6
伊　朗	Iran	5		3	2
爱尔兰	Ireland	393	356	18	19
以色列	Israel	677	564	48	65
意大利	Italy	2041	1333	196	512
日　本	Japan	37563	33301	2043	2219
哈萨克斯坦	Kazakhstan	1	1		
吉尔吉斯斯坦	kyrgyzstan				
拉脱维亚	Latvia	6	1	2	3

8-11 续表 continued

单位：件 (piece)

国 家（地区）	Country (Area)	合 计 Total	发 明 Invention	实用新型 Utility Model	外观设计 Design
列支敦士登	Liechtenstein	145	138	5	2
卢森堡	Luxembourg	196	153	6	37
马来西亚	Malaysia	79	26	37	16
马耳他	Malta	19	14		5
毛里求斯	Mauritius	6	2	1	3
墨西哥	Mexico	36	26	3	7
摩纳哥	Monaco	28	4	1	23
荷 兰	Netherlands	2553	2097	219	237
新西兰	New Zealand	176	111	27	38
挪 威	Norway	292	240	13	39
巴拿马	Panama	2	1	1	
菲律宾	Philippines	9	4	5	
波 兰	Poland	73	48	4	21
葡萄牙	Portugal	52	42	2	8
韩 国	Korea, Rep.	12984	10464	1046	1474
罗马尼亚	Romania	5	3		2
俄罗斯联邦	Russian Federation	162	115	22	25
萨摩亚	Samoa	8	5	2	1
沙特阿拉伯	Saudi Arabia	124	121		3
塞舌尔	Seychelles	21	2	4	15
新加坡	Singapore	990	631	195	164
斯洛伐克	Slovakia	10	8	1	1
斯洛文尼亚	Slovenia	28	18	1	9
南 非	South Africa	40	29	3	8
西班牙	Spain	373	230	25	118
瑞 典	Sweden	2277	1943	125	209
瑞 士	Switzerland	3626	2755	188	683
泰 国	Thailand	81	48	15	18
突尼斯	Tunis				
土耳其	Türkiye	80	59	4	17
乌克兰	Ukraine	12	4	3	5
越 南	Viet Nam	27	2	7	18
爱沙尼亚	Estonia	13	4	3	6
英 国	United Kingdom	2071	1655	121	295
美 国	United States of America	29572	25497	1892	2183
维尔京群岛	Virgin Islands, British	112	49	38	25
其 他	Others	176	81	40	55

8-12 按国别(地区)分国外三种专利有效数
Three Kinds of Foreign Patent in Force by Country (Area)

单位：件 (piece)

国 家 (地区)	Country (Area)	合 计 Total	发 明 Invention	实用新型 Utility Model	外观设计 Design
总 计	**Total**	**1038269**	**860735**	**54092**	**123442**
安道尔	Andorra	12	11	1	
阿根廷	Argentina	48	36	6	6
奥地利	Austria	6731	5968	272	491
澳大利亚	Australia	5130	3096	445	1589
巴哈马	Bahamas	57	53	1	3
巴巴多斯	Barbados	1113	764	53	296
比利时	Belgium	4883	4202	211	470
伯利兹	Belize	17	10	7	
百慕大群岛	Bermuda	582	547	23	12
巴 西	Brazil	879	489	102	288
保加利亚	Bulgaria	69	40	6	23
加拿大	Canada	7664	6477	399	788
开曼群岛	Cayman Islands	13628	11236	568	1824
智 利	Chile	98	93	3	2
哥伦比亚	Colombia	37	22	2	13
克罗地亚	Croatia	28	13	1	14
古 巴	Cuba	44	44		
塞浦路斯	Cyprus	147	96	6	45
捷 克	Czech Republic	655	269	53	333
朝 鲜	Korea DPR	11	2	7	2
丹 麦	Denmark	7329	5854	263	1212
埃 及	Egypt	13	6	3	4
芬 兰	Finland	8242	7064	430	748
法 国	France	36178	28481	2208	5489
德 国	Germany	109620	90967	5914	12739
直布罗陀	Gibraltar	22	22		
希 腊	Greece	149	132	2	15
匈牙利	Hungary	217	178	19	20
冰 岛	Iceland	84	79	2	3
印 度	India	1337	1071	78	188
印度尼西亚	Indonesia	79	22	13	44
伊 朗	Iran	15	4	5	6
爱尔兰	Ireland	3015	2650	141	224
以色列	Israel	4335	3585	225	525
意大利	Italy	16360	11028	978	4354
日 本	Japan	349755	304564	16880	28311
哈萨克斯坦	Kazakhstan	12	10	1	1
吉尔吉斯斯坦	kyrgyzstan	2		1	1
拉脱维亚	Latvia	47	16	3	28

8-12 续表 continued

单位：件 (piece)

国家(地区)	Country (Area)	合计 Total	发明 Invention	实用新型 Utility Model	外观设计 Design
列支敦士登	Liechtenstein	1084	898	20	166
卢森堡	Luxembourg	2013	1532	70	411
马来西亚	Malaysia	619	267	163	189
马耳他	Malta	233	169	2	62
毛里求斯	Mauritius	111	104	1	6
墨西哥	Mexico	334	264	8	62
摩纳哥	Monaco	202	30	3	169
荷　兰	Netherlands	23485	20111	914	2460
新西兰	New Zealand	1216	739	92	385
挪　威	Norway	1729	1473	56	200
巴拿马	Panama	34	30	1	3
菲律宾	Philippines	81	54	23	4
波　兰	Poland	407	273	29	105
葡萄牙	Portugal	226	182	5	39
韩　国	Korea, Rep.	98209	76785	5461	15963
罗马尼亚	Romania	19	10	4	5
俄罗斯联邦	Russian Federation	986	644	122	220
萨摩亚	Samoa	212	178	23	11
沙特阿拉伯	Saudi Arabia	845	724	5	116
塞舌尔	Seychelles	144	48	43	53
新加坡	Singapore	9058	5916	2027	1115
斯洛伐克	Slovakia	78	57	5	16
斯洛文尼亚	Slovenia	201	126	5	70
南　非	South Africa	382	306	14	62
西班牙	Spain	2852	1823	149	880
瑞　典	Sweden	17248	14207	566	2475
瑞　士	Switzerland	30237	23017	1592	5628
泰　国	Thailand	523	230	64	229
突尼斯	Tunis	3	3		
土耳其	Türkiye	418	252	29	137
乌克兰	Ukraine	71	25	13	33
越　南	Viet Nam	80	10	14	56
爱沙尼亚	Estonia	78	26	19	33
英　国	United Kingdom	17218	12610	791	3817
美　国	United States of America	246722	207299	11990	27433
维尔京群岛	Virgin Islands, British	1404	742	233	429
其　他	Others	863	370	204	289

8-13 按国际专利标准分类的专利申请、授权和有效数(2022年) Patent Applications Accepted, Granted and in Force by International Patent Classification (2022)

单位：件 (piece)

项　目	Item	申　请 Application	授　权 Granted	有　效 in Force
合　计	**Total**	**4602161**	**3602502**	**15047449**
A部(人类生活需要)	**Section A: Human Necessities**	**620433**	**461639**	**1897731**
农、林、牧、渔	Agriculture, Forestry, Animal Husbandry and Fishery	113582	96000	349362
烘烤、食用面团	Baking and Edible Doughs	4855	4255	17208
屠宰、加工	Butchering and Meat Treatment	3875	3472	11703
食品、食物及处理	Foods and Foodstuffs and their Treatment	29857	17746	92361
烟类及用品	Tobacco, Cigars and Cigarettes	11124	9572	35149
服　装	Clothing	16774	12395	57899
帽类制品	Headwear	2678	1970	7911
鞋　类	Footwear	8173	6833	27489
服饰缝纫用品、珠宝	Haberdashery and Jewelry	3934	3562	17399
手携及旅行用品	Hand or Traveling Articles	10844	9681	45691
刷类用品	Brushware	1713	1599	7863
家具、家庭日用品或设备	Furniture, Domestic Articles, and Appliance	105192	93883	389669
医学、兽医学、卫生学	Medical or Veterinary Science and Hygiene	240444	168351	707580
救生、消防	Life-saving and Fire-fighting	11913	10368	39844
运动、游戏、娱乐活动	Sports, Games and Recreation	28529	21951	90539
本部其他类目中不包括的技术主题	Subject Matter not Otherwise Provided for in this Section	26946	1	64
B部(作业、运输)	**Section B: Industrial and Transportation**	**1405011**	**1230234**	**4727433**
物理或化学的方法功能装置	Physical or Chemical Processes or Apparatus	188504	161086	603509
破碎、研磨、粉碎	Crushing,Pulverizing or Disintegrating	36104	32337	117455
分选、分离	Separation of Solid Materials, Electrostatic Separation	6770	5991	26074
离心装置、离心机	Centrifugal Apparatus or Machines	3485	3122	12783
喷射、雾化	Spraying or Atomizing in General	39597	36375	129433
机械振动的产生和传递	Generating or Transmission of Mechanical Vibrations	452	436	2054
固体分离、分选	Separating Solids from Solids Wastes	32011	28288	92370
清　洁	Cleaning	46609	41915	136784
固体废料的处理	Disposal of Solid Waste	8980	6454	23177
金属加工、冲裁	Mechanical Metal-working and Stamping	67004	58996	235137
铸造、粉末冶金	Casting and Powder Metallurgy	22029	17940	84983
机床、其他金属加工	Machine Tools	154949	136269	525675
磨削、抛光	Grinding and Polishing	52336	44345	157777
简单工具	Hand tools, Portable Power Tools and Workshop Equipment	63718	56022	205249
手工切割工具、切断	Hand Cutting Tools, Cutting and Servering	31607	28917	103102
木材加工、保存、钉钉机	Wood Preservation and Nailing or Stapling Machines	10706	10194	39040
加工水泥、粘土和石料	Cement, Clay or Stone	29366	26271	97849
塑料制品的加工	Working of Plastics	79694	68197	269444
压力机	Presses	7629	7036	27538
纸品制作、纸的加工	Paper Making and Processing Paper	9465	8822	30506
叠层产品	Layered Products	20550	16889	72026
增材制造技术	Additive Manufacturing	32	10	32
印刷、打字机、印刷机	Pringting, Lining Machines, and Typewriters	20915	19718	84451
装订、图册、文件夹	Bookbinding, Albums, and Files	3710	3372	13621
绘图具、办公附属用品	Writing or Drawing Appliances	4929	3386	15418
装饰艺术	Decorative Arts	4189	3846	16301

注：1. 本表只包含发明和实用新型专利。
2. 分类指专利分类部门对每一件发明专利申请或实用新型专利申请的技术主题进行分类，给出完整的代表发明或实用新型的发明情报的分类号。

8-13 续表 1 continued

单位：件 (piece)

项 目	Item	申 请 Application	授 权 Granted	有 效 in Force
一般车辆	Vehicles in General	79925	65769	302243
铁 路	Railways	7774	7025	36301
无轨陆用车辆	Land Vehicles other than Rails	40343	36844	152371
船舶、船只，有关的设备	Ships and Related Equipment	12883	10276	42107
飞行器、航空、宇宙航行	Aircraft and Aviation	15953	12789	52463
输送、包装、存储、搬运	Conveying aand Packing Inflammatory Material	243599	219014	807851
卷扬、提升、牵引	Hoistng, Lifting, and Hauling	49823	43636	178187
液体的储运	Opening or Closing Bottles, Jars or Similar Containers	8413	8086	29906
鞍具、室内装璜	Saddlery and Upholstery	223	218	924
微观结构技术	Micro-Structural Technology	674	315	2864
超微技术	Nano-Technology	60	28	428
C部（化学、冶金）	**Section C: Chemistry and Metallurgy**	**281609**	**210328**	**1045880**
无机化学	Inorganic Chemistry	12580	8649	52223
水、废污水、泥浆的处理	Treatment of Water, Waste Water, Sewage or Sludge	51850	44345	199440
玻璃、矿棉和渣棉	Glass, Mineral or Slag Wool	8849	8385	36234
水泥、陶瓷等、隔音材料	Cements, Concrete, Artificial Stone,Ceramics, Refractories	12299	9559	40983
肥料及制造	Fertilizers and Related Products	4581	2746	14844
炸药、火柴	Explosives and Matches	515	379	2460
有机化学	Organic Chemistry	31483	23365	129381
有机高分子化合物	Organic Macromolecular Compounds	28224	20226	113410
染料、涂料、抛光剂等	Dyes, Paints, Polishes, Resins, and Adhesives	19933	12892	70814
石油、煤气及炼焦工业	Petroleum, Gas or Coke Industries,Inert Gases	7740	6425	43122
动植物油、脂类	Animal or Vegetable Oils, Fats	3522	2247	12793
生化、酒、醋、酶、遗传工程	Biochemistry, Beer, Spirits, Wine, Microbiology	44895	31175	133109
糖或淀粉工业	Sugar Industry	206	178	1039
大小原皮、毛皮、皮革	Skins, Hides, Pelts, Leather	1137	1248	4783
黑色冶金	Metallurgy of Iron	12181	9583	43405
冶金学、合金或有色合金	Metallurgy, Ferrous or Non-ferrous Alloys	12274	8476	50844
金属加工涂料、防腐防锈	Coating Metallic Materials	13655	9858	50000
电解电泳方法及设备	Electrolytic or Electrophoretic Processes	11905	8062	35635
晶体生长	Crystal Growth	3687	2463	11012
组合技术	Combinatorial Technology	93	67	349
D部（纺织、造纸）	**Section D: Textiles and Papers Making**	**57265**	**49876**	**225000**
线、纤维、纺纱	Natural or Artificial Threads or Fibres, Spinning	8285	7340	35909
纺纱、整经或络经	Yarn, Mechanical Finishing of Yarns or Ropes	3043	2193	9593
织 造	Weaving	3481	3036	14489
编带、花边、针织、整理	Braiding, Lacce-making, Knitting	5273	4514	22049
缝纫、绣花、簇绒	Sewing, Embroidering, Tufting	5555	5769	24209
织物等的处理、洗涤	Treatment of Textiles, Laundering	26570	22265	93922
绳、除电缆外的缆绳	Ropes, Cables other than Electric	818	808	3565
造纸、纤维素的生产	Paper-making, Production of Cellulose	4240	3951	21264
E部（固定建筑物）	**Section E: Fixed Constructions**	**319145**	**283566**	**1103796**
道路、铁路和桥梁的建筑	Construction od Roads, Railways, or Bridges	49693	42873	163863
水利工程、基础、运土	Hydraulic Engineering, Foundations, Soil-shifting	50320	43896	160965

a) Invention and Utility Model only.

b) Classification refers to the patent classification department classify technology theme of every piece of invention and utility model and give each complete classification number.

8-13 续表 2 continued

单位：件 (piece)

项　目	Item	申 请 Application	授 权 Granted	有 效 in Force
给水、排水	Water Supply, Sewerage	19572	17569	71268
建筑物	Building	119568	109321	401930
锁、钥匙、门窗、保险箱	Locks, Keys, Windows or Door Fittings,Safes	16172	15961	75532
一般门、窗、百叶窗、梯子	Doors, Windows, Shutters, or Roller Blinds in General,Ladders	21619	20321	82890
钻进、采矿	Well Drilling, Mining	42201	33625	147348
F部（机械工程）	**Section F: Mechanical Engineering**	**464282**	**403931**	**1723651**
一般机器、发动机、蒸汽机	Machines or Engines in General,Engines Plants in General, Steam Engines	10712	9856	52398
内燃机等	Combustion Engines	12298	11358	63532
液力机械和其他发动机	Machines or Engines for Liquids	8974	5960	27612
液体变容机械、泵	Prositive-displacement Machines for Liquids	37378	32623	145402
液压调节器、液压技术	Fluid-pressure Ajustors,Hydraulic or Pneumatics in General	9383	8566	37360
工程元件或部件	Engineering Elements of Units	174296	150928	586586
气体或液体的储藏或分配	Storing or Distributing of Gases or Liquids	9255	7901	30183
照　明	Lighting	38969	35113	169920
蒸汽的产生	Steam Generation	3894	3264	15846
燃烧设备、燃烧技术	Combustion Apparatus,Combustion Processes	14783	13014	63295
采暖、炉灶、通风	Heating, Ranges, Ventilation	58962	51461	235244
制冷气体的液化和固化	Refrigeration or Cooling, Heat Pump System	22141	18527	82898
干　燥	Drying	28121	24193	85095
炉、窑、灶、罐	Furnaces, Kins, Ovens	14170	12537	50529
一般热交换	Heat Exchanges in General	13912	12440	53005
武　器	Weapons	3643	3277	13461
弹药、爆破	Ammunition, Blasting Caps	3391	2913	11285
G部（物理）	**Section G: Physics**	**849383**	**520748**	**2200892**
测量、测试	Measurements,Testing	344761	256759	1036766
光学技术	Optics	35815	30333	152872
照相术、电影术、电刻术	Photograpphy,Cinematography, Electrography	10915	8796	50848
测时技术	Horology	2405	1958	10581
控制、调节技术	Controlling, Regulating	32068	21424	113795
计算、推算、计数技术	Computing, Calculating, Counting	313142	130283	505358
核算装置	Checking Devices	13934	11110	57645
信号装置	Signaling	20243	14666	66929
教育、密码、显示、广告等	Education, Cryptography, Advertising, Seals	47373	31427	139685
乐器、声学	Musical Instruments, Acoustics	9520	5541	24897
信息的储存	Information Storage	6051	3128	21434
仪器的零部件	Instrument Details	164	160	1140
核物理、核工程	Nuclear Physics, Nuclear Engineering	10519	3405	8869
本部其他类目中不包括的技术主题	Subject Matter not Otherwise Provided for in this Section	2473	1758	10073
H部（电学）	**Section H: Electricity**	**605033**	**442180**	**2123066**
基本电器元件	Basic Electric Elements	225317	162948	788875
电力的发电、变电或配电	Generation, Conversion, or Distribution of Electric Power	152664	110634	508453
基本电子电路	Basic Electronic Circuitry	10126	6429	41028
电信技术	Telecommunication Technique	150653	113382	584268
其他类不包括的电技术	Electric Technique not Otherwise Provided for in this section	66252	48787	200442

8-14 国外主要检索工具收录我国论文总数及在世界上的位置
Number of Chinese Paper Taken by Major Foreign Referencing Systems and Precedence in the World

项　目 Item	1995	2000	2005	2010	2013	2015	2016	2017	2018	2019	2020	2021
收录论文数(篇)												
Number of Papers Taken(piece)												
Science Citation Index	13134	30499	68226	143769	232070	296847	324189	361220	418213	495875	552557	612263
Engineering Index	8109	13163	54362	119374	163688	218666	226495	227985	267734	287650	364829	367809
Conference Proceedings Citation Index-Science	5152	6016	30786	37780	68501	41657	78236	73626	68376	58498	52416	30453
位　次												
Precedence												
Science Citation Index	15	8	5	2	2	2	2	2	2	2	2	1
Engineering Index	7	3	2	1	1	1	1	2	1	1	1	1
Conference Proceedings Citation Index-Science	10	8	5	2	2	2	2	1	2	2	2	2

注：为便于国际比较，本表数据统一使用各检索系统直接检索结果，未经逐一核对。
Note: For international comparison,data in this table refer to retrieval results using the retrieval systems without ticking off.

8-15 国外主要检索工具收录的我国科技人员在国内外期刊上发表论文数
Number of Papers by Chinese Scientists and Technicians Published in Domestic and Foreign Periodicals and Taken by Major Foreign Referencing System

单位：篇　　(piece)

项　目	Item	2000	2005	2010	2015	2016	2017	2018	2019	2020	2021
《Science Citation Index》收录合计	**Taken by *SCI***	**22608**	**63150**	**121026**	**265469**	**290647**	**323878**	**376354**	**450215**	**501576**	**557238**
国内发表	Published in Domestic Periodicals	9208	16669	25934	23407	21789	21331	21480	22568	25786	30682
比重(%)	As % of Total	41	26.4	21.4	8.8	7.5	6.6	5.7	5.0	5.1	5.5
国外发表	Published in Foreign Periodicals	13400	46481	95092	242062	268858	302547	354874	427647	475790	526556
比重(%)	As % of Total	59	73.6	78.6	91.2	92.5	93.4	94.3	95.0	94.9	94.5
《Engineering Index》收录合计	**Taken by *Engineering Index***	**13991**	**60301**	**119374**	**204332**	**213385**	**214226**	**249948**	**271240**	**340715**	**344085**
国内发表	Published in Domestic Periodicals	8293	35262	56578	61873	55263	47545	48630	53574	101392	11836
比重(%)	As % of Total	59	58.5	47.4	30.3	25.9	22.2	19.5	19.8	29.8	3.4
国外发表	Published in Foreign Periodicals	5698	25039	62796	142459	158122	166681	201318	217666	239323	332249
比重(%)	As % of Total	41	41.5	52.6	69.7	74.1	77.8	80.5	80.2	70.2	96.6

注：表8-15至表8-18数据为逐一核对的第一作者单位在中国的论文数。
Note: Data from table 8-15 to 8-18 is the checked number of papers whose frist author belong to China.

8-16 国外主要检索工具收录我国科技论文按学科分布(2021年)
Chinese Scientific Papers Taken by Major Foreign Referencing System by Discipline (2021)

学 科	Discipline	篇数(篇) Pieces(piece)			位 次 Precedence		
		SCI	EI	CPCI-S	SCI	EI	CPCI-S
合 计	**Total**	**557238**	**344085**	**26805**			
数 学	Mathematics	14273	7939	38	14	15	19
力 学	Mechanics	5471	6534	2	20	17	30
信息、系统科学	Information, Systems Science	1850	1245	96	30	22	14
物理学	Physics	38401	18243	2988	5	9	3
化 学	Chemistry	64844	17369	21	2	10	24
天文学	Astronomy	2599	710		24	23	32
地 学	Earth Science	23116	33080	55	10	2	18
生物学	Biology	54728	41512	120	3	1	13
预防医学与卫生学	Protective Medicine	11262		23	15	33	23
基础医学	Basic Medicine	32202	512	480	7	26	9
药 学	Pharmacy	18976		18	11	33	25
临床医学	Clinic Medicine	67986		982	1	33	5
中医学	Traditional Chinese Medicine	2995			22	33	32
军事医学与特种医学	Special Medicine	2055			29	33	32
农 学	Agriculture	8486	334	24	17	28	22
林 学	Forestry	1579			33	33	32
畜牧、兽医科学	Livestock, Veterinary Medicine	2925			23	33	32
水产学	Aquatic	2145		1	27	33	31
测绘科学技术	Surveying & Mapping	6	4157		40	18	32
材料科学	Material Science	40505	22320	385	4	6	11
工程与技术基础学科	Engineering & Basic Technology Science	3032	10894	527	21	14	7
矿山工程技术	Mining	1116	1549		37	21	32
能源科学技术	Energy	15346	21832	1160	13	7	4
冶金、金属学	Metallurgy, Metallography	2079	16582		28	11	32
机械、仪表	Machinery, Instrument	8223	12419	328	18	12	12
动力与电气	Power & Electrical Engineering	1333	23706	464	36	5	10
核科学技术	Nuclear Technology	2273	318	4	25	29	29
电子、通讯与自动控制	Electronics,Communication & Automation	33278	26106	6568	6	4	2
计算技术	Computer	24734	18324	10833	9	8	1
化 工	Chemical Engineering	15680	543	27	12	24	20
轻工、纺织	Light Industry & Textile Industry	1577	502		34	27	32
食 品	Food	7821	109	61	19	31	17
土木建筑	Civil Construction	9411	29983	525	16	3	8
水 利	Water Conservancy	2221	8	8	26	32	28
交通运输	Transportaiton	1756	7625	15	31	16	26
航空航天	Aviation and Aerospace	1715	3636	92	32	19	15
环 境	Environment	26359	12394	27	8	13	20
安全科学技术	Security	398	513	9	39	25	27
管 理	Management Science	1537	2864	67	35	20	16
其 他	Others	945	223	857	38	30	6

8-17 国外主要检索工具收录我国科技论文按地区分布(2021年)
Chinese Scientific Papers Taken by Major Foreign Referencing System by Region (2021)

地 区	Region	篇 数(篇) Pieces(piece)			位 次 Precedence		
		SCI	EI	CPCI-S	SCI	EI	CPCI-S
全 国	**National Total**	**557238**	**344085**	**26805**			
北 京	Beijing	76505	51875	6237	1	1	1
天 津	Tianjin	15871	11650	865	12	12	10
河 北	Hebei	7816	3992	183	19	22	21
山 西	Shanxi	5879	4270	109	24	20	25
内蒙古	Inner Mongolia	2331	1327	117	27	26	24
辽 宁	Liaoning	19751	14373	717	11	10	12
吉 林	Jilin	11541	7535	344	18	18	18
黑龙江	Heilongjiang	12936	11287	512	15	13	15
上 海	Shanghai	43404	24877	2636	4	3	2
江 苏	Jiangsu	56919	35191	2217	2	2	4
浙 江	Zhejiang	31132	16356	1328	6	8	6
安 徽	Anhui	15067	10692	814	13	14	11
福 建	Fujian	11907	7692	416	17	17	17
江 西	Jiangxi	7409	4123	268	21	21	19
山 东	Shandong	31427	17642	959	5	6	9
河 南	Henan	14727	8549	453	14	15	16
湖 北	Hubei	29798	17500	1278	7	7	7
湖 南	Hunan	19881	13064	643	10	11	13
广 东	Guangdong	43521	20049	2449	3	5	3
广 西	Guangxi	6154	3210	172	22	23	22
海 南	Hainan	2103	625	35	28	28	28
重 庆	Chongqing	12528	7749	606	16	16	14
四 川	Sichuan	26770	16218	1265	9	9	8
贵 州	Guizhou	3900	827	68	25	27	26
云 南	Yunnan	6005	2894	186	23	24	20
西 藏	Tibet	101	73	11	31	31	31
陕 西	Shaanxi	29201	23247	1669	8	4	5
甘 肃	Gansu	7561	4523	142	20	19	23
青 海	Qinghai	726	495	35	30	30	28
宁 夏	Ningxia	1103	547	39	29	29	27
新 疆	Xinjiang	3264	1633	32	26	25	30

8-18 2005-2021年《SCI》收录的我国科技论文的10年滚动被引用情况
Citation Impact of Chinese Scientific Papers in 10 Year over Lapping Taken in SCI

单位：篇 (piece)

项　目	Item	2005-2014	2006-2015	2007-2016	2008-2017	2009-2018	2010-2019	2011-2020	2012-2021
收录论文数 (A)	Number of Papers Taken by SCI	1089964	1599251	1830098	1941591	2606423	3019068	3365919	3979164
被引用次数 (B)	Citations times	8614382	14249025	18190895	21196243	28452349	36057149	43322811	57069910
论文影响 (B/A)	Impact	7.90	8.91	10.06	10.92	10.92	11.94	12.87	14.34
高被引论文数 (C)	Number of Highly Cited Papers							42920	49874

8-19 中文科技期刊刊登的科技论文篇数按机构类型分类(2021年)
Scientific Papers Published in Chinese Science and Technology Periodicals by Type of Institutions (2021)

单位：篇 (piece)

项　目	Item	合　计 Total	高等院校 Universities	研究机构 Research Institutes	企　业 Enterprises	医　院 Hospital	其　他 Others
总　计	**Total**	**458964**	**308618**	**54070**	**31876**	**49145**	**15255**
基础学科	Basic Disciplines	43114	28659	8808	1873	148	3626
数　学	Mathematics	3818	3699	85	15	5	14
力　学	Mechanics	1928	1616	228	53		31
信息、系统	Information, System Science	277	251	19	3		4
物　理	Physics	4838	3897	832	70	3	36
化　学	Chemistry	7861	5502	1364	522	25	448
天　文	Astronomy	591	312	247	3		29
地　学	Earth Sciences	14380	6364	4101	1082	5	2828
生　物	Biological Sciences	9421	7018	1932	125	110	236
医药卫生	Medical Care	182106	119520	9956	1075	48500	3055
农林牧渔	Agriculture, Forestry, Animal Husbandry and Fishery	35233	21854	10510	860	39	1970
工业技术	Manufacturing Technology	180727	123968	22919	27659	295	5886
其　他	Others	17784	14617	1877	409	163	718

8-20 重大科技成果
Major Research Results of Science and Technology

单位：项 (item)

项 目	Item	2000	2005	2010	2015	2017	2018	2019	2020	2021	2022
合 计	**Total**	**32858**	**32359**	**42108**	**55284**	**59792**	**65720**	**68562**	**76521**	**78655**	**84324**
按成果类别分组	**by Type of Results**										
基础理论	Elementary Theory	2368	2129	3288	5115	6535	6497	7009	7678	8791	8250
应用技术	Applied Technology	28843	28559	37029	48363	51677	57618	59903	67108	68199	74438
软科学	Soft Science	1647	1671	1791	1806	1580	1605	1650	1735	1665	1636
按完成单位类型分组	**by Type of Performing Institutes**										
研究机构	Research Institutions	7859	6140	7141	9061	8708	9588	9158	9513	9650	9779
高等院校	Universities	6508	7469	8536	10235	10621	11863	10567	11782	11216	10520
企 业	Enterprises	10586	11525	16704	23650	25126	36555	35511	40642	42266	49779
其 他	Others	7905	7225	9727	12338	15337	7714	13326	14584	15523	14246
应用技术成果按行业分组	**by Industries**										
农林牧渔业	Farming, Forestry, Animal Husbandry and Fishery	4147	5123	5868	6970	7974	8510	7754	9355	9783	9593
采矿业	Mining	600	1004	1568	1251	1385	1472	1345	1256	1391	1507
制造业	Manufacturing	5334	5054	7526	12366	14170	21931	22436	26941	25719	30556
电力、热力、煤气及水的生产和供应业	Production and Distribution of Electricity,Gas and Water	1279	1274	2647	2702	2832	3122	2738	2553	2457	2578
建筑业	Construction	1189	1334	1376	1703	1891	2629	2781	2818	2899	3402
批发和零售业	Wholesale and Retail Trade	152	109	146	96	78	131	214	201	242	270
交通运输、仓储和邮政业	Traffic,Transport, Storage and Post	1963	1641	1704	1693	1669	1866	1841	1777	1770	1823
金融业	Finance	244	175	82	229	393	322	326	117	277	263
房地产业	Real Estate	176	72	52	76	72	66	94	120	95	79
科学研究和技术服务业	Scientific Research, Technical Service			4571	6651	7178	8820	5146	5645	5968	6700
水利、环境和公共设施管理业	Management of Water Conservancy, Environment and Public Establishment	580	655	1077	1296	1344	1742	1942	1946	2036	2528
居民服务、修理和其他服务业	Resident Services and Other Services	404	407	187	164	253	184	242	315	337	262
卫生和社会工作	Sanitation and Social Works	6009	5834	7622	9541	8336	9122	7484	7515	7869	6826
文化、体育和娱乐业	Culture, Sports and Entertainment	456	253	342	183	212	361	277	349	257	286
公共管理、社会保障和社会组织	Public Management and Social Organization	501	649	423	568	615	559	613	600	609	686
其 他	Others	3655	741	1838	2874	3276	3232	4670	5600	6490	7079

8−21 国家级科技奖励
National Science and Technology Awards

单位：项 (item)

项 目	Item	2000	2005	2010	2012	2013	2014	2015	2016	2017	2018	2019	2020
合 计	**Total**	**292**	**321**	**356**	**337**	**323**	**327**	**302**	**287**	**280**	**285**	**308**	**275**
一、国家科学技术进步奖	**National S&T Advancement Award**	**250**	**236**	**273**	**212**	**188**	**202**	**187**	**171**	**170**	**173**	**185**	**157**
特 等	Special Grade			3	3	3	3	3	2	3	2	3	2
一 等	1st Class	22	18	31	22	24	26	17	20	21	23	22	18
二 等	2nd Class	228	218	239	187	161	173	167	149	146	148	160	137
二、国家技术发明奖	**National Invention Award**	**23**	**40**	**46**	**77**	**71**	**70**	**66**	**66**	**66**	**67**	**65**	**61**
一 等	1st Class		1	2	3	2	3	1	3	4	4	3	3
二 等	2nd Class	23	39	44	74	69	67	65	63	62	63	62	58
三、国家自然科学奖	**National Natural Science Award**	**15**	**38**	**30**	**41**	**54**	**46**	**42**	**42**	**35**	**38**	**46**	**46**
一 等	1st Class					1	1	1	1	2	1	1	2
二 等	2nd Class	15	38	30	41	53	45	41	41	33	37	45	44
四、国家最高科学技术奖	**National Supreme Award of Science and Technology**	**2**	**2**	**2**	**2**	**2**	**1**		**2**	**2**	**2**	**2**	**2**
五、国际科学技术合作奖	**International Science and Technology Co-operation Award**	**2**	**5**	**5**	**5**	**8**	**8**	**7**	**6**	**7**	**5**	**10**	**9**

8-22　国家级科技奖励分布
Distribution of National Science and Technology Awards

单位：项　　　　(item)

项　　目	Item	2000	2005	2010	2013	2014	2015	2016	2017	2018	2019	2020
一、国家科技进步奖	**National S&T Advancement Award**	**250**	**236**	**273**	**188**	**202**	**187**	**171**	**170**	**173**	**185**	**157**
按行业分组	**by Industries**											
工业交通	Manufacturing and Transportation	79	113	91	67	71	64	65	58	60	75	55
农林牧渔	Agriculture, Forestry, Animal Husbandry and Fishery	24	27	41	24	52	26	19	19	22	26	20
文教卫生	Education, Culture and Health Care	35	35	38	25	28	32	28	22	21	25	23
国防公安	National Defense and Public Security	71	61	59	51	48	46	39	38	36	39	36
其　他	Others	41		44	21	3	19	20	33	34	20	23
按隶属分组	**by Subordination**											
部　委	Ministries and Commissions	123	62	82	44	45	35	43	42	35	28	27
省市自治区	Province	51	79	98	56	68	69	49	45	45	48	49
其他单位	Others		31	58	37	41	37	40	45	57	70	38
专家提名	Expertise											7
军　口	Military System	76	64	35	51	48	46	39	38	36	39	36
二、国家技术发明奖	**National Invention Award**	**23**	**40**	**46**	**71**	**70**	**66**	**66**	**66**	**67**	**65**	**61**
按行业分组	**by Industries**											
工业交通	Manufacturing and Transportation	16	28	21	37	39	36	40	37	37	37	33
农林牧渔	Agriculture, Forestry, Animal Husbandry and Fishery	1	5	4	8	12	6	5	3	5	4	4
文教卫生	Education, Culture and Health Care	3	1	3	3	3	2	2	2	2	3	1
国防公安	National Defense and Public Security	2	6	13	16	16	16	19	17	18	18	17
其　他	Others	1		5	7		6		7	5	3	6
按隶属分组	**by Subordination**											
部　委	Ministries and Commissions	12	12	17	22	17	17	14	12	9	7	9
省市自治区	Province	9	15	15	17	21	18	19	14	18	19	14
其他单位	Others		6	9	16	16	15	14	23	22	21	17
专家提名	Expertise											4
军　口	Military System	2	7	5	16	16	16	19	17	18	18	17
三、国家自然科学奖	**National Natural Sciences Award**	**15**	**38**	**30**	**54**	**46**	**42**	**42**	**35**	**38**	**46**	**46**
按学科分组	**by Disciplines**											
数　理	Maths & Physics	3	7	8	12	8	8	7	2	5	7	7
化　学	Chemistry	3	6	6	7	6	5	7	5	6	6	7
生物医学	Biol-medical	3	10	6	10	10	6	5	7	7	9	8
地　球	Earth Sciences	5	6	4	5	7	5	6	6	4	5	5
材料工程	Material Engineering	1	7	4	13	8	10	6	4	4	7	9
信　息	Information		2	2	7	7	8	6	5	7	7	8
其　他	Others							5	6	5	5	2
按隶属分组	**by Subordination**											
部　委	Ministries and Commissions	11	17	10	27	21	12	18	10	10	12	14
省市自治区	Province	4	20	14	20	19	20	13	5	5	10	14
其他单位	Others				2	2	7	1	1	9	7	
专家提名	Expertise		1	6	5	4	3	10	19	14	17	18

8-23 商标注册申请及核准注册商标
Registration Application and Approved of Trademark

单位：件 (piece)

年 份 Year	注册申请 Registration Application				核准注册 Registration Approved			
	国内 Domestic	国际 International	马德里 Madrid	合计 Total	国内 Domestic	国际 International	马德里 Madrid	合计 Total
1988	41683	5866		47549	25448	3604		29052
1989	43202	5209		48411	31810	4625		36435
1990	50853	4371	2048	57272	25966	4036	1269	31271
1991	59124	5885	2595	67604	34501	3523	2306	40330
1992	79837	8367	2591	90795	42710	4198	1180	48088
1993	107758	21014	3551	132323	42668	3999	2059	48726
1994	117186	20238	5193	142617	47482	7803	3016	58301
1995	144610	21442	6094	172146	59895	12591	19380	91866
1996	122057	22615	7132	151804	101178	15843	11407	128428
1997	118577	21676	8502	148755	188047	24958	10033	223038
1998	129394	18252	10037	157683	80095	14137	13478	107710
1999	140620	18883	11212	170715	96139	13896	12366	122401
2000	181717	24623	16837	223177	129441	16327	12807	158575
2001	229775	23234	17408	270417	167563	19017	16259	202839
2002	321034	37221	13681	371936	169904	23364	19265	212533
2003	405620	33912	12563	452095	206070	21188	15253	242511
2004	527591	44938	15396	587925	225394	25069	16156	266619
2005	593382	52166	18469	664017	218731	23792	16009	258532
2006	669276	56840	40203	766319	228814	25254	21573	275641
2007	604952	59714	43282	707948	215161	19159	29158	263478
2008	590525	60704	46890	698119	342498	31870	29101	403469
2009	741763	51966	36748	830477	737228	68471	31944	837643
2010	973460	67838	30889	1072187	1211428	108510	29299	1349237
2011	1273827	95831	47127	1416785	926330	66074	30294	1022698
2012	1502540	97190	48586	1648316	919951	58656	26290	1004897
2013	1733361	95177	53008	1881546	909541	59496	27687	996724
2014	2139973	93284	52101	2285358	1242840	86394	45870	1375104
2015	2658674	116687	60205	2835566	2077037	99852	49552	2226441
2016	3526827	112347	52191	3691365	2119032	97497	38416	2254945
2017	5538980	141951	67244	5748175	2656039	94147	41886	2792072
2018	7127032	174959	68718	7370709	4796851	129336	81208	5007395
2019	7582356	188489	66596	7837441	6177791	155894	72155	6405840
2020	9116454	173128	57986	9347568	5576545	140242	43865	5760652
2021	9192675	195230	62602	9450507	7545358	152766	40823	7738947
2022	7304007	150427	61527	7515961	6001698	136564	38908	6177170

8-24 各地区国内商标注册申请与注册(2022年)
Registration Application and Approved of Trademark by Region (2022)

单位：件 (piece)

地区	Region	申请数 Applications	核准注册 Registrations Approved
全国	**National Total**	**7304007**	**6001698**
北京	Beijing	485330	387204
天津	Tianjin	71347	54955
河北	Hebei	232623	195541
山西	Shanxi	73459	57184
内蒙古	Inner Mongolia	66468	53232
辽宁	Liaoning	112039	86711
吉林	Jilin	66140	52747
黑龙江	Heilongjiang	83689	65721
上海	Shanghai	403117	350704
江苏	Jiangsu	480272	398631
浙江	Zhejiang	642028	559986
安徽	Anhui	243320	195276
福建	Fujian	391137	327483
江西	Jiangxi	145376	120979
山东	Shandong	464975	373687
河南	Henan	324474	280931
湖北	Hubei	193549	151030
湖南	Hunan	196093	162029
广东	Guangdong	1369943	1143878
广西	Guangxi	103705	78165
海南	Hainan	66937	43976
重庆	Chongqing	131682	104609
四川	Sichuan	289996	230862
贵州	Guizhou	136293	91031
云南	Yunnan	133967	99516
西藏	Tibet	9899	8661
陕西	Shaanxi	147629	108603
甘肃	Gansu	39544	30104
青海	Qinghai	13148	11028
宁夏	Ningxia	21697	16072
新疆	Xinjiang	73657	55654
香港	Hong Kong	79068	95456
澳门	Macao	1551	1267
台湾	Taiwan	9855	8785

8-25 集成电路布图设计登记申请和登记发证(2022年)
Registration Application and Registration Certification of Integrated Circuit Layout-design (2022)

单位：件 (piece)

地 区	Region	申请数 Application	发证数 Certification
总 计	**Total**	**14403**	**9106**
国 内	**Domestic**		
北 京	Beijing	640	457
天 津	Tianjin	119	76
河 北	Hebei	68	22
山 西	Shanxi	54	10
内蒙古	Inner Mongolia	16	
辽 宁	Liaoning	98	14
吉 林	Jilin	18	2
黑龙江	Heilongjiang	80	36
上 海	Shanghai	1766	1428
江 苏	Jiangsu	2777	1819
浙 江	Zhejiang	783	446
安 徽	Anhui	479	310
福 建	Fujian	300	234
江 西	Jiangxi	21	11
山 东	Shandong	320	180
河 南	Henan	127	53
湖 北	Hubei	520	203
湖 南	Hunan	121	68
广 东	Guangdong	4748	2597
广 西	Guangxi	46	19
海 南	Hainan	21	9
重 庆	Chongqing	137	85
四 川	Sichuan	649	571
贵 州	Guizhou	56	37
云 南	Yunnan	31	6
西 藏	Tibet	9	2
陕 西	Shanxi	178	181
甘 肃	Gansu	99	4
青 海	Qinghai		1
宁 夏	Ningxia	39	2
新 疆	Xinjiang	8	3
香 港	Hong Kong	9	119
澳 门	Macao		
台 湾	Taiwan	6	1
国 外	**Foreign**		
美 国	USA	60	100

8−26 农业植物新品种权申请和授权(2022年)
Application and Granted of New Variety Rights of Agriculture Plants(2022)

单位：件 (piece)

项　目	Item	申　请 Application	授　权 Granted
合　计	**Total**	**11199**	**3375**
一、按单位性质分	**by Units**		
国内科研	Domestic Research	3766	1186
国内企业	Domestic Enterprises	5835	1607
国内教学	Domestic Education	693	256
国内个人	Domestic Individuals	394	107
国外企业	Foreign Enterprises	486	215
国外个人	Foreign Individuals	9	
国外教学	Foreign Education	5	
国外科研	Foreign Research	11	4
二、按植物种类划分	**by Plant Species**		
大田作物	Field Crops	7872	2596
蔬　菜	Vegetables	1748	360
花　卉	flowers	871	270
果　树	Fruit Tree	593	107
牧　草	Pasture	4	
其　他	Other	111	42

8–27 分地区农业植物新品种权申请和授权(2022年)
Application and Granted of New Variety Rights of Agriculture Plants (2022)

单位：件 (piece)

项　目	Item	申请 Application	授权 Granted
总　计	**Total**	**11199**	**3375**
国　内	**Domestic**	**10688**	**3156**
北　京	Beijing	865	285
天　津	Tianjin	131	28
河　北	Hebei	580	128
山　西	Shanxi	163	33
内蒙古	Inner Mongolia	138	20
辽　宁	Liaoning	365	81
吉　林	Jilin	293	65
黑龙江	Heilongjiang	757	292
上　海	Shanghai	128	21
江　苏	Jiangsu	488	228
浙　江	Zhejiang	453	137
安　徽	Anhui	448	190
福　建	Fujian	389	110
江　西	Jiangxi	102	29
山　东	Shandong	955	217
河　南	Henan	765	353
湖　北	Hubei	312	101
湖　南	Hunan	398	157
广　东	Guangdong	593	164
广　西	Guangxi	258	83
海　南	Hainan	525	50
重　庆	Chongqing	47	18
四　川	Sichuan	350	70
贵　州	Guizhou	99	18
云　南	Yunnan	342	142
西　藏	Tibet		2
陕　西	Shaanxi	111	30
甘　肃	Gansu	322	53
青　海	Qinghai	1	2
宁　夏	Ningxia	53	11
新　疆	Xinjiang	253	32
台　湾	Taiwan	4	6
国　外	**Foreign**	**511**	**219**
美　国	USA	87	106
荷　兰	Netherlands	101	56
德　国	Germany	57	13
瑞　士	Switzerland	121	18
日　本	Japan	30	11
法　国	France	80	13
以色列	Israel	16	
西班牙	Spain	8	
意大利	Italy	2	
韩　国	Korea Rep.		2
英　国	England		
新西兰	New Zealand	3	
南　非	South Africa	1	
比利时	Belgium	1	
匈牙利	Hungary	3	
巴　西	Brazil	1	

8-28 按技术合同构成分全国技术市场成交合同数

Contract Deals in Domestic Technical Markets by Type of Contracts

单位：项 (item)

项　目	Item	2014	2015	2016	2017	2018	2019	2020	2021	2022
合　计	**Total**	**297037**	**307132**	**320437**	**367586**	**411985**	**484077**	**549353**	**670506**	**772507**
一、按合同类别分	**by Type of Technical Income**									
技术开发	Technology Development	148946	153433	148582	169466	180431	198105	217580	256356	271727
委托开发	Commissioned Development	140662	144228	137532	153603	168573	186441	201940	241183	258179
合作开发	Cooperated Development	8284	9205	11050	15863	11858	11664	15640	15173	13548
技术转让	Technology Transfer	12499	12787	12556	16698	15381	16953	23243	34317	38081
技术秘密转让	Technical Secrets Transfer	7277	6928	6094	6361	6048	5595	7022	9533	11134
专利实施许可转让	Patent License Transfer	1961	1999	1862	4176	2615	3222	4654	8189	9590
专利权转让	Patent Right Transfer	1454	1799	2522	4013	4542	5688	8546	12548	13489
专利申请权转让	Patent Application Right Transfer	162	204	238	329	398	431	569	754	910
计算机软件著作权转让	Computer Software Copyright Transfer	1258	1216	740	819	837	915	1152	1684	1388
集成电路布图设计专有权转让	Integrated Circuit Layout Design Exclusive Right Transfer	21	51	25	27	18	31	72	15	16
设计著作权转让	Design copyright Transfer			11	25	32	17	100	38	32
植物新品种权转让	New Species of Plants	185	292	385	491	630	726	753	961	815
生物、医药新品种权转让	New Species of Biology and Medicine Patent Right Transfer	181	298	375	252	183	256	260	190	230
技术咨询	Technology Consultation	27911	33559	24447	26735	29828	31215	36151	44650	52955
技术服务	Technology Service	107681	107353	134852	154687	186345	237804	272379	335183	407852
一般性技术服务	Normal Technology Service	106312	105481	132172	152463	183910	235136	269158	331585	403715
技术中介	Technology Intermediary	154	349	1485	586	803	589	856	1339	1623
技术培训	Technology Training	1215	1523	1195	1638	1632	2079	2365	2259	2514
二、按知识产权构成分	**by Intellectural Right**									
技术秘密	Technology Secrets	87700	86266	78319	80258	82230	87763	93654	102099	117688
专利	Patent	7111	7805	9839	15229	16993	21804	30872	43926	56008
发明专利	Invention	4662	4649	5914	9705	11053	14374	20027	27988	33289
实用新型专利	Utility Model	2264	2962	3642	5141	5597	7036	10432	15292	22183
外观设计专利	Design	185	194	283	383	343	394	413	646	536
计算机软件	Computer Software	48593	46931	46264	51026	48533	49602	51930	61594	54881
植物新品种	New Species of Plants	514	793	796	891	1099	1622	1438	2081	2823
集成电路布图设计	IC Layout Design	447	685	1079	762	683	693	841	773	640
生物、医药新品种	New Species of Biology and Medicine	1967	2401	2368	2653	2372	2807	3704	4732	4693
未涉及知识产权	Others	150705	160547	179361	214546	257323	316614	363360	451720	531458
设计著作权	Design copyright			2411	2221	2752	3172	3554	3581	4316

8-28 续表 continued

单位：项 (item)

项 目	Item	2014	2015	2016	2017	2018	2019	2020	2021	2022
三、按技术领域分	**by Technical Field**									
电子信息技术	IT Technology	119066	122538	136246	143633	163812	187716	191574	227044	238692
航空航天技术	Aviation and Aerospace Technology	7440	10079	9680	10396	11178	11956	12578	14012	11742
先进制造技术	Advanced Manufacture Technology	31534	32071	30490	36636	42283	51626	61165	90183	118690
生物、医药和医疗器械技术	Biology,Medicine and Medical Machine Technology	21255	23549	26177	29796	30493	39468	45972	57147	64431
新材料及其应用	Advanced Material and Application	10609	12442	12793	15060	17693	21207	27395	35408	47516
新能源与高效节能	New Energy and Power Saving	19234	20894	18432	23608	26159	30733	60250	42399	53024
环境保护与资源综合利用技术	Environment and Source Application Technology	18436	20887	19205	27603	27389	33170	33702	47503	57787
核应用技术	Nuclear Application Technology	806	404	491	648	679	621	523	555	703
农业技术	Agriculture Technology	12380	13126	13996	19590	21677	22413	30347	45548	56357
现代交通	Modern Traffic	16160	11526	10895	10923	13256	15880	16110	17561	16580
城市建设与社会发展	Urban Construction and Social Development	40117	39616	42032	49693	57366	69287	69737	93146	106985
四、按社会经济目标分	**by Social and Economic Objectives**									
农林牧渔业发展	Farming,Forestry and Fishery	12820	13981	14995	20059	21932	22627	29899	44915	54954
工商业发展	Industry Promotion	20188	28135	28019	36822	44019	51476	59452	82304	101439
能源生产、分配和合理利用	Energy Production,Distribution and Application	25249	19133	16598	21903	23738	27895	55149	40110	55457
基础设施以及城市和农村规划	Infrastructure,Urban and Rural Planning	23358	20477	23050	22706	23562	27189	29374	31007	40507
环境保护、生态建设及污染防治	Environmental Protection,Ecological Building and Pollution Prevention	17964	18575	18070	26494	22902	27400	30059	40251	48575
卫生事业发展	Sanitation Development	13076	16306	17859	18728	19830	26109	30637	37538	41558
社会发展和社会服务	Social Development and Social Service	106158	111019	116742	127466	143094	165535	171363	201848	207631
地球和大气层的探索与利用	Earth and Atmosphere Exploration and Utility	4080	421	676	548	837	1087	877	1226	1680
教育事业发展	Education Development	7237	7191	10593	10852	11330	13458	12652	13313	13426
民用空间探测及开发	Civil Aerospace Exploration	1585	1844	1415	1725	1898	1841	2172	2197	1981
国防	Defense	7715	11757	11991	12026	12992	14101	15251	18051	15050
其他民用目标	Other Civil Purpose	51049	49233	48157	56757	66401	79404	89745	123683	151544
非定向研究	Nondirective Research		9060	12272	11500	19450	25955	22723	34063	38705

8–29 按技术合同构成分全国技术市场成交合同金额
Value of Contract Deals in Domestic Technical Markets by Type of Contracts

单位：万元 (10 000 yuan)

项 目	Item	2015	2016	2017	2018	2019	2020	2021	2022
合 计	**Total**	**98357896**	**114069816**	**134242245**	**176974213**	**223983882**	**282515092**	**372943030**	**477910166**
一、按技术性收入的类型分	**by Type of Technical Income**								
技术开发	Technology Development	30471820	34796413	47485447	58885455	71773214	88740760	116739293	140108266
委托开发	Commissioned Development	27339210	31390386	40029867	49362634	60129654	73465753	99600809	120362954
合作开发	Cooperated Development	3132610	3406027	7455580	9522821	11643559	15275007	17138484	19745311
技术转让	Technology Transfer	14665294	16078867	14002811	16096954	21888778	23976580	32465629	40015953
技术秘密转让	Technical Secrets Transfer	11511716	6274102	6792785	6868054	7165852	8497844	14387474	19258600
专利实施许可转让	Patent License Transfer	1172986	3861730	2922040	4550718	3810624	8157296	9584003	10843211
专利权转让	Patent Right Transfer	925292	850615	1383493	1692490	8188387	4571110	5242740	5898827
专利申请权转让	Patent Application Right Transfer	44672	73770	90058	130087	162206	162062	865065	712923
计算机软件著作权转让	Computer Software Copyright Transfer	617961	408110	366011	603217	1829127	765616	789610	993253
集成电路布图设计专有权转让	Integrated Circuit Layout Design Exclusive Right Transfer	44080	238412	141781	6722	7404	34050	4938	3364
设计著作权转让	Design copyright Transfer		1399	17987	23490	2722	38599	17273	5278
植物新品种权转让	New Species of Plants Patent Right Transfer	182452	194424	121273	70916	122216	97456	202499	101361
生物、医药新品种权转让	New Species of Biology and Medicine Patent Right Transfer	166135	265216	155789	245353	554764	750359	493967	832285
技术咨询	Technology Consultation	2631180	4683265	4492289	5646121	6141064	11045590	9511586	9666998
技术服务	Technology Service	50589603	58511271	68261698	96345683	124180826	158752162	214226522	287189135
一般性技术服务	Normal Technology Service	49963295	58011939	66742900	95686432	122954691	158070665	213454236	286137477
技术中介	Technology Intermediary	197355	241380	179426	320246	173636	67533	150361	122263
技术培训	Technology Training	428953	257952	1339371	339005	1052500	613964	621925	929395
二、按知识产权构成分	**by Intellectural Right**								
技术秘密	Technology Secrets	25344591	26575542	29912687	34926639	46731818	53812813	63391085	81901970
专利	Patent	6753434	12973196	14204704	20945087	30857642	37903761	54402645	72957791
发明专利	Invention	3572037	7307373	8706940	14363204	17414736	23261556	30618844	48145611
实用新型专利	Utility Model	3067496	5570794	5313921	6215502	13239858	14274242	23515257	24650254
外观设计专利	Design	113902	95028	183844	366381	203048	367963	268544	161926
计算机软件	Computer Software	6866398	8354526	8526746	8793395	12028361	14818532	19522592	18206295
植物新品种	New Species of Plants	265589	353516	328249	229036	260925	243499	371673	477064
集成电路布图设计	IC Layout Design	358039	429826	533307	378028	497789	1340403	753842	424511
生物、医药新品种	New Species of Biology and Medicine	831678	734589	1197028	1432862	1454721	2839086	2245032	2192915
未涉及知识产权	Others	57276956	63508536	78735493	108840079	131114916	169977388	230116586	297864963
设计著作权	Design copyright		1140085	804031	1429088	1037710	1579609	2139575	3884657

8-29 续表 continued

单位：万元 (10 000 yuan)

项 目	Item	2015	2016	2017	2018	2019	2020	2021	2022
三、按技术领域分	**by Technical Field**								
电子信息技术	IT Technology	24973350	33129453	38607227	45051745	56366799	63239892	84986682	96196349
航空航天技术	Aviation and Aerospace Technology	2771133	2676018	4254075	4082361	5403232	4583747	7404529	9131646
先进制造技术	Advanced Manufacture Technology	13507167	14410471	15843314	24908842	29517064	41949439	58193317	83423043
生物、医药和医疗器械技术	Biology,Medicine and Medical Machine Technology	5106516	6127297	7502520	8391509	10579333	17690387	22355590	24429912
新材料及其应用	Advanced Material and Application	4452197	5127952	5010016	6724306	8711065	12200630	20794696	31070871
新能源与高效节能	New Energy and Power Saving	10642935	11388154	12021350	15400556	28135523	28543702	30090682	47475336
环境保护与资源综合利用技术	Environment and Source Application Technology	8004181	9264109	10698894	13269314	16234919	18458047	23745047	26998535
核应用技术	Nuclear Application Technology	3901318	763865	292010	2660383	1192283	779457	648906	952991
农业技术	Agriculture Technology	3080496	3178260	4074813	4208292	5002269	7476774	8885729	12129050
现代交通	Modern Traffic	9818918	13687734	16653203	25427249	20775555	32559757	39556256	48703523
城市建设与社会发展	Urban Construction and Social Development	12099686	14316503	19284823	26849657	42065841	55033260	76281596	97398909
四、按社会经济目标分	**by Social and Economic Objectives Objectives**								
农林牧渔业发展	Farming,Forestry and Fishery	2649378	3084815	4204404	4689757	5529437	7178247	8613132	11277037
工商业发展	Industry Promotion	11832327	12454604	19246645	24484176	31211072	42238960	62274659	75014447
能源生产、分配和合理利用	Energy Production,Distribution and Application	9822174	10731280	11150576	16276268	22550167	25813656	27116137	46863126
基础设施以及城市和农村规划	Infrastructure,Urban and Rural Planning	11503248	15056385	19033606	30297060	34186555	45092915	60450633	71801519
环境保护、生态建设及污染防治	Environmental Protection,Ecological Building and Pollution Prevention	7714736	9094087	10517303	13219134	16520526	16462018	23206472	27099495
卫生事业发展	Sanitation Development	3234914	4071510	4378747	4990593	6486663	12029398	13872474	15367337
社会发展和社会服务	Social Development and Social Service	30174080	35296542	38821539	41718264	52897407	68363721	87739354	114493539
地球和大气层的探索与利用	Earth and Atmosphere Exploration and Utility	87243	234723	119448	105352	186924	126319	160439	278920
教育事业发展	Education Development	691946	746660	717617	1079244	1853943	1922472	1962236	1852751
民用空间探测及开发	Civil Aerospace Exploration	405674	624798	505418	519280	629062	650756	880305	764373
国防	Defense	2549196	2702260	2975035	3906405	4209612	4266412	6758128	7810793
其他民用目标	Other Civil Purpose	14542349	15911988	20063635	29048652	38765858	43662157	60836405	83264147
非定向研究	Nondirective Research	3150633	4060166	2508271	6640029	8956657	14708059	19072655	22022683

8-30 按买卖方构成类别分全国技术市场成交合同数
Contract Deals in Domestic Technical Markets by Category of Technology Seller and Buyer

单位：项 (item)

项　　目	Item	2015	2016	2017	2018	2019	2020	2021	2022
总　　计	**Total**	**307132**	**320437**	**367586**	**411985**	**484077**	**549353**	**670506**	**772507**
一、按卖方构成类别分	**Category of Technology Seller**								
机关法人	Governments	1904	1546	1457	1839	1603	2160	1806	1073
事业法人	Public Organizations	104626	97196	112032	123259	156798	157319	224866	242208
科研机构	Research Institutes	40663	30804	35054	41120	45140	53091	77485	80435
高等院校	Higher Education	57081	59769	69782	76027	102352	90823	127252	132883
医疗、卫生	Medical and Sanitation	2965	2843	2916	2431	4345	6169	6917	9039
其他	Others	3917	3780	4280	3681	4961	7236	13212	19851
社团法人	Social Organization	1258	968	1402	930	847	1261	1180	1737
企业法人	Enterprises	196517	218387	250126	283049	321777	385402	437896	521900
内资企业	Domestic Funded Enterprises	182410	202784	232329	265437	301134	364242	413859	492051
港澳台商投资企业	Enterprises with Funds from Hong Kong, Macao and Taiwan	2780	2977	3267	3792	4467	4196	4482	5274
外商投资企业	Foreign Funded Enterprises	8462	9792	10441	9705	11440	10945	11231	12666
个体经营	Private Enterprises	1002	1361	2250	2067	2339	3326	4933	8061
国外企业	Oversea Enterprises	1863	1473	1839	2048	2397	2693	3391	3848
自然人	Natural Person	751	1004	1070	936	1164	1476	2781	3065
其他组织	Other Organizations	2076	1336	1499	1972	1888	1735	1977	2524
二、按买方构成类别分	**Category of Technology Buyer**								
机关法人	Governments	40280	42626	50434	50554	56899	62128	72970	91055
事业法人	Public Organizations	50908	57945	58324	63465	72070	73062	86008	80364
科研机构	Research Institutes	21038	21272	21968	25736	27991	27071	32586	27398
高等院校	Higher Education	9647	11895	11921	12880	15564	14206	18194	17167
医疗、卫生	Medical and Sanitation	4387	4294	4954	4765	6922	6428	7570	8275
其他	Others	15836	20484	19481	20084	21593	25357	27658	27524
社团法人	Social Organization	1188	1755	1756	1906	2191	2044	1920	2560
企业法人	Enterprises	209342	211078	250016	287778	343533	402020	498110	581878
内资企业	Domestic Funded Enterprises	189879	191302	228059	255992	306466	361101	448854	543833
港澳台商投资企业	Enterprises with Funds from Hong Kong, Macao and Taiwan	1888	1947	2618	3280	3931	5187	6734	8046
外商投资企业	Foreign Funded Enterprises	9587	9064	9695	10674	11480	11845	13934	15366
个体经营	Private Enterprises	4040	5053	6400	9362	7627	8653	9241	10912
国外企业	Oversea Enterprises	3948	3712	3244	8470	14029	15234	19347	3721
自然人	Natural Person	2132	3496	3343	3868	4516	4052	3889	9075
其他组织	Other Organizations	3282	3537	3713	4414	4868	6047	7609	7575

8-31 按买卖方构成类别分全国技术市场成交合同金额
Value of Contract Deals in Domestic Technical Markets by Category of Technology Seller and Buyer

单位：万元 (10 000 yuan)

项　目	Item	2015	2016	2017	2018	2019	2020	2021	2022
总　计	**Total**	**98357896**	**114069816**	**134242245**	**176974213**	**223983882**	**282515092**	**372943030**	**477910166**
一、按卖方构成类别分	**Category of Technology Seller**								
机关法人	Governments	1140758	1710637	716844	1653589	1347406	2292910	2326598	2477027
事业法人	Public Organizations	9581703	11495867	13390516	13931972	16252688	18989717	22651926	24117648
科研机构	Research Institutes	5604063	7052147	8667574	8283244	8205709	11117873	12182412	12290571
高等院校	Higher Education	3142568	3600238	3558316	4531826	5929423	5609785	7903807	8113699
医疗、卫生	Medical and Sanitation	81060	173344	111225	183588	495230	444939	418504	863639
其他	Others	754011	670137	1053401	933314	1622325	1817120	2147203	2849738
社团法人	Social Organization	131479	598008	493553	624787	110338	378524	247268	439933
企业法人	Enterprises	84769194	98814103	118752821	159779948	204940377	258288103	345506369	447682918
内资企业	Domestic Funded Enterprises	68531378	83839927	102259774	140173773	179779858	225558334	305803966	396410626
港澳台商投资企业	Enterprises with Funds from Hong Kong, Macao and Taiwan	1463283	1906472	2683061	3414617	3825194	5704830	8789093	9058315
外商投资企业	Foreign Funded Enterprises	10112896	8383170	9209708	10762919	15174417	17303779	17595274	20502437
个体经营	Private Enterprises	192679	247684	539314	671886	671700	943066	1691667	2858463
国外企业	Oversea Enterprises	4468960	4436849	4060965	4756752	5489208	8778093	11626369	18853077
自然人	Natural Person	86970	134922	217213	331102	418526	568198	1039747	1591383
其他组织	Other Organizations	2647792	1316280	671296	652816	914547	1997640	1171122	1601256
二、按买方构成类别分	**Category of Technology Buyer**								
机关法人	Governments	16172797	15788418	20884225	23145112	33711303	35549432	44764437	49320921
事业法人	Public Organizations	5831305	8958660	7736797	11282692	12553100	15540356	17471764	20465728
科研机构	Research Institutes	2544706	3140612	3545515	4509365	5032515	4116232	5070308	5410120
高等院校	Higher Education	627764	839743	802588	836874	1011267	1458784	1293986	1486539
医疗、卫生	Medical and Sanitation	201363	264075	349366	228282	372597	688623	1113472	2039646
其他	Others	2457472	4714229	3039329	5708171	6136720	9276717	9993998	11529423
社团法人	Social Organization	67367	117816	218231	485165	648343	427501	307184	631220
企业法人	Enterprises	74639004	87731832	103126956	138930005	174190568	227674210	303776442	395503269
内资企业	Domestic Funded Enterprises	53056429	68422897	84190424	112164549	140145175	176775515	243930771	340522728
港澳台商投资企业	Enterprises with Funds from Hong Kong, Macao and Taiwan	1158264	1512068	2249569	3130719	4336994	6460109	9756465	10811017
外商投资企业	Foreign Funded Enterprises	6852069	4828717	5130969	8063621	7732779	13646808	13571392	18252021
个体经营	Private Enterprises	325072	486244	734122	699480	749333	1433813	2453668	2553569
国外企业	Oversea Enterprises	13247170	12481906	10821873	14871636	21226286	29357964	34064146	23363935
自然人	Natural Person	186024	221159	436732	581612	1110622	684112	772731	1157481
其他组织	Other Organizations	1461399	1251932	1839304	2549628	1769947	2639481	5850472	10831546

8-32 技术市场技术输出地域(合同数)
Contract Exportation from Domestic Technical Markets by Region

单位：项 (item)

地 区	Region	2000	2005	2010	2015	2016	2017	2018	2019	2020	2021	2022
全 国	**National Total**	**241008**	**265010**	**229601**	**307132**	**320437**	**367586**	**411985**	**484077**	**549353**	**670506**	**772507**
东部地区	Eastern Region	153858	182325	154181	196087	201660	219178	245586	285980	335007	338772	411531
中部地区	Middle Region	40957	43328	24302	44041	47969	57533	66153	80754	84688	121187	187076
西部地区	Western Region	19469	19611	29024	48748	48607	63739	72696	89446	98221	129412	146327
东北地区	Northeast Region	26724	19746	20996	16155	20415	24972	25015	24919	27788	29261	27573
北 京	Beijing	21270	37625	50847	72306	74983	81311	82486	83171	84451	93563	95061
天 津	Tianjin	6415	11295	9540	12456	12934	12168	11214	13885	9685	12048	12299
河 北	Hebei	3340	3338	4517	3298	3846	4397	6240	7262	7468	11739	15207
山 西	Shanxi	290	556	835	698	804	870	1046	965	1059	1424	1255
内蒙古	Inner Mongolia	3075	1160	1231	498	605	678	814	1201	1494	1524	1519
辽 宁	Liaoning	11455	13826	15589	11878	13004	14799	17362	16578	17301	18526	18410
吉 林	Jilin	5386	3879	3424	2420	5673	7337	4254	4548	5361	3777	2546
黑龙江	Heilongjiang	9883	2041	1983	1857	1738	2836	3399	3793	5126	6958	6617
上 海	Shanghai	20974	30290	25945	22119	20843	21223	21311	35928	26356	36450	37868
江 苏	Jiangsu	28618	26178	19815	32508	29430	37263	42227	49210	56916	81982	86649
浙 江	Zhejiang	31218	20628	12826	11273	14808	13704	16142	18996	25725	36970	43356
安 徽	Anhui	3184	5113	4831	12488	12966	18211	20347	19538	16667	23729	30552
福 建	Fujian	5597	6510	5120	4132	5115	5893	7638	8642	10753	16121	17129
江 西	Jiangxi	5068	3321	2250	1137	1985	2405	3025	2799	4084	6536	10089
山 东	Shandong	30962	31908	7865	20422	22068	25720	34255	35167	73639	48029	55481
河 南	Henan	4097	3770	4611	3482	4270	5878	7289	9293	11717	17630	22415
湖 北	Hubei	7203	11131	6638	22532	23964	24444	28399	39136	39420	54148	76995
湖 南	Hunan	21115	19437	5137	3704	3980	5725	6047	9023	11741	17720	45770
广 东	Guangdong	5464	14432	17493	17316	17322	17178	23700	33321	39485	48857	46494
广 西	Guangxi	912	558	258	1577	1832	2039	2149	2647	3404	6335	5007
海 南	Hainan		121	213	257	311	321	373	398	529	1042	1987
重 庆	Chongqing	1610	2730	2201	2638	2053	2070	2911	3760	3515	7194	6880
四 川	Sichuan	3441	4933	9003	11228	11563	12826	15156	13203	20415	18443	23555
贵 州	Guizhou	43	466	650	650	974	2950	2813	2906	3437	5592	8553
云 南	Yunnan	2054	1853	1047	2666	2607	3500	3684	3324	3325	4978	7498
西 藏	Tibet						3	3	40	67	101	194
陕 西	Shaanxi	4023	3392	9470	22508	21037	31357	37954	52999	52035	68951	68537
甘 肃	Gansu	2960	1877	2503	4712	5255	5852	5072	5921	7403	10176	13224
青 海	Qinghai		318	460	952	986	1016	1071	836	1073	1275	1133
宁 夏	Ningxia	233	323	501	661	990	980	617	1922	1864	3125	3592
新 疆	Xinjiang	1118	2001	1700	658	705	468	452	687	189	1819	2019
港澳台	Hong Kong,Macao & Taiwan			123	100	91	122	216	292	867	369	581
其 他	Others			975	2001	1695	2042	2319	2686	2782	3375	4035

8-33 技术市场技术输出地域(合同金额)

Value of Contract Exportation from Domestic Technical Markets by Region

单位：万元 (10 000 yuan)

地 区	Region	2000	2005	2010	2015	2016	2017	2018	2019	2020	2021	2022
全 国	**National Total**	**6507519**	**15513694**	**39065753**	**98357896**	**114069816**	**134242245**	**176974213**	**223983882**	**282515092**	**372943030**	**477910166**
东部地区	Eastern Region	4167230	11509739	28347883	63561272	73683809	85693153	110035282	142494087	183899127	203420567	273851720
中部地区	Middle Region	910023	1484714	2457020	12459587	14071180	17530480	22228831	28601608	37194981	62909333	103444094
西部地区	Western Region	858677	1389229	3464842	13450103	15899259	18458078	29284776	33750657	47547457	56321832	85929598
东北地区	Northeast Region	571589	1130012	2024024	4212261	5654468	7524637	9823571	12646054	13601683	12134135	14684754
北 京	Beijing	1402871	4895922	15795367	34538855	39409752	44868872	49578246	56952843	63161622	70056517	79475111
天 津	Tianjin	262581	507093	1193390	5034369	5526361	5514411	6855875	9092549	10895598	12568262	16508667
河 北	Hebei	94143	103827	192931	395438	589959	889245	2759840	3811904	5549646	7473182	10038253
山 西	Shanxi	5258	47980	184911	512007	425622	941471	1507567	1095227	449791	1344737	1614346
内 蒙 古	Inner Mongolia	60287	109939	271464	153872	120492	196087	198398	224793	359540	411478	512988
辽 宁	Liaoning	347817	865167	1306811	2674927	3232180	3858317	4744910	5575904	6328126	7551240	9713459
吉 林	Jilin	71390	122261	188090	264697	1164198	2199199	3419460	4741327	4621541	1081468	369481
黑 龙 江	Heilongjiang	152382	142585	529123	1272637	1258091	1467121	1659200	2328823	2652015	3501428	4601814
上 海	Shanghai	738952	2317328	4314374	6637838	7809858	8106177	12251857	14223539	15832248	25454910	38707329
江 苏	Jiangsu	449568	1008296	2493406	5729178	6356425	7784223	9914475	14715193	20878468	26061663	29867776
浙 江	Zhejiang	276275	386954	603478	980966	1983716	3247310	5906641	8880078	14033228	18557774	24350738
安 徽	Anhui	61012	142553	461470	1904669	2173748	2495697	3213131	4496068	6595728	17877084	28754545
福 建	Fujian	172601	171959	356569	521448	432204	754634	845235	1395883	1635367	1967976	2595179
江 西	Jiangxi	69299	111227	230479	648484	790077	962096	1158231	1486137	2334099	4093849	7338839
山 东	Shandong	288135	983614	1006769	3075545	3959453	5116448	8199520	11100178	19038906	24777895	32318349
河 南	Henan	211621	263737	272002	450442	587075	768528	1492840	2318885	3797786	6073260	10207498
湖 北	Hubei	276000	501823	907218	7893407	9038371	10330773	12040937	14298358	16658080	20907763	30099979
湖 南	Hunan	286833	417394	400940	1050578	1056287	2031915	2816126	4906932	7359497	12612640	25428885
广 东	Guangdong	482104	1124740	2358949	6625775	7581650	9370755	13654186	22230844	32672142	40996121	39674797
广 西	Guangxi	17741	94059	41362	73132	339922	394228	614077	775572	916691	9405765	2269901
海 南	Hainan		10007	32651	21861	34431	41079	69407	91077	201902	284162	315522
重 庆	Chongqing	296594	357059	794410	572366	1471870	513581	1883529	566518	1177865	1845180	5594685
四 川	Sichuan	104150	190823	547393	2823202	2993006	4058307	9967010	12119539	12445928	13886947	16435301
贵 州	Guizhou	620	10488	77191	259626	204437	807409	1710975	2271758	2491150	2892651	3907245
云 南	Yunnan	187742	159175	108827	518364	582559	847625	894879	827040	499498	1060953	2189452
西 藏	Tibet						440	394	9577	7783	17269	62143
陕 西	Shaanxi	92560	188977	1024140	7218211	8027887	9209395	11252908	14673473	17587198	23434411	30487345
甘 肃	Gansu	26413	172736	430845	1296958	1506615	1629587	1808778	1964171	2331559	2803921	3358410
青 海	Qinghai		11812	114051	468849	569190	677186	793553	90969	105626	141042	160342
宁 夏	Ningxia	6402	14131	9972	35202	40526	66679	121058	149033	168054	250947	340474
新 疆	Xinjiang	66168	80029	45188	30322	42755	57554	39215	78214	151123	188537	311791
港 澳 台	Hong Kong, Macao & Taiwan			126750	158797	678396	604530	174241	864897	271843	599483	1696168
其 他	Others			2645234	4515877	4082703	4431367	5427512	5626577	9305442	12762515	18603353

8-34 技术市场技术流向地域(合同数)
Contract Inflows to Domestic Technical Markets by Region

单位：项 (item)

地 区	Region	2000	2005	2010	2015	2016	2017	2018	2019	2020	2021	2022
全 国	**National Total**	**241008**	**265010**	**229601**	**307132**	**320437**	**367586**	**411985**	**484077**	**549353**	**670506**	**772507**
东部地区	Eastern Region	151815	173205	141227	191166	195744	218125	245960	290335	337644	345159	428053
中部地区	Middle Region	41206	42698	27844	42246	44624	54086	61395	74889	78799	115451	171460
西部地区	Western Region	23905	26203	34011	51096	55827	67240	74844	88225	102105	125626	142896
东北地区	Northeast Region	23279	19647	19044	17490	19533	23690	24400	24941	26684	29361	30098
北 京	Beijing	16998	24206	33370	50140	55480	55944	61213	65137	65548	71405	69630
天 津	Tianjin	6297	8719	7291	9439	9612	10208	9309	11277	8466	9886	10627
河 北	Hebei	5230	5719	5664	5989	6956	8109	10572	11324	12070	15769	17666
山 西	Shanxi	1693	2112	2627	2999	3104	3495	4015	4661	5171	6069	6021
内蒙古	Inner Mongolia	3907	2426	2901	2609	2656	3579	5983	5851	7346	6561	8839
辽 宁	Liaoning	9631	12677	12691	10883	10884	12685	14546	14351	14984	16264	17510
吉 林	Jilin	5257	3655	3529	3446	4916	6817	5066	5821	5565	5218	4571
黑龙江	Heilongjiang	8391	3315	2824	3161	3733	4188	4788	4769	6135	7879	8017
上 海	Shanghai	21036	28606	24162	22689	22589	22661	24538	34252	28913	37962	37926
江 苏	Jiangsu	25957	22675	19463	36607	27370	38911	39192	45941	53679	75702	85284
浙 江	Zhejiang	29197	23639	15313	14999	18120	18444	21272	25302	31592	42398	49596
安 徽	Anhui	3276	5299	5318	12687	13011	17953	20131	20297	18308	25690	31768
福 建	Fujian	6532	7729	5305	5629	6334	7826	8723	9719	11886	17634	18882
江 西	Jiangxi	5772	4014	2774	2356	3112	3613	4503	4388	5651	9278	12612
山 东	Shandong	30909	34362	9993	21874	23121	27003	32698	32920	67270	47955	54987
河 南	Henan	5312	5382	5410	5082	5762	7473	9084	11681	13660	19047	23225
湖 北	Hubei	6166	8419	6591	14831	15038	15736	17206	24402	25232	38641	59533
湖 南	Hunan	18987	17472	5124	4291	4597	5816	6456	9460	10777	16726	38301
广 东	Guangdong	9277	16930	19910	22396	24833	27507	36845	52503	56009	71428	78816
广 西	Guangxi	1566	1382	1351	3299	3466	3914	4106	5256	6337	9932	8853
海 南	Hainan	382	620	756	1404	1329	1512	1598	1960	2211	2975	4639
重 庆	Chongqing	1639	2416	2310	3340	3525	3564	5047	6243	5673	9548	8981
四 川	Sichuan	4330	5483	8331	11195	11564	12147	14750	14614	20050	20947	25753
贵 州	Guizhou	806	1294	1849	2346	2777	5615	5408	5770	6062	8160	10775
云 南	Yunnan	2754	3493	2824	4278	4564	5514	6196	5701	6277	7904	10385
西 藏	Tibet	41	87	211	382	511	506	760	703	1073	1096	1215
陕 西	Shaanxi	2582	3427	6775	12657	14626	19498	19353	27706	28879	38463	35139
甘 肃	Gansu	3590	2106	2462	4869	5772	5973	5788	7255	8525	10941	13414
青 海	Qinghai	280	606	882	1997	1958	2335	2134	2189	2291	2642	2651
宁 夏	Ningxia	488	603	1012	1451	1717	2026	1852	3140	3315	4950	5594
新 疆	Xinjiang	1922	2880	3103	2673	2691	2569	3467	3797	4973	5578	6050
港澳台	Hong Kong, Macao & Taiwan	203	383	1106	1017	819	967	1229	1169	1304	1659	1494
其 他	Others	600	2874	6369	4117	3890	3478	4157	4518	4121	4199	3753

8-35 技术市场技术流向地域(合同金额)
Value of Contract Inflows to Domestic Technical Markets by Region

单位：万元 (10 000 yuan)

地 区	Region	2000	2005	2010	2015	2016	2017	2018	2019	2020	2021	2022
全 国	**National Total**	**6507519**	**15513694**	**39065753**	**98357896**	**114069816**	**134242245**	**176974213**	**223983882**	**282515092**	**372943030**	**477910166**
东部地区	Eastern Region	4000110	9042086	19282530	47863593	55688863	71013023	92428802	127599696	163490136	179443446	260850357
中部地区	Middle Region	790834	1661532	3534114	11487804	15220043	17765275	22434422	30575162	38785531	62726155	90482269
西部地区	Western Region	898411	1912047	4799891	17041209	21739108	23210751	35370222	35529734	68978499	68927507	113772137
东北地区	Northeast Region	560979	1144779	2816954	3934676	4686548	6053796	8658207	9379092	11260926	9722858	12805403
北 京	Beijing	1031906	2468704	4979527	11475286	17532414	18875180	22471517	32237824	31285506	34390617	41125042
天 津	Tianjin	231158	381307	1038486	3307079	3891987	4212348	3475942	4615189	6169710	5995914	7834074
河 北	Hebei	163950	301803	1291728	1453071	1842886	3032426	4956253	5835794	7066817	11540573	13326053
山 西	Shanxi	49350	215430	509161	972417	2340760	2493192	2510500	4446689	3323323	4892558	5362611
内蒙古	Inner Mongolia	79600	301516	862605	1885989	1427117	1574598	2268741	1794584	2511331	3768542	6819770
辽 宁	Liaoning	326885	855864	1840608	2312705	2000312	2909887	2732168	3558536	4065807	5109910	7469905
吉 林	Jilin	78926	134995	413970	545214	931123	1993711	4319205	4659198	5295924	2183530	1873930
黑龙江	Heilongjiang	155168	153920	562376	1076757	1755113	1150198	1606834	1161358	1899195	2429419	3461568
上 海	Shanghai	633736	1746358	3291200	5101282	4319878	7121410	8281684	8806901	11628440	14221511	19193363
江 苏	Jiangsu	411821	849194	3277882	10163396	9055931	9195511	14386430	17673663	22170336	28120349	51252721
浙 江	Zhejiang	303584	589430	1064031	2019061	2883154	4698659	7176735	11151567	15686093	21358616	31115200
安 徽	Anhui	66604	204344	516323	1696694	2016750	2706809	3539869	6100149	7379081	18816076	26695678
福 建	Fujian	193767	250239	442214	3675993	2786969	1791234	3029988	4201391	5137208	6300300	6989323
江 西	Jiangxi	66104	132315	315103	1077100	1880987	1990802	2427626	2988143	3445638	5961262	8013082
山 东	Shandong	345610	1143692	1269040	3865607	5052401	6759784	9386978	11109983	20485016	25642310	33717187
河 南	Henan	190434	358430	440535	1276013	1540513	2019391	3725205	4155088	5366545	7827596	10664789
湖 北	Hubei	190942	393847	1370448	4949463	6420258	6777445	8284674	9447836	14034603	16008655	22982732
湖 南	Hunan	227400	357167	382544	1516117	1020776	1777636	1946548	3437257	5236341	9220009	16763378
广 东	Guangdong	669783	1217999	2435401	6521066	7925607	14514041	18471137	31256930	43062702	54905627	53542285
广 西	Guangxi	38736	116309	148141	576560	687700	782951	1922079	3167212	4739774	12539980	5815321
海 南	Hainan	14795	93360	193023	281751	397636	812430	792136	710454	798306	2609940	2755108
重 庆	Chongqing	164500	322759	884903	1843373	5248893	2341008	5179206	2523163	2255033	5180495	7901994
四 川	Sichuan	128590	231663	723340	2932644	3317871	5366053	5886135	8147275	8755819	12637617	15219646
贵 州	Guizhou	16522	53871	218775	1761018	1673802	1932987	5133302	3989215	5561195	5998650	5158973
云 南	Yunnan	228497	294254	377203	1735786	1714434	1770997	3278498	2150069	3323528	7003373	7411586
西 藏	Tibet	2994	7989	32390	169821	195055	219609	724998	1122275	811615	1988934	1824031
陕 西	Shaanxi	84188	189469	597518	2985237	3590984	5218569	5913691	6926313	9410951	13572937	15910997
甘 肃	Gansu	54557	173761	307727	1181036	1727321	1473137	1834255	2395555	2355782	3717747	5490448
青 海	Qinghai	7628	29174	245232	471049	792632	775210	762852	1048158	842288	831756	1305440
宁 夏	Ningxia	9752	35262	126095	286118	427187	770094	964199	507719	1134742	1041655	1050429
新 疆	Xinjiang	82847	156021	275961	1212578	936111	985539	1502264	1758196	2734948	2634756	7077661
港澳台	Hong Kong, Macao & Taiwan	47241	142287	319517	1038655	1252447	2039375	3560696	1920134	2619699	3134955	4929581
其 他	Others	209944	1610964	8312746	16991958	15482807	14160026	14521864	18980064	21921794	21356864	27856259

8-36 按合同类别分技术市场技术流向地域(合同数)(2022年)
Contract Inflows to Domestic Technical Markets by Region (2022)

单位：项 (item)

地　区	Region	合　计 Total	#技术开发 Technology Development	技术转让 Technology Transfer	技术咨询 Technology Consultation	技术服务 Technology Service
全　国	**National Total**	**772507**	**271727**	**38081**	**52955**	**407852**
东部地区	Eastern Region	428053	178872	24129	26871	197682
中部地区	Middle Region	171460	42403	7428	12806	108547
西部地区	Western Region	142896	39156	4987	11668	86230
东北地区	Northeast Region	30098	11296	1537	1610	15393
北　京	Beijing	69630	30169	1414	5598	32415
天　津	Tianjin	10627	3378	555	525	6102
河　北	Hebei	17666	4567	720	2029	10276
山　西	Shanxi	6021	1741	334	422	3510
内 蒙 古	Inner Mongolia	8839	1918	190	537	6175
辽　宁	Liaoning	17510	6945	871	1113	8375
吉　林	Jilin	4571	1875	214	158	2304
黑 龙 江	Heilongjiang	8017	2476	452	339	4714
上　海	Shanghai	37926	16169	1345	2124	18272
江　苏	Jiangsu	85284	41200	5930	4571	33546
浙　江	Zhejiang	49596	22269	2115	2512	22624
安　徽	Anhui	31768	10763	1898	3561	15523
福　建	Fujian	18882	7028	914	2037	8827
江　西	Jiangxi	12612	3769	1142	1520	6165
山　东	Shandong	54987	22590	8021	2850	21459
河　南	Henan	23225	5964	1298	2209	13670
湖　北	Hubei	59533	15775	1628	2295	39768
湖　南	Hunan	38301	4391	1128	2799	29911
广　东	Guangdong	78816	30033	2961	4299	41491
广　西	Guangxi	8853	2984	735	934	3932
海　南	Hainan	4639	1469	154	326	2670
重　庆	Chongqing	8981	2505	334	591	5529
四　川	Sichuan	25753	8547	1171	2398	13547
贵　州	Guizhou	10775	2829	151	1276	6477
云　南	Yunnan	10385	2776	240	1309	6015
西　藏	Tibet	1215	271	24	151	766
陕　西	Shaanxi	35139	8433	958	2004	23589
甘　肃	Gansu	13414	1842	523	849	10096
青　海	Qinghai	2651	485	38	394	1709
宁　夏	Ningxia	5594	1971	157	517	2899
新　疆	Xinjiang	6050	1889	136	562	3454
港 澳 台	Hong Kong, Macao & Taiwan	1494	769	122	30	561
其　他	Others	3753	1937	208	116	1481

8-37 按合同类别分技术市场技术流向地域(合同金额)(2022年)
Value of Contract Inflows to Domestic Technical Markets by Region (2022)

单位：万元 (10 000 yuan)

地 区	Region	合 计 Total	#技术开发 Technology Development	技术转让 Technology Transfer	技术咨询 Technology Consultation	技术服务 Technology Service
全 国	**National Total**	**477910166**	**140108266**	**40015953**	**9666998**	**287189135**
东部地区	Eastern Region	260850357	99863676	27261221	4123165	129255403
中部地区	Middle Region	90482269	17041949	4509536	2755466	66063464
西部地区	Western Region	113772137	21122757	7410282	2492516	82445094
东北地区	Northeast Region	12805403	2079883	834914	295851	9425174
北 京	Beijing	41125042	19603720	963556	540227	20008295
天 津	Tianjin	7834074	1120334	369599	64945	6273985
河 北	Hebei	13326053	2450645	389098	203037	10244489
山 西	Shanxi	5362611	610665	128311	88441	4534283
内 蒙 古	Inner Mongolia	6819770	1004955	57428	370347	5374440
辽 宁	Liaoning	7469905	1240936	371667	196237	5509313
吉 林	Jilin	1873930	417196	228978	17652	1197641
黑 龙 江	Heilongjiang	3461568	421751	234269	81962	2718220
上 海	Shanghai	19193363	7164658	2557925	130020	9309194
江 苏	Jiangsu	51252721	22749034	10693253	822978	16939813
浙 江	Zhejiang	31115200	12497049	2268714	589070	15655429
安 徽	Anhui	26695678	6628069	1151452	773250	18131026
福 建	Fujian	6989323	1644385	1411555	95092	3803635
江 西	Jiangxi	8013082	2606876	1294188	479657	3605090
山 东	Shandong	33717187	12404782	4381883	1092398	15790765
河 南	Henan	10664789	1709083	419929	522183	7986448
湖 北	Hubei	22982732	4174151	1159922	497718	17129965
湖 南	Hunan	16763378	1313103	355734	394217	14676652
广 东	Guangdong	53542285	19871104	4132332	561209	28964201
广 西	Guangxi	5815321	1568518	117122	185375	3933710
海 南	Hainan	2755108	357964	93307	24189	2265597
重 庆	Chongqing	7901994	862586	848672	136177	6042039
四 川	Sichuan	15219646	2304676	634517	447431	11783430
贵 州	Guizhou	5158973	1518984	75261	288710	3244132
云 南	Yunnan	7411586	1004302	412958	157550	5823610
西 藏	Tibet	1824031	65571	12111	13707	1732550
陕 西	Shaanxi	15910997	2037271	365774	161508	13264096
甘 肃	Gansu	5490448	502547	137794	48869	4788617
青 海	Qinghai	1305440	319708	3781	77917	895672
宁 夏	Ningxia	1050429	234967	15514	19741	773080
新 疆	Xinjiang	7077661	431231	15397	257550	6366756
港 澳 台	Hong Kong, Macao & Taiwan	4929581	700468	804710	77546	3304499
其 他	Others	27856259	8566972	3909243	250089	15118463

8−38 按地区分国外技术引进合同(2022年)
Technology Contracts Imported by Region (2022)

地 区	Region	合同数(项) Number of Contracts (item)	合同金额(亿美元) Value of Contracts (USD 100 million)	技术费 for Technology
全 国	**National Total**	**5369**	**304.10**	**302.90**
东部地区	Eastern Region	4366	237.24	236.50
中部地区	Middle Region	515	26.97	26.82
西部地区	Western Region	326	29.54	29.31
东北地区	Northeast Region	162	10.34	10.27
北 京	Beijing	442	32.39	32.19
天 津	Tianjin	89	8.95	8.95
河 北	Hebei	54	1.64	1.70
山 西	Shanxi	2	0.15	0.15
内蒙古	Inner Mongolia	5	0.39	0.37
辽 宁	Liaoning	108	6.36	6.29
吉 林	Jilin	42	0.70	0.70
黑龙江	Heilongjiang	12	3.28	3.28
上 海	Shanghai	1422	56.74	56.29
江 苏	Jiangsu	819	42.20	42.13
浙 江	Zhejiang	656	20.38	20.37
安 徽	Anhui	190	14.17	14.17
福 建	Fujian	104	10.78	10.74
江 西	Jiangxi	87	1.69	1.69
山 东	Shandong	269	9.15	9.14
河 南	Henan	38	0.75	0.75
湖 北	Hubei	149	8.91	8.76
湖 南	Hunan	49	1.31	1.31
广 东	Guangdong	499	54.41	54.40
广 西	Guangxi	3	0.03	0.03
海 南	Hainan	12	0.59	0.58
重 庆	Chongqing	97	18.27	18.11
四 川	Sichuan	126	9.50	9.49
贵 州	Guizhou	2	0.01	0.01
云 南	Yunnan	32	0.07	0.07
西 藏	Tibet	5	0.10	0.10
陕 西	Shaanxi	22	0.48	0.48
甘 肃	Gansu	2	0.20	0.20
青 海	Qinghai			
宁 夏	Ningxia	2	0.08	0.08
新 疆	Xinjiang	30	0.41	0.41

8-39 按行业分国外技术引进合同(2022年)
Technology Contracts Imported by Industry (2022)

行　业	Industry	合同数 (项) Number of Contracts (item)	合同金额 (亿美元) Value of Contracts (USD 100 million)	#技术费 for Technology
总　计	**Total**	**5369**	**304.10**	**302.90**
农、林、牧、渔业	Farming, Forestry, Animal Husbandry and Fishery	33	0.23	0.23
采矿业	Mining	25	2.73	2.73
制造业	Manufacturing	3326	253.23	252.11
电力、煤气及水的生产和供应业	Production and Distribution of Electricity, Gas and Water	35	0.17	0.17
建筑业	Construction	32	0.22	0.22
交通运输、仓储和邮政业	Traffic,Transport, Storage and Post	4	3.20	3.20
信息传输、软件和信息技术服务业	Information Transfer, Software and Information Technology Services	513	19.12	19.10
批发和零售业	Wholesale and Retail Trade	50	2.84	2.84
住宿和餐饮业	Accommodation and Restaurants	6	0.12	0.12
金融业	Finance	10	1.87	1.87
房地产业	Real Estate	567	2.72	2.72
租赁和商务服务业	Tenancy and Business Services	171	1.62	1.62
科学研究和技术服务业	Scientific Research, Technical Service	391	10.89	10.88
水利、环境和公共设施管理业	Management of Water Conservancy, Environment and Public Establishment	3	0.02	0.02
居民服务、修理和其他服务业和其他服务业	Resident Services and Other Services	85	0.35	0.35
教育	Education	1	0.004	0.004
卫生和社会工作	Resident Services and Other Services	2	0.24	0.24
文化、体育和娱乐业	Culture, Sports and Entertainment	4	0.02	0.02
公共管理、社会保障和社会组织	Public Management and Social Organization			

注：国外技术引进合同有一部分无法按行业分类，所以分行业之和不等于总计。
Note: Some of the contracts can not be classified by industry. So the sum of different industries does not equal the total.

8-40 按引进方式分国外技术引进合同(2022年)
Technology Contracts Imported by Type of Import (2022)

项　目	Item	合同数(项) Number of Contracts (item)	合同金额(亿美元) Value of Contracts (USD 100 million)	#技术费 for Technology
总　计	**Total**	**5369**	**304.10**	**302.90**
专利技术的许可或转让（包括专利申请权的转让）	Patent Technology License and Transfer	336	47.50	47.38
专有技术的许可或转让	Technology License and Transfer	1594	157.23	156.94
技术咨询、技术服务	Technology Consultation and Service	2859	70.24	70.05
计算机软件的进口	Import of Computer Software	263	12.51	12.51
商标许可	Trade Mark License	59	2.97	2.97
合资生产、合作生产等	Joint-venture Production and Cooperative Production	39	5.15	5.14
为实施以上内容而进口的成套设备、关键设备、生产线等	Complete Set of Equipment, Key Equipment and Production Line	22	0.64	0.09
其他方式的技术进口	Others	197	7.86	7.86

8-41 按引进国别或地区分国外技术引进合同(2022年)
Technology Contracts Imported by Country or Area (2022)

国别或地区	Country or Area	合同数(项) Number of Contracts (item)	合同金额(亿美元) Value of Contracts (USD 100 million)	#技术费 for Technology
总　计	**Total**	**5369**	**304.10**	**302.90**
#日本	Japan	1208	62.59	62.53
美国	United States	1024	101.95	101.85
德国	Germany	558	37.89	37.54
中国香港	Hong Kong, China	404	5.41	5.41
中国台湾	Taiwan, China	353	7.19	7.17
韩国	Korea, Rep.	346	12.69	12.63
新加坡	Singapore	163	2.01	2.00
英国	United Kingdom	151	8.71	8.71
荷兰	Netherlands	119	8.81	8.81
法国	France	117	5.13	4.87
意大利	Italy	92	3.43	3.41
瑞士	Switzerland	86	10.97	10.97
奥地利	Austria	79	1.29	1.20
加拿大	Canada	78	1.88	1.88
澳大利亚	Austrilia	68	0.63	0.63
瑞典	Sweden	63	11.48	11.35
以色列	Israel	44	0.64	0.64
俄罗斯	Russia	44	0.13	0.13
爱尔兰	Ireland	32	2.47	2.43
印度	India	29	0.45	0.45
西班牙	Spain	29	0.43	0.43
中国澳门	Macao, China	28	0.27	0.27
比利时	Belgium	28	3.12	3.11
丹麦	Danmark	26	2.19	2.24
塞舌尔	Seychelles	21	0.18	0.18
马来西亚	Malaysia	17	0.12	0.12
泰国	Thailand	16	0.06	0.06
芬兰	Finland	16	2.86	2.86
英属维尔京	British Virgin	15	2.62	2.62
卢森堡	Luxemburg	14	2.41	2.41
阿联酋	UAE	12	2.60	2.60

8-41 续表 continued

国别或地区	Country or Area	合同数(项) Number of Contracts (item)	合同金额(亿美元) Value of Contracts (USD 100 million)	#技术费 for Technology
捷克	Czech Republic	10	0.10	0.10
新西兰	New Zealand	10	0.05	0.05
土耳其	Türkiye	6	0.10	0.10
挪威	Norway	6	0.26	0.26
葡萄牙	Portugal	6	0.02	0.02
波兰	Poland	5	0.02	0.02
匈牙利	Hungary	5	0.02	0.02
开曼群岛	Cayman Islands	5	0.30	0.26
安哥拉	Angola	4	0.04	0.04
马耳他	Malta	4	0.23	0.23
巴基斯坦	Pakistan	3	0.04	0.04
白俄罗斯	Belarus	3	0.004	0.004
老挝	Laos	2	0.006	0.006
南非	South Africa	2	0.002	0.002
罗马尼亚	Romania	2	0.0001	0.0001
克罗地亚	Croatia	2	0.001	0.001
塞浦路斯	Cyprus	1	0.002	0.002
朝鲜	Democratic People's Republic of Korea	1	0.003	0.003
越南	Vietnam	1	0.002	0.002
印度尼西亚	Indonesia	1	0.0003	0.0003
马里	Mali	1	0.043	0.043

九、科技服务

Scientific and Technologic Services

9-1 全国非油气地质勘查分地区情况(2022年)
Basic Statistics on Geological Work by Region (2022)

地　区	Region	年末从业人员(人) Year-end Employed Persons (person)	#技术人员 Technical Personnel	地质勘查工作费用(万元) Expenditure on Geological Work (10 000 yuan)
全　国	**National Total**	**431425**	**145825**	**1863548.9**
北　京	Beijing	21705	6426	30351.9
天　津	Tianjin	3110	1734	7396.6
河　北	Hebei	31917	12477	93275.9
山　西	Shanxi	14964	5445	73321.7
内蒙古	Inner Mongolia	8344	2874	210445.1
辽　宁	Liaoning	15747	4704	28527.2
吉　林	Jilin	8343	3020	22997.3
黑龙江	Heilongjiang	8903	3422	39076.0
上　海	Shanghai	3276	546	1666.2
江　苏	Jiangsu	9562	4006	27387.1
浙　江	Zhejiang	27596	5639	39674.5
安　徽	Anhui	14602	5305	42681.4
福　建	Fujian	17150	5205	28458.8
江　西	Jiangxi	24251	6984	62387.4
山　东	Shandong	16940	6856	57625.0
河　南	Henan	8976	4503	43435.8
湖　北	Hubei	23690	7386	71086.2
湖　南	Hunan	13888	4246	67988.9
广　东	Guangdong	8062	4501	94716.1
广　西	Guangxi	10035	3739	60298.4
海　南	Hainan	1341	720	13103.0
重　庆	Chongqing	14424	3235	20598.9
四　川	Sichuan	29953	10915	88136.2
贵　州	Guizhou	11759	4110	73329.4
云　南	Yunnan	12492	4075	71585.6
西　藏	Tibet	1692	717	49800.7
陕　西	Shaanxi	45297	12278	68373.4
甘　肃	Gansu	8955	3757	107576.5
青　海	Qinghai	4698	2497	91334.6
宁　夏	Ningxia	1783	803	19204.6
新　疆	Xinjiang	7970	3700	126502.2
其　他	Others			31206.4

注：1.统计范围为具有地质勘查资质的中央管理的地勘单位、属地化管理的地勘单位(包含各局级地勘单位局机关)和其他地勘单位(含拥有地质勘查资质的矿业公司、科研院所、高等院校、勘查公司和勘查技术服务公司)。
2.本表统计不包含油气行业数据和资金投入。其他指全国性、跨区域的地质勘查投入。

Note: a) The statistical range is central geological prospecting units with geological survey qualifications, geological prospecting units of territorial management and other geological prospecting units.
b) The statistical range don't include oil and gas industry data and capital investment. Others refer to national and cross-regional input in geological exploration.

9-2 全国气象部门基本情况
Basic Statistics on Meteorological Units

项　目	Item	2000	2005	2010	2018	2019	2020	2021	2022
一、气象观测业务台站(个)	**Operating Station (unit)**								
地面观测	Surface Observation Stations	2819	2405	2418	10602	10701	10648	10955	10930
高空探测	Upper-air Observation Stations	156	120	120	120	123	124	120	120
自动气象站	Automatic Weather Stations	550	7813	30693	53395	54534	53064	55719	59982
天气雷达观测	Weather Radar Observation Stations	238	253	342	275	294	296	303	359
大气成分观测	Atmospheric Composition Observation Stations		21	28	166	261	270	315	466
太阳辐射观测	Solar Radiation Observation Stations	99	105	100	103	137	138	140	114
农业气象观测	Agro-Meteorological Observation Stations	1125	769	653	653	653	653	653	653
生态与农业气象观测试验	Ecological & Agro-Meteorological Observation Stations	68	67	68	69	69	72	72	72
卫星云图接收	Satellite Cloud Images Receiving Stations	319	435	361	329	330	309	300	274
大气本底站	Atmospheric Background Stations	4	6	7	7	7	7	7	7
闪电定位监测	Lightning Location Monitoring Stations		234	425	476	489	499	499	471
沙尘暴监测	Sand and Dust Storm Monitoring		85	29	29	29	28	26	37
紫外线观测	UV Observation		178	164	111	108	108	108	110
风廓线雷达观测	The Wind Profile Radar Observations				123	145	156	156	162
空间天气观测	Space Weather Observation				56	56	55	57	57
酸雨观测	Acid Rain Observation	82	299	342	398	399	345	339	338
臭氧观测	Ozone Observation	3	14	22	53	60	60	59	60
二、气象科学数据共享服务数据量(GB)	**Quantity of Meteorological Data (GB)**		**2089**	**358319**	**1213193**	**545609**	**1893058**	**10802175**	**2375651**
三、装备	**Equipment**								
拥有计算机数(台)	Number of Computers (unit)	27724	50683	90040	144715	148640	154234	152990	171814
#高性能计算机	High-powered Computers		62	106	251	276	331	493	
服务器及工作站	Servers and Workstations		768	2428	18270	18816	19093	20123	23688
个人计算机(含个人服务器)	Personal Computers (PC Servers)		47950	82744	126194	129548	134810	132374	148073
云图接收机数(台)	Number of Cloud Images Receiving Stations (unit)	354	506	421	1000	984	572	421	
电视会商系统设备(套)	TV Conference Facilities (set)		729	1895					
人工影响天气作业(次)	Facilities for Conducting Weather Modification Operations(time)					20307	34316	22442	31861
设备高炮(门)	Cloud Seeding Guns (unit)		6393	6902	5909	5858	5562	5207	5165
火箭发射系统(部)	Cloud Seeding Rocket Launchers (unit)		4129	7034	7358	7411	7122	7814	7133
四、人员(人)	**Number of Personnel (person)**								
全国气象部门职工总数	Total Staff and Workers	59113	53214	53606	65460	64657	64039	57867	58034

注：1.从2006年开始气象科学数据共享服务数据量是全国气象部门利用网络向社会提供气象资料的数据量，2005年及以前是国家气象信息中心气象科学数据共享服务网的数据量。

2.2018年地面观测站变动较大，系将部分省级气象观测站纳入国家级气象观测站统计范围所致。

Note: a) Data from the year 2006 are provided by national meteorological units using network and data before 2006 are provided by data sharing serrice network of national meteorological information center.

b) Surface observation stations changed greatly in 2018, which is due to the inclusion of some provincial meteorological observatories in the statistical scope of National Meteorological observatories.

9–3 地震台、网基本情况（2022年）
Statistics of Earthquake Monitoring Stations and Networks (2022)

单位：个 (unit)

地区	Region	地震台数 总数 Number of Seismic Stations	全国地震监测台站 National Earthquake Monitoring Station				市、县级台 Municipality/County-level Stations		宏观观测点 Number of Macro-observation Spots
			国家地震台 Number of National Seismic Stations	省地震台 Number of Provincial Seismic Stations	中心站 Number of Central Stations	一般监测站 Number of General Monitoring Stations	市、县级台 Number of Municipality/County-level Stations	企业台 Number of Enterprise Stations	
全国	**National Total**	**6542**	**1**	**31**	**140**	**4279**	**1714**	**377**	**35032**
北京	Beijing	297	1	1	1	277	17		129
天津	Tianjin	162		1	2	159			187
河北	Hebei	381		1	7	297	74	2	5727
山西	Shanxi	251		1	5	141	98	6	1562
内蒙古	Inner Mongolia	149		1	7	95	46		1962
辽宁	Liaoning	186		1	6	129	49	1	620
吉林	Jilin	123		1	3	74	45		943
黑龙江	Heilongjiang	117		1	5	66	43	2	1662
上海	Shanghai	93		1	1	84	7		
江苏	Jiangsu	248		1	5	101	139	2	691
浙江	Zhejiang	255		1	3	135	103	13	463
安徽	Anhui	144		1	5	47	91		947
福建	Fujian	295		1	5	254	23	12	277
江西	Jiangxi	48		1	3	41	3		911
山东	Shandong	421		1	7	218	190	5	1797
河南	Henan	170		1	5	58	89	17	2377
湖北	Hubei	101		1	4	59	12	25	460
湖南	Hunan	84		1	2	34	34	13	479
广东	Guangdong	231		1	5	125	95	5	186
广西	Guangxi	135		1	4	48	42	40	612
海南	Hainan	65		1	3	50	11		314
重庆	Chongqing	57		1	1	47	1	7	3292
四川	Sichuan	417		1	7	324	80	5	2897
贵州	Guizhou	28		1	1	21	5		297
云南	Yunnan	819		1	8	453	172	185	1711
西藏	Tibet	32		1	3	28			55
陕西	Shaanxi	245		1	5	146	86	7	1271
甘肃	Gansu	460		1	8	367	77	7	2091
青海	Qinghai	119		1	5	81	12	20	83
宁夏	Ningxia	89		1	3	72	13		306
新疆	Xinjiang	320		1	11	248	57	3	723

9-4 国家标准、
Basic Statistics on National

项　目	Item	2001	2002	2003	2004	2005	2006	2007
本年度制修订标准合计(个)	**Number of Standards on Formulation and Redaction (unit)**	**1045**	**1049**	**1653**	**893**	**1320**	**1909**	**1410**
制　定	Formulation	497	514	734	458	690	1080	745
修　订	Redaction	548	535	919	435	630	829	665
国标标准采用程度合计(个)	**Number of International Standards used on Diffirent Levels (unit)**	**492**	**608**	**661**	**365**	**711**	**955**	**651**
等　同	Same	213	222	361	151	417	518	360
修　改	Modified	167	269	192	147	220	327	200
非等效	Non-equivalent	112	117	108	67	74	110	91
计量基准和社会公用计量标准建立情况	**Establsihed on Social Public Standards and Measurement**							
项　别	Items	133	133	130	130	130	130	130

注：2013及以前年份，计量基准和社会公用计量标准建立情况不包含社会公用计量标准。

计量情况
Standards and Measurements

2008	2009	2010	2011	2012	2013	2014	2015	2016	2017	2018	2019	2020	2021	2022
6373	**3158**	**2860**	**1993**	**1986**	**1870**	**1530**	**1931**	**1763**	**3811**	**2657**	**2021**	**2252**	**2815**	**2266**
2714	2102	2123	1559	1375	1161	1067	1330	1255	2684	1935	1448	1584	1900	1382
3659	1056	737	434	611	709	463	601	508	1127	722	573	668	915	884
			622	**605**	**600**	**427**	**500**	**483**	**832**	**600**	**457**	**568**	**876**	**792**
			265	301	324	204	283	249	423	351	231	245	521	379
			263	242	223	182	171	207	337	221	226	323	355	413
			94	62	53	41	46	27	72	28				
130	130	130	130	130	130	44157	45991	45612	55387	53083	57479	58870	57781	67595

Note: In 2013 and previous years, the establishment on Social Public Standards and Measurement does not include social public measurement standard.

9-5 分地区产品质量情况
Statistics on Product Quality by Region

地 区	Region	产品质量合格率(%) Product Qualified Rate(%)	
		2021	2022
全 国	**National Total**	**93.08**	**93.29**
北 京	Beijing	96.92	96.87
天 津	Tianjin	94.41	95.46
河 北	Hebei	91.95	92.49
山 西	Shanxi	92.11	92.79
内蒙古	Inner Mongolia	93.14	93.42
辽 宁	Liaoning	93.88	94.03
吉 林	Jilin	91.28	92.37
黑龙江	Heilongjiang	92.19	92.53
上 海	Shanghai	96.39	96.04
江 苏	Jiangsu	93.93	94.59
浙 江	Zhejiang	93.18	93.61
安 徽	Anhui	95.10	95.33
福 建	Fujian	95.56	94.52
江 西	Jiangxi	93.30	92.95
山 东	Shandong	93.35	94.12
河 南	Henan	93.04	92.86
湖 北	Hubei	93.26	93.58
湖 南	Hunan	93.48	93.90
广 东	Guangdong	94.85	94.49
广 西	Guangxi	91.02	91.49
海 南	Hainan	90.85	92.08
重 庆	Chongqing	93.91	93.33
四 川	Sichuan	92.80	93.21
贵 州	Guizhou	91.36	91.10
云 南	Yunnan	92.93	92.45
西 藏	Tibet	88.89	87.12
陕 西	Shaanxi	92.69	91.65
甘 肃	Gansu	90.46	91.69
青 海	Qinghai	89.19	88.64
宁 夏	Ningxia	90.60	89.06
新 疆	Xinjiang	89.87	90.64

注：本资料由75个重点工业城市抽样数据汇总而成。

9-6 各地区测绘地理信息部门生产完成和资料提供情况（2022年）
Statistics on Projects Completed by Geographic Information Department of Surveying and Mapping by Region (2022)

地 区	Region	地形图合计（张） Topographic Map (piece)	1:10000	1:50000	测绘基准成果(点) Surveying and Mapping Datum Product (point)	航摄成果(平方千米) Aerial Photograph (square kilometers)
全 国	**National Total**	**386246**	**93377**	**9650**	**121988**	**1131657**
北 京	Beijing	639			3371	
天 津	Tianjin				1024	
河 北	Hebei	6031	5800	231	693	25570
山 西	Shanxi	2989	2821	168	625	
内蒙古	Inner Mongolia				15114	232271
辽 宁	Liaoning	86	86		6502	
吉 林	Jilin	195		195	1785	
黑龙江	Heilongjiang	918	720	198	2521	
上 海	Shanghai	160539			10061	
江 苏	Jiangsu	36	36		4030	2012
浙 江	Zhejiang	19	19		1674	21289
安 徽	Anhui	600		600	1801	667
福 建	Fujian				1459	20
江 西	Jiangxi	176	99	77	591	
山 东	Shandong	64246	48532	1407	3575	
河 南	Henan	453	339	110		
湖 北	Hubei	12		12	351	
湖 南	Hunan	130791	23106	891	2227	
广 东	Guangdong	944	786	135	4600	
广 西	Guangxi				3210	950
海 南	Hainan				332	
重 庆	Chongqing	202	106	60	694	
四 川	Sichuan				1665	
贵 州	Guizhou				12629	6820
云 南	Yunnan	4237	3953	282	3606	
西 藏	Tibet	2779	832	1220	387	
陕 西	Shaanxi	14	14		12825	
甘 肃	Gansu	4929	4441	482	4057	249570
青 海	Qinghai	26		26	628	69220
宁 夏	Ningxia	527	475	52	123	
新 疆	Xinjiang	1635	1212	423	4353	36212
国家基础地理信息中心	National Geomatics Center of China	3223		3081	15475	487056

9-7 国际科技合作项目
International Cooperation Exchange for Science and Technology

单位：项 (item)

项　目	Item	1995	2005	2010	2015	2016	2017	2018	2019	2020	2021	2022
按出访项目分	**by Type of Project Going Abroad**											
合　计	**Total**	**18845**	**19132**	**40572**	**72103**	**75311**	**73324**	**122776**	**92362**	**11850**	**13461**	**14188**
考察访问	Field Trip	6133	6218	8316	11136	11986	11258	19763	15396	1342	1532	1476
国际会议	International Conference	5170	6565	17549	34794	35061	32535	57747	42950	4963	6724	6021
合作研究	Cooperative Research	3052	2341	5575	12123	13679	14922	20507	16977	2239	1938	2298
培　训	Training	2687	1593	2635	2954	2929	2851	6537	7833	1018	1962	2476
展览会	Exhibition	496	577	487	472	558	387	1128	906	36	46	97
其　他	Others	1307	1838	6010	10624	11098	11371	17094	8300	2252	1259	1820
按来华项目分	**by Type of Project Coming to China**											
合　计	**Total**	**8940**	**15829**	**26065**	**28061**	**26078**	**30149**	**60103**	**32437**	**6173**	**11151**	**8648**
考察访问	Field Trip	5050	6081	10382	9595	8222	9667	25145	14656	2189	2796	2144
国际会议	International Conference	1212	3729	5342	3548	3030	3725	7384	4803	1280	2620	1921
合作研究	Cooperative Research	1522	3470	6655	9751	10921	11712	17653	8559	1602	3240	2087
培　训	Training	363	695	1425	1199	984	1278	2114	1963	221	986	710
展览会	Exhibition	149	447	116	99	106	116	152	354	30	44	32
其　他	Others	644	1407	2145	3869	2815	3651	7648	2102	851	1465	1754

9–8 国际科技合作项目参加人数
Personnel Participated in International Cooperation Exchange for Science and Technology

单位：人次　　(person-time)

项　目	Item	2005	2010	2015	2016	2017	2018	2019	2020	2021	2022
按出访项目分	**by Type of Project Going Abroad**										
合　计	**Total**	**54347**	**103972**	**135550**	**136971**	**137463**	**250419**	**209567**	**29600**	**39285**	**42709**
考察访问	Field Trip	23335	24891	21590	23090	22629	41523	39367	3234	3308	3179
国际会议	International Conference	10476	36047	56407	56513	56611	94929	76373	13609	20601	18642
合作研究	Cooperative Research	4884	10617	20117	24376	24620	35049	27601	3723	4570	5821
培　训	Training	7520	10151	6273	6121	6191	16237	20579	2811	6898	10096
展览会	Exhibition	3086	3080	5633	3143	3321	30433	26383	180	464	685
其　他	Others	5046	19186	25530	23728	24091	32248	19264	6043	3444	4286
按来华项目分	**by Type of Project Coming to China**										
合　计	**Total**	**70900**	**118747**	**110741**	**161228**	**116146**	**257937**	**182900**	**44058**	**71862**	**75282**
考察访问	Field Trip	21192	52259	31124	29648	29965	68927	53084	6434	7775	7266
国际会议	International Conference	28765	35798	35860	41585	40755	86217	69544	27032	41162	45617
合作研究	Cooperative Research	8470	13139	16375	24288	24595	31758	17867	3546	6754	5258
培　训	Training	2506	5857	5221	4778	5113	18191	16585	3762	10064	9826
展览会	Exhibition	6822	3477	5506	52736	6955	36206	17227	207	1829	1195
其　他	Others	3145	8217	16655	8193	8763	16638	8593	3077	4278	6120

9-9 中国科协系统
Basic Statistics on Scientific and Technological Activities

指　标	Item	总计 Total
机构和人员	**Associations or Academic Societies and Personnel**	
机构数(个)	Number of Associations or Academic Societies(unit)	3184
从业人员(人)	Number of Persons Engaged(person)	40656
学会数(个)	Number of Academic Societies(unit)	4149
学会个人会员(万人)	Number of Individual Members of Academic Societies(10 000 persons)	1261
学会从业人员(人)	Number of Persons Engaged of Academic Societies(person)	66461
企业科协(个)	Number of Enterprises Association for Science and Technology(unit)	25692
个人会员(万人)	Number of Individual Members(10 000 persons)	298
高等院校科协(个)	Number of Institutions of Higher Learning for Science and Technology(unit)	1607
个人会员(万人)	Number of Individual Members(10 000 persons)	80
街道科普协会(个)	Number of Science Associations of Street Communities(unit)	28750
个人会员(万人)	Number of Individual Members(10 000 persons)	154
乡镇科普协会(个)	Number of Science Associations of Towns(unit)	40710
个人会员(万人)	Number of Individual Members(10 000 persons)	60
农技协(个)	Number of Rural Professional and Technical Associations(unit)	22664
个人会员(万人)	Number of Individual Members(10 000 persons)	350
学术交流活动	**Academic Exchange**	
学术交流活动(次)	Number of Academic Exchanges(time)	18740
参加人数(万人次)	Number of Participants(10 000 person-time)	40483
科学技术普及活动	**S&T Popularization Activities**	
举办科普宣讲活动(次)	Number of S&T Popularization Propaganda Activity(time)	390381
宣讲活动受众人数(万人次)	Number of Participants(10 000 person-time)	232320
实用技术培训人数(万人次)	Number of Persons Trained for Practical Technologies(10 000 persons)	1539
推广新技术、新品种(项)	Promotions of New Technology and New Varieties(item)	25520
参加活动科技人员(万人次)	Number of Scientific and Technical Personnel Participating in Activities(10 000 person-time)	185
青少年科技教育	**Science and Technology Education for Youth**	
举办青少年科普宣讲活动(次)	Science Preaches for Youth(time)	116994
受众人数(万人次)	Number of Audiences(10 000 persons)	35715
举办青少年科技竞赛(次)	Competitions of Science and Technology for Youth(time)	6136
参加人数(万人次)	Number of Participants(10 000 persons)	2916
举办青少年科学营(次)	Science Camp for Youth(time)	781
参加人数(万人次)	Number of Participants(10 000 persons)	10

科技活动情况（2021年）
of China Associations for Science and Technology (2021)

科协小计 Total Number of Associations	学会小计 Total Number of Academic Societies	全国学会 National Academic Societies	省级学会 Provincial Academic Societies
3184			
40656			
	4149	211	3938
	1261	622	639
	66461	3991	62470
25692			
298			
1607			
80			
28750			
154			
40710			
60			
22664			
350			
2321	16419	4058	12361
232	40251	34837	5414
214032	176349	78640	97709
48661	183659	156143	27516
933	606	318	288
16572	8948	1143	7805
38	147	116	32
75480	41514	6417	35097
18043	17672	13578	4094
4821	1315	146	1169
2184	732	364	368
592	189	41	148
7	3	1	2

9-9 续表

指　标	Item	总计 Total
科技开放与交流	**Openness and Communication Technology**	
参加国外科技活动人数(人次)	Number of Participating Foreign Scientific and Technological Activities (person-time)	13847
接待国外专家学者(人次)	Number of Reception Foreign Experts and Scholars(person-time)	7575
科技服务	**S&T Service**	
提供决策咨询报告(篇)	Number of Provided Policy Decision Consultation Report(piece)	6974
为科技工作者服务	**Services for the Scientific and Technological Workers**	
反映科技工作者建议(条)	Number of S&T Workers Proposals(item)	9897
表彰奖励科技工作者(人次)	Number of Recognition and Award S&T Workers (person-time)	159636
#女性科技工作者	Number of Recognition and Award Female S&T Workers	42048
科技期刊与科技传播	**Scientific Journals and Science and Technology Communication**	
主办科技期刊(种)	Number of Scientific & Technological Journals(kind)	1722
总印数(万册)	Printed Copies(10 000 copies)	4103
主办科技报纸(种)	Number of Scientific & Technological Newspapers(kind)	549
总印数(万份)	Printed Copies(10 000 copies)	6437
编著科技图书(种)	Number of Scientific & Technological Books(kind)	5866
总印数(万册)	Printed Copies(10 000 copies)	5688
主办科技网站(个)	Number of Science and Technology Sites(unit)	1572
浏览人数(万人次)	Number of Visitors(10 000 person-time)	1432904
科普基础设施建设	**S&T Popularization Infrastructure Construction**	
科技馆(个)	Number of Science and Technology Museum(unit)	1004
#建筑面积8000平方米以上	Floorage of More Than 8000 Square Meters	196
全年参观人数(万人次)	Number of Participants(10 000 person-time)	5092
科普画廊建筑面积(宣传栏、橱	Building Area of Popular Science Galleries(Boards, Showcase)(square meters)	1425480
科普画廊展示面积(平方米)	Display Area of Popular Science Galleries(square meters)	3124577
科普大篷车行驶里程(公里)	Mileage of Popular Science Caravan(kilometers)	7324775

continued

科协小计 Total Number of Associations	学会小计 Total Number of Academic Societies	全国学会 National Academic Societies	省级学会 Provincial Academic Societies
1682	12165	5063	7102
2110	5465	2010	3455
2613	4361	1048	3313
7438	2459	544	1915
37749	121887	41056	80831
14221	27827	7169	20658
77	1645	1002	643
764	3339	2420	919
483	66	5	61
5930	507	93	415
4035	1831	447	1384
5096	592	156	436
543	1029	445	584
1386897	46007	24175	21833
1004			
196			
5092			
1425480			
3124577			
7324775			

9-10 各地区科学普及
Main Indicators of Science and Technology

地　区	Region	科普专职人员（人）Full Time S&T Popularization Personnel (person)	科普兼职人员（人）Part Time S&T Popularization Personnel (person)	科技馆数量（个）S&T Museums (unit)	科技馆建筑面积（万平方米）Construction Area (10 000 sq.m)	科技馆展厅面积（万平方米）Exhibition Area (10 000 sq.m)
全　国	**National Total**	**273931**	**1722790**	**694**	**534**	**275**
东部地区	Eastern Region	89229	661353	261	228	113
中部地区	Middle Region	75654	408322	156	114	61
西部地区	Western Region	89395	589943	221	146	77
东北地区	Northeast Region	19653	63172	56	45	23
北　京	Beijing	8620	50139	16	22	9
天　津	Tianjin	5013	39322	3	5	3
河　北	Hebei	10549	59551	22	14	7
山　西	Shanxi	8138	41840	9	8	4
内蒙古	Inner Mongolia	7434	32698	38	24	12
辽　宁	Liaoning	8264	29007	18	22	10
吉　林	Jilin	6429	14932	19	11	5
黑龙江	Heilongjiang	4960	19233	19	13	8
上　海	Shanghai	7348	41254	25	19	11
江　苏	Jiangsu	12548	88001	25	23	11
浙　江	Zhejiang	12504	121733	27	31	14
安　徽	Anhui	11619	77821	31	21	11
福　建	Fujian	5610	61114	33	27	12
江　西	Jiangxi	8356	49010	15	19	9
山　东	Shandong	13081	82125	44	38	21
河　南	Henan	18805	92838	33	25	15
湖　北	Hubei	13239	85602	53	30	17
湖　南	Hunan	15497	61211	15	11	7
广　东	Guangdong	12302	108712	40	35	20
广　西	Guangxi	6592	67295	9	14	6
海　南	Hainan	1654	9402	26	15	4
重　庆	Chongqing	8191	65909	20	11	7
四　川	Sichuan	16709	106333	27	25	14
贵　州	Guizhou	6029	51983	15	8	5
云　南	Yunnan	10547	92513	26	10	6
西　藏	Tibet	886	2273	3	0	0
陕　西	Shaanxi	12082	63311	25	14	7
甘　肃	Gansu	7632	39249	14	9	4
青　海	Qinghai	1276	12345	4	5	2
宁　夏	Ningxia	2510	13373	10	9	5
新　疆	Xinjiang	9507	42661	30	18	10

基本情况(2022年)
Popularization by Region (2022)

科技馆当年参观人数(万人次) Visitors (10 000 person-times)	年度科普经费筹集额(万元) Annual Funding for S&T Popularization (10 000 yuan)	科普图书 Popular Science Books: 出版种数(种) Types of Publications (kind)	出版总册数(万册) Total Copies (10 000 copies)	科技活动周 Science & Technology Week: 科普专题活动次数(次) Number of S&T Week Held (time)	参加人数(万人次) Number of Participants (10 000 person-times)
5125	**1909976**	**11497**	**10391**	**119059**	**53836**
2336	1027406	6724	7634	49742	43626
1274	325352	1981	1218	21872	3172
1212	501522	1617	1176	43378	6304
302	55697	1175	363	4067	734
260	264876	3893	2571	3528	29041
37	43833	328	342	7171	1117
59	29351	293	2323	4178	305
62	27189	27	3	2654	242
111	20881	20	8	1383	42
126	20937	56	11	1781	87
67	17699	1023	313	766	526
109	17061	96	40	1520	121
81	136635	1049	1585	4642	970
292	95932	298	84	8699	547
326	117731	190	44	5250	896
319	52388	183	41	3776	317
380	78725	435	519	3850	1727
157	62135	796	752	3271	436
449	84468	28	25	3681	305
331	50204	127	14	4575	323
256	80810	149	298	4443	693
150	52626	699	109	3153	1161
363	134818	135	110	5282	8462
129	49895	76	12	4531	315
91	41037	75	29	3461	257
197	67264	339	495	3336	850
241	96722	115	122	4976	3028
88	34055	108	281	3876	308
73	81108	367	90	6395	452
1	2768	1	0.04	101	2
97	52352	142	25	6581	463
53	34948	34	7	2707	121
14	16252	55	4	615	27
103	14386	9	1	1110	462
105	30891	351	132	7767	234

9-11 科技企业孵化器基本情况
Basic Statistics on Technology Business Incubators

指　　标	Item	2018	2019	2020	2021	2022
在统孵化器数量(个)	Number of TBIs with Data (unit)	4849	5206	5971	6227	6659
国家级	State-level	967	1155	1285	1412	1406
非国家级	Non State-level	3882	4051	4686	4815	5253
孵化器使用总面积(平方米)	Total Space Area of TBIs(sq.m)	131929354	129278646	133630302	133882998	136858969
#在孵企业用房	Space area for incubatees	88831774	88690536	93131454	94547288	96512720
孵化器内企业总数(个)	Number of Total Resident Companies(unit)	260521	275910	307737	322250	326515
在孵企业(个)	Number of Incubatees (unit)	206024	216828	233776	243635	248344
#留学人员企业	Created by Returned Overseas Scholars	10390	10006	9675	9750	9711
大学生科技企业	Created by College Graduates	34562	33721	33348	32382	32371
高新技术企业	High-tech Enterprises	13672	15370	12054	13377	15822
当年新增在孵企业(个)	New Incubatees of the Year (unit)	60309	58830	63556	66578	67284
在孵企业从业人员(人)	Employees of Incubatees (person)	2901597	2948824	2974754	3096270	3056351
#大专以上人员	with College and Higher Level Education Background	2253381	2313669	2320556	2429105	2419630
留学人员	Returned Overseas Scholars	27724	27564	27400	28125	30016
累计毕业企业(个)	Accumulated Graduates from TBIs (unit)	139396	160850	193935	215969	237906
当年毕业企业(个)	Graduates of the Year	23457	26152	27480	29481	32121
在孵企业总收入(万元)	Total Income of Incuatees(10 000 yuan)	83430390	82198609	102676500	124425094	108214321
在孵企业累计获得财政资助额(万元)	Accumulated Amount of Fiscal Subsidies toTBIs (10 000 yuan)	2201305	2381487	2672892	2921717	3192041
在孵企业累计获得投融资额(万元)	Accumulated Amount of Venture Capital toTBIs (10 000 yuan)	27558869	26060134	39029932	47556197	60396911
当年获得投融资总额(万元)	Amount of Venture Capital of the Year(10 000 yuan)	6297782	5454853	7863542	12265329	12651831
累计获得投融资的企业数量(个)	Accumulated Number of Incubatees that Obtained Investments (unit)	48060	53369	64313	76366	97607
当年获得投融资的企业数量(个)	Number of Incubatees that Obtained Investments of the Year (unit)	11195	10771	13924	16153	17243
孵化器孵化基金总额(万元)	Total Amount of Incubation Fund (10 000 yuan)	10712344	12642928	19162992	26640935	30737329
当年获得孵化基金投资的在孵企业数量(个)	Number of Incubatees Obtained Incubation Fund Investment of the Year (unit)	11442	10117	11295	10083	10985
拥有有效知识产权数(个)	Valid IPRs Held by Incubatees(piece)	440881	563016	728241	916574	1026962
#发明专利	Invention Patents	85180	98182	114371	136569	157769

9-12 各地区科技企业孵化器主要指标(2022年)
Main Indicators of Technology Business Incubators by Region (2022)

地区	Region	在统孵化器数量 (个) Number of TBIs with Data (unit)	孵化器内企业总数 (个) Number of Total Resident Companies (unit)	在孵企业 (个) Number of Incubatees (unit)	在孵企业从业人员 (人) Number of Employees of Incubatees (person)	当年获得投融资总额 (万元) Amount of Venture Capital for Incubatees (10000 yuan)
全　国	**National Total**	**6659**	**326515**	**248344**	**3056351**	**12651831**
北　京	Beijing	272	19440	11544	181106	3445442
天　津	Tianjin	110	5646	5020	55059	84039
河　北	Hebei	326	12367	9901	103036	49326
山　西	Shanxi	72	3645	3138	42358	40531
内蒙古	Inner Mongolia	49	2830	1838	23483	7380
辽　宁	Liaoning	99	5096	4380	54189	37649
吉　林	Jilin	95	4264	3702	54972	37724
黑龙江	Heilongjiang	183	6874	5608	43778	20973
上　海	Shanghai	204	13169	8279	75208	1217090
江　苏	Jiangsu	1150	52635	42144	526521	2474293
浙　江	Zhejiang	580	26899	20732	207933	858078
安　徽	Anhui	253	9961	8504	88626	239126
福　建	Fujian	142	5189	4243	50263	160492
江　西	Jiangxi	132	6428	4676	80037	98836
山　东	Shandong	342	17416	14363	178367	359768
河　南	Henan	225	12859	10658	158075	111023
湖　北	Hubei	338	18025	13960	174160	221623
湖　南	Hunan	131	8381	6869	114133	147062
广　东	Guangdong	1066	48510	32810	378627	2232494
广　西	Guangxi	115	5055	4180	41364	118470
海　南	Hainan	6	666	382	7393	11589
重　庆	Chongqing	188	7441	5757	65034	50039
四　川	Sichuan	184	11459	9085	121816	264407
贵　州	Guizhou	47	1867	1494	20942	18905
云　南	Yunnan	43	2887	2293	21056	19003
西　藏	Tibet	4	173	142	1473	2475
陕　西	Shaanxi	148	8739	5757	112338	224412
甘　肃	Gansu	77	3411	2580	28824	58408
青　海	Qinghai	16	785	708	9464	21040
宁　夏	Ningxia	25	1104	984	9252	11300
新　疆	Xinjiang	37	3294	2613	27464	8836

9-13 众创空间运行综合情况
Statistics on Mass Maker Spaces

指　　表	Item	2018	2019	2020	2021	2022
众创空间(个)	Number of Mass Maker Spaces with Data (unit)	6959	8000	8507	9026	9409
国家级	National Mass Maker	1889	1819	2202	2071	2353
非国家级	Non-National Mass Maker	5070	6181	6305	6955	7056
众创空间总面积(平方米)	Space Area (sq.m)	33837046	35709111	36500443	37356488	37153327
#常驻团队和企业	For Tenant Groups and Startups	20686460	22177894	22945344	23551913	22892402
众创空间服务人员数量(人)	Number of Service Personnel (unit)	145412	94999	95020	104903	98305
当年服务的创业团队数量(个)	Number of Serviced Entrepreneurial Groups(unit)	238969	233767	221083	218004	215630
#常驻创业团队	For Tenant Groups and Startups	126498	132187	127184	127579	130708
当年服务的初创企业的数量(个)	Number of Serviced Startup Companies(unit)	169541	207082	218270	236089	235307
#常驻初创企业	For Tenant Startups	100575	131577	142168	154597	159968
享受财政资金支持额(万元)	Fiscal Fund Received (10 000 yuan)	335924	352836	322228	3672484	273380
当年获得投融资的团队及企业的数量(个)	Number of Groups and Startups that Received Investment (unit)	19045	18739	17393	10126	20341
累计获得投融资的团队及企业的数量(个)	Accumulated Number of Groups and Startups that Received Investment(unit)	64406	71323	82915	92271	99454
团队及企业当年获得投资总额(万元)	Amount of Investment Received by Groups and Sartups (10 000 yuan)	7897703	8730550	5834074	8978737	6086177
服务的团队及企业累计获得投资总额(万元)	Accumulated Amount of Investment Received by Groups and Sartups (10 000 yuan)	38025939	48967220	76447400	77228136	88569901
创业团队和企业吸纳就业人数(人)	Number of Employment by Groups and Startups(person)	1601549	1909742	1846079	1886892	1876239
#吸纳应届毕业大学生	Number of Recruited College Graduates	287627	321186	275469	258951	249367
常驻团队及企业拥有的有效知识产权数量(个)	Valid IPRs Held by Tenants(unit)	227799	208318	263164	336605	
#发明专利	Invention Patents	41798	35292	39015	49370	50459

注：表9-13和9-14统计范围为纳入各地方科技管理部门管理范围的符合科技部印发《发展众创空间工作指引》条件的众创空间以及经科技部备案的众创空间。

Note: Statistics on table 9-17 and 9-18 cover all the Mass Maker Spaces identified by the Ministry of Science and Technology.

9-14 各地区众创空间主要指标(2022年)
Main Indicators of Mass Maker Spaces by Region(2022)

地区	Region	众创空间数量(个) Number of Mass Maker Spaces (unit)	当年服务的企业及团队数(个) Number of Serviced Entrepreneurial Groups (unit)	享受财政资金支持额(万元) Fiscal Subsidy (10 000 yuan)	当年获得投融资的团队及企业的数量(个) Number of Groups and Startups that Received Investment (unit)	团队及企业当年获得投资总额(万元) Amount of Investment Received by Groups and Sartups (10 000 yuan)	创业团队和企业吸纳就业人数(人) Number of Employment by Groups and Startups (person)
全国	**National Total**	**9409**	**450937**	**273380**	**20341**	**6086177**	**1876239**
北京	Beijing	233	24803	16227	831	2732713	151457
天津	Tianjin	223	12036	6883	308	113026	41843
河北	Hebei	649	21874	3279	706	43128	73588
山西	Shanxi	303	18088	2196	424	22841	62586
内蒙古	Inner Mongolia	154	6240	4356	164	7817	34685
辽宁	Liaoning	288	16204	9121	580	29522	71323
吉林	Jilin	94	4052	283	111	8129	14516
黑龙江	Heilongjiang	56	3271	858	46	1286	12371
上海	Shanghai	170	9784	14621	406	777159	45561
江苏	Jiangsu	1157	44982	54134	2009	406834	159408
浙江	Zhejiang	851	38900	30089	1548	239079	149813
安徽	Anhui	311	11184	11959	619	41656	50201
福建	Fujian	389	12168	3957	727	56905	50824
江西	Jiangxi	214	17467	7504	1025	47176	101018
山东	Shandong	528	20351	10455	676	158915	84816
河南	Henan	332	22275	7534	1994	44421	88177
湖北	Hubei	429	23357	12982	996	236281	94532
湖南	Hunan	313	14151	14549	1414	112472	76246
广东	Guangdong	1034	48289	17667	2436	702099	166233
广西	Guangxi	126	4803	265	399	14340	17204
海南	Hainan	12	1347	565	21	1838	4325
重庆	Chongqing	393	19413	15174	682	90843	94563
四川	Sichuan	219	11325	8433	472	58903	47474
贵州	Guizhou	83	3017	849	106	4028	16576
云南	Yunnan	146	9843	2236	240	13242	34492
西藏	Tibet	33	1576	578	82	1659	7570
陕西	Shaanxi	234	11267	12891	540	83302	58073
甘肃	Gansu	248	8917	2042	355	21782	35280
青海	Qinghai	52	1685	513	88	6999	6291
宁夏	Ningxia	52	1906	725	56	6292	8582
新疆	Xinjiang	83	6362	458	280	1489	16611

十、国际比较

International Comparison

10−1 研究与试验发展(R&D)
R&D Expenditure and as

单位：10亿本国货币单位

国家（地区）	Country (Area)	R&D经费										
		1996	1997	1998	1999	2000	2001	2002	2003	2004	2005	2006
中国	China	40.4	50.9	55.1	67.9	89.6	104.2	128.8	154.0	196.6	245.0	300.3
美国	USA	197.8	212.5	226.2	245.0	268.6	279.1	278.4	292.2	303.8	326.2	351.7
日本	Japan	14155.1	14794.0	15169.2	15032.7	15304.4	15542.8	15551.5	15683.4	15782.7	16672.6	17273.5
英国	UK	14.3	14.7	15.5	16.9	17.7	18.3	19.2	19.9	20.2	21.7	23.2
法国	France	27.8	27.8	28.3	29.5	31.0	32.9	34.5	34.6	35.7	36.2	37.9
德国	Germany	41.2	42.9	44.6	48.4	50.8	52.2	53.6	54.7	55.1	55.9	59.0
澳大利亚	Australia	8.8		8.9		10.4		13.2		16.0		21.8
加拿大	Canada	13.8	14.6	16.1	17.6	20.6	23.1	23.5	24.7	26.7	28.0	29.1
意大利	Italy	9.9	10.8	11.4	11.5	12.5	13.6	14.6	14.8	15.3	15.6	16.8
瑞典	Sweden		67.0		76.6		97.0		96.8	95.1	98.5	108.5
瑞士	Switzerland	10.0				10.7				13.1		
土耳其	Türkiye	0.1	0.1	0.3	0.5	0.8	1.3	1.8	2.2	2.9	3.8	4.4
奥地利	Austria	2.9	3.1	3.4	3.8	4.0	4.4	4.7	5.0	5.2	6.0	6.3
比利时	Belgium	3.7	4.1	4.3	4.6	5.0	5.4	5.2	5.2	5.4	5.6	5.9
捷克	Czech	16.3	19.5	22.9	23.6	26.5	28.3	29.6	32.2	35.1	38.1	43.3
丹麦	Denmark	19.7	21.7	23.8	26.4		31.9	34.4	36.1	36.4	38.0	40.4
芬兰	Finland	2.5	2.9	3.4	3.9	4.4	4.6	4.8	5.0	5.3	5.5	5.8
希腊	Greece		0.5		0.8		0.9		1.0	1.0	1.2	1.2
冰岛	Iceland		9.7	11.8	14.5	18.3	22.8	24.1	23.7		28.4	35.0
爱尔兰	Ireland	0.8	0.9	1.0	1.1	1.2	1.3	1.4	1.6	1.8	2.0	2.2
墨西哥	Mexico	7.8	10.9	14.5	19.7	20.5	22.9	26.4	30.9	34.3	38.1	39.3
荷兰	Netherlands	6.3	6.8	6.9	7.6	8.1	8.7	8.7	9.1	9.5	9.8	10.2
新西兰	New Zealand		1.1		1.1		1.4		1.7		1.8	
挪威	Norway		18.2		20.3		24.4	25.4	27.2	27.5	29.5	32.3
葡萄牙	Portugal	0.5	0.6	0.7	0.8	0.9	1.0	1.0	1.0	1.1	1.2	1.6
西班牙	Spain	3.9	4.0	4.7	5.0	5.7	6.2	7.2	8.2	8.9	10.2	11.8
韩国	Korea, Rep.	10878.1	12185.8	11336.6	11921.8	13848.5	16110.5	17325.1	19068.7	22185.3	24155.4	27345.7
新加坡	Singapore	1.8	2.1	2.5	2.7	3.0	3.2	3.4	3.4	4.0	4.6	5.0
匈牙利	Hungary	44.9	61.7	68.6	78.2	105.4	140.6	171.5	175.8	181.5	207.8	238.0
波兰	Poland	2.8	3.4	4.0	4.6	4.8	4.9	4.5	4.6	5.2	5.6	5.9
俄罗斯联邦	Russian Federation	19.4	24.4	25.1	48.1	76.7	105.3	135.0	169.9	196.0	230.8	288.8
巴西	Brazil	6.0				12.6	14.0	15.0	17.2	18.9	21.8	23.8
印度	India	89.1	106.1	124.7	144.0	162.0	170.4	180.9	200.9	241.2	299.3	342.4

经费及投入强度
Ratio to GDP

(billion of national currency)

R&D Expenditure														
2007	2008	2009	2010	2011	2012	2013	2014	2015	2016	2017	2018	2019	2020	2021
371.0	461.6	580.2	706.3	868.7	1029.8	1184.7	1301.6	1417.0	1567.7	1760.6	1967.8	2214.4	2439.3	2795.6
378.5	405.4	404.2	408.5	427.1	434.4	455.1	477.0	507.4	533.5	565.9	618.5	678.6	730.3	806.0
17756.2	17377.2	15817.7	15696.5	15945.1	15883.6	16680.1	17472.9	17436.1	16911.5	17512.3	17919.0	17954.9	17622.4	18106.5
25.0	25.6	25.9	26.4	27.4	27.0	28.9	30.6	31.5	33.2	34.8	37.3	38.5	61.8	
39.3	41.1	42.8	43.5	45.1	46.5	47.4	48.9	49.0	49.7	50.5	51.9	53.4	53.2	55.3
61.5	66.6	67.1	70.0	75.6	79.1	79.7	84.2	88.8	92.2	99.6	104.7	110.0	106.6	112.8
	28.3		30.9	31.7		33.5		31.2		33.1		35.6		
30.0	30.8	30.1	30.4	31.7	32.4	32.4	34.2	33.7	35.0	36.1	38.8	40.3	41.9	42.6
18.2	19.0	19.2	19.6	19.8	20.5	21.0	21.8	22.2	23.2	23.8	25.2	26.3	25.0	26.5
107.4	118.4	113.4	113.2	118.8	120.9	124.6	123.8	137.1	143.4	155.5	160.4	171.1	175.8	183.0
	16.3				18.5			20.6		21.0		22.9		
6.1	6.9	8.1	9.3	11.2	13.1	14.8	17.6	20.6	24.6	29.9	38.5	46.0	55.0	81.9
6.9	7.5	7.5	8.1	8.3	9.3	9.6	10.3	10.5	11.1	11.3	11.9	12.4	12.2	13.0
6.4	6.8	6.9	7.5	8.2	8.8	9.2	9.6	10.1	10.9	11.9	13.2	15.1	15.4	16.2
50.0	49.9	50.9	53.0	62.8	72.4	77.9	85.1	88.7	80.1	90.4	102.8	111.6	113.4	121.9
43.7	50.0	52.6	52.8	54.4	56.5	57.3	57.7	62.2	65.2	64.3	66.8	66.9	69.0	70.4
6.2	6.9	6.8	7.0	7.2	6.8	6.7	6.5	6.1	5.9	6.2	6.4	6.7	6.9	7.5
1.3	1.6	1.5	1.4	1.4	1.3	1.5	1.5	1.7	1.8	2.0	2.2	2.3	2.5	2.6
35.1	39.2	42.2		42.4		33.3	40.4	50.4	53.0	55.1	56.9	70.8	72.7	91.0
2.4	2.6	2.7	2.7	2.7	2.7	2.8	3.0	3.1	3.2	3.7	3.8	4.4	4.6	4.5
45.8	54.8	58.3	66.1	69.1	66.6	69.2	76.1	79.8	78.1	72.0	72.2	69.4	69.4	
10.3	10.5	10.4	10.9	12.2	12.5	14.2	14.6	14.8	15.2	16.1	16.6	17.8	18.5	19.3
2.2		2.4		2.6		2.7		3.1		3.9		4.5		
36.8	40.5	41.9	42.8	45.4	48.0	50.7	53.9	60.2	63.3	69.2	72.8	76.8	77.7	81.6
2.0	2.6	2.8	2.8	2.6	2.3	2.3	2.2	2.2	2.4	2.6	2.8	3.0	3.2	3.6
13.3	14.7	14.6	14.6	14.2	13.4	13.0	12.8	13.2	13.3	14.1	14.9	15.6	15.8	17.2
31301.4	34498.1	37928.5	43854.8	49890.4	55450.1	59300.9	63734.1	65959.4	69405.5	78789.2	85728.7	89047.1	93071.7	102135.2
6.3	7.1	6.0	6.3	7.3	7.1	7.4	8.3	9.2	9.1	9.0	9.2	9.7	10.4	
245.7	266.4	299.2	310.2	336.5	363.7	420.1	441.1	468.4	427.2	517.3	654.2	702.2	771.5	907.5
6.7	7.7	9.1	10.4	11.7	14.4	14.4	16.2	18.1	17.9	20.6	25.6	30.3	32.4	37.7
371.1	431.1	485.8	523.4	610.4	699.9	749.8	847.5	914.7	943.8	1019.2	1028.2	1134.8	1174.5	
29.4	35.1	37.3	45.1	49.9	54.3	63.7	73.4	82.2	80.6	73.6	81.8	89.5	87.1	
394.4	473.5	530.4	602.0	659.6	739.8	793.6	874.7	954.5	1031.0	1138.3	1238.5		1273.8	

10-1 续表

单位：%

国家（地区）	Country (Area)	R&D/GDP									
		1996	1997	1998	1999	2000	2001	2002	2003	2004	2005
中　国	China	0.56	0.64	0.65	0.75	0.89	0.94	1.06	1.12	1.21	1.31
美　国	USA	2.45	2.48	2.50	2.54	2.62	2.64	2.55	2.55	2.49	2.50
日　本	Japan	2.64	2.72	2.83	2.85	2.86	2.92	2.97	2.99	2.98	3.13
英　国	UK	1.57	1.54	1.55	1.62	1.61	1.60	1.62	1.58	1.53	1.55
法　国	France	2.22	2.15	2.09	2.11	2.09	2.14	2.17	2.12	2.09	2.05
德　国	Germany	2.14	2.19	2.22	2.35	2.41	2.40	2.44	2.47	2.44	2.44
澳大利亚	Australia	1.58	..	1.44	..	1.47	..	1.65	..	1.73	..
加拿大	Canada	1.61	1.61	1.71	1.75	1.86	2.02	1.97	1.97	2.00	1.97
意大利	Italy	0.95	0.99	1.00	0.98	1.00	1.04	1.08	1.06	1.05	1.04
瑞　典	Sweden	..	3.27	..	3.38	..	3.87	..	3.58	3.36	3.36
瑞　士	Switzerland	2.37	..	..	..	2.26	..	..	..	2.60	..
土耳其	Türkiye	0.33	0.36	0.36	0.46	0.47	0.52	0.51	0.47	0.50	0.56
奥地利	Austria	1.58	1.65	1.73	1.85	1.89	1.99	2.07	2.17	2.17	2.37
比利时	Belgium	1.74	1.81	1.84	1.91	1.94	2.03	1.90	1.84	1.82	1.79
捷　克	Czech	0.89	0.99	1.06	1.05	1.11	1.10	1.10	1.14	1.14	1.16
丹　麦	Denmark	1.81	1.89	2.01	2.13	..	2.32	2.44	2.51	2.42	2.39
芬　兰	Finland	2.45	2.62	2.78	3.06	3.24	3.19	3.25	3.30	3.31	3.32
希　腊	Greece	..	0.43	..	0.57	..	0.56	..	0.55	0.53	0.58
冰　岛	Iceland	..	1.80	1.95	2.24	2.57	2.84	2.82	2.71	..	2.68
爱尔兰	Ireland	1.27	1.24	1.21	1.15	1.08	1.05	1.06	1.12	1.18	1.19
墨西哥	Mexico	0.25	0.28	0.30	0.34	0.31	0.32	0.35	0.39	0.39	0.40
荷　兰	Netherlands	1.84	1.84	1.74	1.82	1.79	1.80	1.75	1.78	1.79	1.77
新西兰	New Zealand	..	1.06	..	0.96	..	1.10	..	1.15	..	1.12
挪　威	Norway	..	1.59	..	1.61	..	1.56	1.63	1.68	1.54	1.48
葡萄牙	Portugal	0.55	0.56	0.62	0.68	0.72	0.76	0.72	0.70	0.73	0.76
西班牙	Spain	0.79	0.78	0.85	0.84	0.88	0.89	0.96	1.02	1.04	1.10
韩　国	Korea, Rep.	2.22	2.25	2.11	2.02	2.13	2.28	2.21	2.28	2.44	2.52
新加坡	Singapore	1.32	1.42	1.74	1.82	1.82	2.01	2.03	2.00	2.08	2.15
匈牙利	Hungary	0.63	0.70	0.66	0.67	0.79	0.91	0.98	0.92	0.86	0.92
波　兰	Poland	0.64	0.64	0.66	0.68	0.64	0.62	0.56	0.54	0.55	0.56
俄罗斯联邦	Russian Federation	0.90	0.97	0.89	0.93	0.98	1.10	1.16	1.20	1.07	0.99
巴　西	Brazil	0.77				1.05	1.06	1.01	1.00	0.96	1.00
印　度	India	0.64	0.69	0.70	0.72	0.76	0.74	0.73	0.72	0.76	0.82

continued

(%)

R&D/GDP															
2006	2007	2008	2009	2010	2011	2012	2013	2014	2015	2016	2017	2018	2019	2020	2021
1.37	1.37	1.45	1.66	1.71	1.78	1.91	2.00	2.02	2.06	2.10	2.12	2.14	2.24	2.41	2.44
2.55	2.62	2.74	2.79	2.71	2.74	2.67	2.70	2.72	2.79	2.85	2.91	3.01	3.18	3.47	3.46
3.23	3.29	3.29	3.20	3.10	3.21	3.17	3.28	3.37	3.24	3.11	3.17	3.22	3.21	3.27	3.30
1.57	1.61	1.60	1.66	1.64	1.64	1.57	1.61	1.63	1.63	1.65	1.66	1.71	1.71	2.93	..
2.05	2.02	2.06	2.21	2.18	2.19	2.23	2.24	2.28	2.23	2.22	2.20	2.20	2.19	2.30	2.21
2.47	2.46	2.62	2.74	2.73	2.81	2.88	2.84	2.88	2.93	2.94	3.05	3.11	3.17	3.13	3.13
2.00	..	2.25	..	2.18	2.11	..	2.09	..	1.88	..	1.79	..	1.80	..	..
1.94	1.90	1.86	1.92	1.83	1.79	1.77	1.71	1.71	1.69	1.73	1.69	1.74	1.75	1.89	1.70
1.08	1.13	1.16	1.22	1.22	1.20	1.26	1.30	1.34	1.34	1.37	1.37	1.42	1.46	1.51	1.48
3.47	3.23	3.47	3.40	3.17	3.19	3.23	3.26	3.10	3.22	3.25	3.36	3.32	3.39	3.49	3.35
..	..	2.64	..	..	..	2.85	..	..	3.04	..	3.03	..	3.15	..	..
0.55	0.69	0.69	0.80	0.79	0.79	0.83	0.81	0.86	0.88	0.94	0.95	1.03	1.07	1.09	1.13
2.36	2.42	2.57	2.60	2.73	2.67	2.91	2.95	3.08	3.05	3.12	3.06	3.09	3.13	3.20	3.19
1.82	1.85	1.94	2.00	2.06	2.17	2.28	2.33	2.37	2.43	2.52	2.67	2.86	3.16	3.35	3.22
1.23	1.30	1.23	1.29	1.33	1.54	1.77	1.88	1.96	1.92	1.67	1.77	1.90	1.93	1.99	2.00
2.40	2.52	2.77	3.06	2.92	2.94	2.98	2.97	2.91	3.05	3.09	2.93	2.97	2.90	2.97	2.81
3.33	3.34	3.54	3.73	3.71	3.62	3.40	3.27	3.15	2.87	2.72	2.73	2.76	2.80	2.91	2.99
0.56	0.58	0.66	0.63	0.60	0.68	0.71	0.81	0.84	0.97	1.01	1.15	1.21	1.28	1.51	1.45
2.85	2.53	2.46	2.60	..	2.40	..	1.69	1.94	2.18	2.11	2.08	2.00	2.33	2.47	2.80
1.20	1.23	1.39	1.61	1.59	1.55	1.56	1.57	1.52	1.18	1.18	1.25	1.17	1.23	1.23	1.06
0.37	0.40	0.44	0.48	0.49	0.47	0.42	0.43	0.44	0.43	0.39	0.33	0.31	0.28	0.30	..
1.74	1.67	1.62	1.67	1.70	1.88	1.92	2.16	2.17	2.15	2.15	2.18	2.14	2.18	2.32	2.26
..	1.16	..	1.25	..	1.23	..	1.15	..	1.23	..	1.35	..	1.40	..	..
1.46	1.56	1.55	1.72	1.65	1.63	1.62	1.65	1.72	1.94	2.04	2.10	2.05	2.16	2.24	1.94
0.95	1.12	1.44	1.58	1.54	1.46	1.38	1.32	1.29	1.24	1.28	1.32	1.35	1.40	1.61	1.66
1.18	1.24	1.32	1.36	1.36	1.33	1.30	1.28	1.24	1.22	1.19	1.21	1.24	1.25	1.41	1.43
2.72	2.87	2.99	3.15	3.32	3.59	3.85	3.95	4.08	3.98	3.99	4.29	4.52	4.63	4.80	4.93
2.12	2.32	2.60	2.13	1.93	2.07	1.92	1.92	2.08	2.17	2.07	1.90	1.81	1.89	2.22	..
0.98	0.95	0.98	1.13	1.13	1.18	1.25	1.38	1.34	1.34	1.18	1.32	1.51	1.48	1.59	1.65
0.55	0.56	0.60	0.66	0.72	0.75	0.88	0.88	0.94	1.00	0.96	1.03	1.21	1.32	1.39	1.44
1.00	1.04	0.97	1.17	1.05	1.02	1.03	1.03	1.07	1.10	1.10	1.11	0.99	1.04	1.10	..
0.99	1.08	1.13	1.12	1.16	1.14	1.13	1.20	1.27	1.37	1.29	1.12	1.17	1.21	1.14	
0.80	0.81	0.86	0.83	0.79	0.76	0.74	0.71	0.70	0.69	0.67	0.67	0.66		0.64	

10-2 研究与试验发展
International Comparison

项　目	Item	中国 China	奥地利 Austria	比利时 Belgium	加拿大 Canada	捷克 Czech Republic
一、R&D人员	**R&D personnel**					
1.人力资源	**Human Resources**	**2021**	**2021**	**2021**	**2019**	**2021**
从事R&D活动人员(千人年)	Full-time Equivalent of R&D Personnel(1 000 man-years)	5716.3	87.0	119.5	256.1	84.7
#研究人员	Researchers	2405.5	55.1	76.3	182.8	48.1
每万人就业人员中从事	R&D Personnel in 10 000	77	191	239	132	158
R&D活动人员(人年)	Labor Forces (man-year)					
#研究人员	Researchers	32	121	153	94	90
2.从事R&D活动人员按	**R&D Personnel by**					
执行部门分(%)	**Performing Sectors (%)**					
企业部门	Business Enterprise Sector	78.1	69.3	69.5	62.6	57.9
研究机构	Public Research Institution	8.1	6.7	7.3	6.5	17.1
高等教育部门	Higher Education Sector	11.8	23.2	20.9	30.5	24.7
其他部门	Other Sectors	2.1	0.8	2.3	0.4	0.3
二、R&D经费	**R&D Funds**					
1.按经费来源分(%)	**By Sources of Funds (%)**	**2021**	**2021**	**2019**	**2022**	**2021**
来源于企业资金	Financed by Enterprise	78.0	50.6	64.3	44.1	36.1
来源于政府资金	Financed by Government	19.0	32.8	17.8	30.9	32.3
来源于其他资金	Financed by Other Sources	2.8	16.7	17.9	25.0	31.6
2.按执行部门分(%)	**By Performing Sector (%)**	**2021**	**2021**	**2021**	**2022**	**2021**
企业部门	Business Enterprise Sector	76.9	69.5	75.4	55.1	62.8
研究机构	Public Research Institution	13.3	7.5	8.6	7.0	16.7
高等教育部门	Higher Education Sector	7.8	22.4	15.3	37.5	20.3
其他部门	Other Sectors	2.0	0.6	0.7	0.4	0.3
3.按研究类型分(%)	**By Types of Research (%)**	**2021**	**2019**	**2019**		**2021**
基础研究	Basic Research	6.5	17.8	12.8		25.9
应用研究	Applied Research	11.3	33.9	50.7		44.0
试验发展	Experimental Development	82.3	48.3	36.5		30.1

(R&D)活动的国际比较
of R&D Activities

丹麦 Denmark	法国 France	德国 Germany	意大利 Italy	日本 Japan	韩国 Korea, Rep.	瑞典 Sweden	瑞士 Switzerland	土耳其 Türkiye	英国 United Kingdom	美国 United States	俄罗斯联邦 Russian Federation
2021	**2021**	**2021**	**2021**	**2021**	**2021**	**2021**	**2019**	**2021**	**2019**	**2020**	**2020**
62.2	501.1	749.9	357.7	942.0	577.1	98.4	85.9	221.8	475.1	2415.1	748.7
45.0	340.0	459.5	172.7	704.5	470.7	84.7	47.7	168.9	316.3	1493.1	397.2
204	173	167	143	138	212	192	169	78	145	161	106
148	117	102	69	103	173	165	94	59	96	100	56
59.2	60.5	63.7	62.1	68.1	77.3	73.7	60.1	67.4		73.1	49.3
3.5	10.6	15.6	11.5	6.8	7.0	5.7	1.2	4.4			35.5
36.8	27.1	20.8	24.5	23.7	13.8	20.5	38.7	28.2		18.2	14.6
0.5	1.8		1.9	1.4	1.9	0.1					0.6
2019	**2020**	**2020**	**2020**	**2021**	**2021**	**2019**	**2019**	**2021**	**2020**	**2021**	**2020**
59.2	56.8	62.6	52.8	78.1	76.1	62.4	64.7	62.4	57.5	67.9	29.2
28.7	31.5	29.7	33.7	15.5	22.8	24.2	27.4	25.1	19.5	19.9	67.8
12.1	11.7	7.7	13.5	6.5	1.1	13.3	8.0	12.5	23.0	12.2	3.0
2021	**2021**	**2021**	**2021**	**2021**	**2021**	**2021**	**2019**	**2021**	**2020**	**2021**	**2020**
62.1	65.6	66.6	61.4	78.6	79.1	71.9	67.5	70.7	71.2	77.6	56.6
3.4	12.2	15.1	13.5	8.4	9.8	4.5	0.9	5.6	5.0	8.3	32.8
34.1	20.3	18.3	23.3	11.9	9.1	23.5	28.9	23.7	22.5	10.4	9.8
0.4	1.9		1.8	1.2	2.0	0.1	2.7	0.0	1.3	3.7	0.7
2019	**2019**		**2020**	**2021**	**2021**		**2019**			**2021**	**2020**
18.6	22.7		22.2	12.9	14.8		42.0			14.8	16.6
32.3	41.4		40.1	19.6	21.0		29.0			18.1	20.0
49.1	36.0		37.7	67.2	64.2		29.0			67.1	61.2

10−3 按ESI论文数量排序的前20个国家和地区*
The Top 20 Most-cited Countries and Area Sorted by Papers in *ESI*

国家(地区)	Country (Area)	位 次 Rank	论文数量(篇) Papers (piece)	被引用次数(次) Citations (time)	论文引用率(次/篇) Citations Per Paper (time/piece)
美国	USA	1	4294755	84015147	19.56
中国	China Mainland	2	3365919	43322811	12.87
英国	England	3	1336775	27900662	20.47
德国	Germany (Fed Rep Ger)	4	1161802	21880293	18.83
日本	Japan	5	858238	11860079	13.82
法国	France	6	787288	14583352	18.52
意大利	Italy	7	740367	12838984	17.34
加拿大	Canada	8	735681	13897736	18.89
印度	India	9	707261	7756801	10.97
澳大利亚	Australia	10	674444	12653887	18.76
西班牙	Spain	11	637558	10747184	16.86
韩国	Korea, Rep.	12	614774	8072438	13.13
巴西	Brazil	13	491509	5197916	10.58
荷兰	Netherlands	14	434530	9945220	22.89
俄罗斯	Russia	15	370502	3083361	8.32
伊朗	Iran	16	356247	3736516	10.49
瑞士	Switzerland	17	327641	7856255	23.98
土耳其	Türkiye	18	314854	2750984	8.74
波兰	Poland	19	297166	3303135	11.12
瑞典	Sweden	20	295599	6028208	20.39

注： 1.数据来源于 Essential Science Indicators（基本科学指标数据库），年限跨度从2011年1月至2021年9月9日。
2.本表中国数据包含香港、澳门特别行政区，不包含台湾省。

Note: a) Essential Science Indicators covering a ten-year plus four-month period, January 2011 September 9, 2021.
b) Data in China in this table include Hong Kong and Macao Special Administrative Regions, excluding Taiwan Province.

10-4 按ESI论文被引用次数排序的前20个国家和地区*
The Top 20 Most-cited Countries and Area Sorted by Citations in *ESI*

国家(地区)	Country (Area)	位次 Rank	被引用次数(次) Citations (time)	论文数量(篇) Papers (piece)	论文引用率(次/篇) Citations Per Paper (time/piele)
美国	USA	1	84015147	4294755	19.56
中国	China Mainland	2	43322811	3365919	12.87
英国	England	3	27900662	1336775	20.47
德国	Germany (Fed Rep Ger)	4	21880293	1161802	18.83
法国	France	5	14583352	787288	18.52
加拿大	Canada	6	13897736	735681	18.89
意大利	Italy	7	12838984	740367	17.34
澳大利亚	Australia	8	12653887	674444	18.76
日本	Japan	9	11860079	858238	13.82
西班牙	Spain	10	10747184	637558	16.86
荷兰	Netherlands	11	9945220	434530	22.89
韩国	Korea, Rep.	12	8072438	614774	13.13
瑞士	Switzerland	13	7856255	327641	23.98
印度	India	14	7756801	707261	10.97
瑞典	Sweden	15	6028208	295599	20.39
巴西	Brazil	16	5197916	491509	10.58
比利时	Belgium	17	5042114	239147	21.08
伊朗	Iran	18	3736516	356247	10.49
中国台湾	Taiwan, China	19	3699154	285658	12.95
波兰	Poland	20	3303135	297166	11.12

注：1.数据来源于 Essential Science Indicators（基本科学指标数据库），年限跨度从2011年1月至2021年9月9日。
2.本表中国数据包含香港、澳门特别行政区，不包含台湾省。

Note: a) *Essential Science Indicators* covering a ten-year plus four-month period, January 2011-September 9, 2021.
b) Data in China in this table include Hong Kong and Macao Special Administrative Regions, excluding Taiwan Province.

10-5 PCT专利申请量按来源
International Comparison of Number of Patent

单位：件

国 家（地区）	Country (Area)	2001	2002	2003	2004	2005	2006	2007	2008	2009
中 国	China	1730	1015	1297	1707	2503	3930	5455	6119	7900
澳大利亚	Australia	1664	1762	1680	1835	2004	2000	2051	1937	1736
奥地利	Austria	620	552	644	709	851	913	1008	951	1029
比利时	Belgium	689	694	775	831	1075	1030	1123	1135	1005
加拿大	Canada	2113	2259	2270	2107	2318	2573	2844	2907	2509
丹 麦	Denmark	919	979	1036	1049	1122	1158	1153	1357	1339
芬 兰	Finland	1696	1761	1557	1672	1893	1845	1994	2212	2123
法 国	France	4706	5091	5169	5183	5747	6262	6566	7076	7217
德 国	Germany	14029	14323	14653	15216	15986	16734	17825	18856	16793
以色列	Israel	1314	1175	1128	1227	1454	1593	1742	1902	1555
意大利	Italy	1623	1980	2163	2190	2349	2701	2949	2884	2653
日 本	Japan	11905	14061	17415	20268	24870	27024	27743	28763	29810
韩 国	Korea, Rep.	2324	2520	2945	3555	4689	5946	7064	7902	8040
荷 兰	Netherlands	3411	3977	4479	4284	4499	4552	4421	4361	4421
挪 威	Norway	592	550	535	476	584	609	601	644	633
波 兰	Poland	99	116	154	107	97	101	107	128	179
西班牙	Spain	616	719	785	822	1124	1202	1295	1391	1563
瑞 典	Sweden	3421	2990	2608	2851	2884	3333	3654	4135	3567
瑞 士	Switzerland	2354	2755	2862	2897	3290	3614	3816	3778	3677
土耳其	Türkiye	76	85	111	115	174	269	359	392	388
英 国	United Kingdom	5499	5389	5210	5035	5093	5095	5542	5480	5039
美 国	United States	43059	41316	41046	43395	46879	51301	54062	51667	45655
俄罗斯联邦	Russia Federation	557	540	587	522	658	695	735	802	736
新加坡	Singapore	289	330	282	432	448	473	523	580	583

注：1.数据来源于世界知识产权组织统计数据库。
　　2.本表中国数据包含港澳台地区。

国统计的国际比较
Applications Filed Under the PCT System by Origin

(piece)

2010	2011	2012	2013	2014	2015	2016	2017	2018	2019	2020	2021	2022
12300	16396	18616	21506	25542	29837	43092	48904	53352	59050	68764	69576	70010
1770	1748	1710	1603	1722	1741	1835	1852	1826	1771	1717	1770	1747
1144	1343	1319	1262	1387	1399	1422	1397	1475	1436	1517	1585	1423
1066	1188	1212	1103	1196	1180	1219	1354	1296	1354	1312	1385	1299
2689	2914	2738	2847	3071	2822	2336	2400	2422	2724	2616	2594	2579
1156	1288	1409	1264	1299	1327	1356	1430	1443	1449	1570	1550	1499
2136	2075	2312	2095	1811	1584	1525	1602	1834	1653	1676	1895	1770
7230	7406	7801	7905	8260	8420	8210	8014	7919	7938	7765	7338	7768
17560	18846	18749	17922	17983	18004	18308	18951	19748	19327	18538	17276	17493
1476	1449	1374	1607	1581	1685	1838	1816	1898	2003	1934	2123	1970
2658	2684	2845	2869	3059	3072	3362	3225	3329	3386	3404	3570	3319
32216	38864	43523	43772	42381	44053	45210	48205	49708	52686	50559	50269	50356
9604	10357	11787	12381	13119	14564	15555	15751	17013	19075	20054	20724	22026
4010	3511	4080	4190	4206	4335	4675	4430	4135	4047	4007	4118	4036
707	705	664	708	687	679	653	820	767	782	701	722	794
206	237	251	332	348	439	344	330	334	365	344	381	368
1770	1732	1705	1705	1703	1530	1507	1418	1396	1512	1460	1563	1460
3303	3476	3600	3947	3913	3843	3719	3975	4168	4193	4347	4446	4478
3762	4046	4225	4377	4100	4257	4368	4486	4571	4617	4989	5441	5401
479	539	536	805	853	1010	1065	1251	1343	1692	1616	1742	1771
4892	4874	4918	4849	5267	5291	5504	5568	5634	5770	5900	5841	5732
45088	49206	51857	57451	61488	57132	56592	56685	56156	57692	58730	59437	58787
814	1009	1111	1187	952	877	893	1058	1037	1185	1084	999	760
643	668	714	838	940	907	864	871	935	1101	1304	1644	1818

Source: a) WIPO Statistics Database.
b) Data in China in this table inclde Hong Kong, Macao and Taiwan.

主要统计指标解释

Explanatory Notes on Main Statistical Indicators

主要统计指标解释

研究与试验发展(R&D)：指为增加知识存量（也包括有关人类、文化和社会的知识）以及设计已有知识的新应用而进行的创造性、系统性工作，包括基础研究、应用研究和试验发展三种类型。基础研究和应用研究统称为科学研究。R&D 活动应当满足五个条件：新颖性、创造性、不确定性、系统性、可转移性（可复制性）。

基础研究：指一种不预设任何特定应用或使用目的的实验性或理论性工作，其主要目的是为获得（已发生）现象和可观察事实的基本原理、规律和新知识。其成果通常表现为提出一般原理、理论或规律，并以论文、著作、研究报告等形式为主。包括纯基础研究和定向基础研究。纯基础研究是不追求经济或社会效益，也不谋求成果应用，只是为增加新知识而开展的基础研究。定向基础研究是为当前已知的或未来可预料问题的识别和解决而提供某方面基础知识的基础研究。

应用研究：指为获取新知识，达到某一特定的实际目的或目标而开展的初始性研究。应用研究是为了确定基础研究成果的可能用途，或确定实现特定和预定目标的新方法。其研究成果以论文、著作、研究报告、原理性模型或发明专利等形式为主。

试验发展：指利用从科学研究、实际经验中获取的知识和研究过程中产生的其他知识，开发新的产品、工艺或改进现有产品、工艺而进行的系统性研究。其研究成果以专利、专有技术，以及具有新颖性的产品原型、原始样机及装置等形式为主。

R&D 人员：指参与研究与试验发展项目研究、管理和辅助工作的人员，包括项目(课题)组人员，企业科技行政管理人员和直接为项目(课题)活动提供服务的辅助人员。反映投入从事拥有自主知识产权的研究开发活动的人力规模。

R&D人员中全时人员：在报告年度实际从事R&D活动的时间占制度工作时间90%及以上的人员。

R&D人员全时当量：指全时人员数加非全时人员按工作量折算为全时人员数的总和。例如：有两个全时人员和三个非全时人员(工作时间分别为20%、30%和 70%)，则全时当量为 2+0.2+0.3+0.7=3.2 人年。为国际上比较科技人力投入而制定的可比指标。

研究人员：指 R&D 人员中具备中级以上职称或博士学历（学位）的人员。

R&D 经费内部支出：指调查单位用于内部开展 R&D 活动（基础研究、应用研究和试验发展）的实际支出。包括用于 R&D 项目（课题）活动的直接支出，以及间接用于 R&D 活动的管理费、服务费、与 R&D 有关的基本建设支出以及外协加工费等。不包括生产性活动支出、归还贷款支出以及与外单位合作或委托外单位进行 R&D 活动而转拨给对方的经费支出。

日常性支出：指调查单位在报告年度为开展 R&D 活动而发生的人员劳务费，及其各项管理费用和购买非资产性的材料、物资费用等他日常支出。

资产性支出：指调查单位在报告年度为开展 R&D 活动而进行建造、购置、安装、改建、扩建固定资产，以及进行设备技术改造和大修理等实际支出的费用。

政府资金：指 R&D 经费内部支出中来自各级政府部门的各类资金，包括财政科学技术拨款、科学基金、教育等部门事业费以及政府部门预算外资金的实际支出。

企业资金：指 R&D 经费内部支出中来自本企业的自有资金和接受其他企业委托而获得的经费，以及科研院所、高校等事业单位从企业获得的资金的实际支出。

R&D 经费外部支出合计：指报告年度调查单位委托外单位或与外单位合作进行 R&D 活动而拨给对方的经费。

R&D 项目（课题）：指在当年立项并开展研究工作、以前年份立项仍继续进行研究的研发项目（课题）数，包括当年完成和年内研究工作已告失败的研发项目（课题），但不包括委托外单位进行的研发项目（课题）数。

科技进步贡献率：指广义技术进步对经济增长的贡献份额，它反映在经济增长中投资、劳动和科技三大要素作用的相对关系。其基本含义是扣除了资本和劳动后科技等因素对经济增长的贡献份额。

新产品：指采用新技术原理、新设计构思研制、生产的全新产品，或在结构、材质、工艺等某一方面比原有产品有明显改进，从而显著提高了产品性能或扩大了使用功能的产品。既包括经政府有关部门认定并在有效期内的新产品，也包括企业自行研制开发，未经政府有关部门认定，从投产之日起一年之内的新产品。

专利：是专利权的简称，是对发明人的发明创造经审查合格后，由专利局依据专利法授予发明人和设计人对该项发明创造享有的专有权。包括发明、实用新型和外观设计。反映拥有自主知识产权的科技和设计成果情况。

发明专利：指对产品、方法或者其改进所提出的新的技术方案。是国际通行的反映拥有自主知识产权技术的核心指标。

实用新型专利：指对产品的形状、构造或者其结合所提出的适于实用的新的技术方案。反映具有一定技术含量的技术成果情况。

外观设计专利：指对产品的形状、图案、色彩或者其结合所作出的富有美感并适于工业上应用的新设计。反映拥有自主知识产权的外观设计成果情况。

职务发明：指执行本单位的任务或者主要是利用本单位的物质条件所完成的发明创造，申请专利的权利属于本单位。

有效发明专利数：指调查单位作为专利权人在报告年度拥有的、经国内外知识产权行政部门授权且在有效期内的发明专利件数。

专利所有权转让及许可数：指报告年度调查单位向外单位转让专利所有权或允许专利技术由被许可单位使用的件数。

专利所有权转让与许可收入：指报告年度调查单位向外单位转让专利所有权或允许专利技术由被许可单位使用而得到的收入。包括当年从被转让方或被许可方得到的一次性付款和分期付款收入，以及利润分成、股息收入等。

集成电路布图设计登记数：指报告年度调查单位向知识产权行政部门提出登记申请并被受理登记的集成电路布图设计的件数。

形成国家或行业标准数：指报告年度调查单位在自主研发或自主知识产权基础上形成的国家或行业标准。形成国家或行业标准须经有关部门批准。

发表科技论文：指在学术刊物上以书面形式发表的最初的科学研究成果。应具备以下三个条件：（1）首次发表的研究成果；（2）作者的结论和试验能被同行重复并验证；（3）发表后科技界能引用。

出版科技著作：指经过正式出版部门编印出版的论述科学技术问题的理论性论文集或专著以及大专院校教科书、科普著作。但不包括翻译国外的著作。由多人合著的科技著作，由第一作者所在单位统计。

SCI：美国《科学引文索引》（Science Citation Index），是由美国科学情报研究所于 1961 年创立，报道生命科学、医学、生物、物理、化学、农业、工程技术领域内的科技文献。是目前国际上最具权威性的用于基础研究和应用研究科研成果的评价体系。

EI：美国《工程索引》(The Engineering Index)，创刊于1884年，由美国工程信息公司编辑出版。作为世界著名的工程技术领域的文献检索系统，其收录文献的内容包括以下工程技术领域；生物工程、土木、地质、环境、矿业、石油、冶金、机械、燃料工程、核能、汽车、宇航工程、电气、电子、控制工程、化工、食品、农业、工业管理、数学、物理、仪表等。

CPCI-S：(Conference Proceedings Citation Index - Science)，原名ISTP。ISTP是美国科学情报研究所出版的科学技术会议录索引。该索引收录生命科学、物理与化学科学、农业、生物和环境科学、工程技术和应用科学等学科的会议文献，包括一般性会议、座谈会、研究会、讨论会、发表会等。

东部地区：包括北京，天津，河北，上海，江苏，浙江，福建，山东，广东和海南10个省市。

中部地区：包括山西，安徽，江西，河南，湖北和湖南6个省市。

西部地区：包括内蒙古，广西，重庆，四川，贵州，云南，西藏，陕西，甘肃，青海，宁夏和新疆12个省区市。

东北地区：包括辽宁，吉林和黑龙江3个省。